LE
CALENDRIER
DU BON CULTIVATEUR,

OU

MANUEL

DE L'AGRICULTEUR PRATICIEN.

A NANCY, DE L'IMPRIMERIE D'HÆNER.

LE
CALENDRIER

DU BON CULTIVATEUR,

OU

MANUEL

DE L'AGRICULTEUR PRATICIEN,

Par Ch.ᵖʰᵉ-Jᵖʰ-Al.ᵈʳᵉ MATHIEU DE DOMBASLE,

De la Société royale et centrale d'Agriculture de Paris ; de la
Société d'Encouragement pour l'Industrie nationale ; de la
Société impériale d'Agriculture de Moskou ; de la Société
royale académique des Sciences, Lettres et Arts de Nancy ;
de la Société centrale d'Agriculture de la même ville ; de
la Société royale d'Agriculture, Histoire naturelle et Arts
utiles, de Lyon ; de la Société d'Agriculture de l'Allier.

A PARIS,

CHEZ

1821.

Les formalités exigées par les lois ayant été
remplies, les contrefacteurs seront poursuivis rigoureusement : tout Exemplaire qui ne sera pas
revêtu de la signature de M. TILLIARD, fondé
de procuration de l'auteur, sera réputé contre-
fait.

AVERTISSEMENT
DE L'AUTEUR.

Il existe en Angleterre un ouvrage in-
titulé le *Calendrier du Fermier* (*The
Farmer's Calendar*). Cet ouvrage, *d'Ar-
tur-Young*, qui forme un très-gros volume in-8°, a déjà eu dix éditions.
J'avais formé le projet de le traduire ;
mais lorsque j'ai voulu mettre la main
à l'œuvre, je me suis aperçu que, pour
l'adapter à notre climat et aux méthodes
de culture adoptées en France, ou qu'il
est le plus important d'y propager, il y
avait à faire beaucoup de retranchemens,
d'additions et de changemens ; il me
parut aussi que, sans trop retrancher de
l'intérêt et de l'utilité d'un ouvrage du
même genre, on pouvait le faire beaucoup plus court. Celui que je présente
ici aux cultivateurs français, n'a presque
plus rien de commun avec le calendrier
d'Arthur-Young, si ce n'est le plan, ou
la division des matières, selon l'ordre

dans lequel les travaux se succèdent dans une exploitation rurale. Ce plan m'a paru éminemment utile, et très-commode, principalement aux personnes qui commencent à se livrer à l'agriculture, et qui y trouveront une espèce de *memorandum*, pour tous les travaux qui doivent être exécutés dans chaque saison. J'ai cherché même à donner, pour chaque opération, des directions de pratique qui pussent être quelquefois utiles à l'homme qui n'est pas étranger à l'agriculture.

J'ai ajouté à la suite du *Calendrier*, quelques articles détachés sur plusieurs des points les plus importans de la pratique agricole, qui ne pouvaient pas se lier facilement à une saison en particulier, et qui auraient trop perdu de leur intérêt s'ils eussent été morcelés.

On sent bien que les indications que je donne des époques des semailles, des récoltes et des autres travaux rustiques, ne peuvent s'appliquer qu'à un climat donné. Elles ont été faites pour le climat de Paris, et éprouveront peu de variations dans la moitié septentrionale de la

France ; mais dans les provinces méridionales, ces époques sont fort différentes ;
chacun pourra facilement y apporter les
modifications que nécessite le climat sous
lequel il cultive.

On ne doit pas pousser trop loin non
plus, l'idée d'exactitude qu'on peut attacher aux indications que je donne sur les
quantités de semence de chaque espèce
de plantes, qu'il convient d'employer
pour une étendue de terrain donnée.
Cette quantité doit varier selon l'état du
sol et l'époque de la semaille. En général, plus un sol est riche, et plus la
semaille est hâtive, moins on doit employer de semence.

Dans un ouvrage de cette nature, il
était impossible de citer les autorités sur
lesquelles s'appuient les préceptes donnés.
Je dirai seulement ici que, pour toutes
les observations qui n'ont pas été puisées
dans ma propre pratique, je me suis ap-
puyé de l'autorité de MM. *Yvart*, *Bosc*,
Tessier, et de quelques-uns des autres
agronomes français les plus instruits ; et
parmi les étrangers, de celle de MM.

Schwerz, *Thaer*, *Arthur-Young*, *John Sinclair*, *Brown*, *Dickson*, etc. Au reste, je me suis attaché à ne présenter que des faits de pratique bien constans et parfaitement reconnus ; j'ai écarté toute indication déduite de la théorie ou de l'analogie ; de sorte que rien, je l'espère, dans ce petit ouvrage, ne pourra égarer les cultivateurs qui accorderont leur confiance aux préceptes que j'y donne. Il est arrivé cependant quelquefois que j'ai indiqué quelques pratiques ou quelques procédés qui n'ont pas encore la sanction de l'expérience, parce que j'ai cru utile de les signaler aux essais des praticiens ; mais alors je les ai donnés pour ce qu'ils sont, en indiquant mes doutes.

Le manuscrit de ce petit ouvrage ayant été communiqué à la Société royale d'agriculture de Paris, les deux commissaires nommés pour l'examiner, MM. *Yvart* et *Vilmorin* ont bien voulu fournir à l'auteur des observations qui ont donné lieu à d'importantes améliorations. Je me plais à leur en témoigner ici ma reconnaissance.

CALENDRIER

DU CULTIVATEUR.

JANVIER.

Vaches.

C'est dans ce mois que les vaches commencent ordinairement à vêler dans les grandes marcaireries. Il est fort important de leur donner une bonne nourriture, non-seulement du moment du part, comme on le fait communément, mais une couple de mois à l'avance, afin d'avoir des veaux mieux constitués, et aussi afin d'augmenter la production du lait, pendant le reste de l'hiver et le printemps. En effet, lorsque les bêtes sont maigres et défaites au moment où elles mettent bas, il est très-difficile de les rétablir ensuite, au moyen de la nourriture la plus abondante. Une vache qui était en bon état au moment où elle a mis bas, donnera pendant plusieurs mois, à nourriture égale, une fois et demie et peut-être deux fois autant de lait, qu'une autre qu'on aura laissée dépérir avant cette époque

Les choux ou les racines, comme pommes de terre, betteraves, carottes, navets, doivent faire

alors une bonne partie de la nourriture des vaches ;
sans cela on ne pourra les entretenir qu'avec
une très-grande quantité de foin , ce qui , presque
dans tous les cas , entraîne une dépense énorme ,
sans jamais entretenir les bêtes en aussi bon état
que lorsqu'elles reçoivent une portion de nourriture fraîche.

On suit , dans divers cantons , différentes méthodes pour nourrir les veaux. La plus économique
et la meilleure , est de ne pas les laisser teter du
tout , en les habituant , dès le moment de leur nais-
sance , à boire dans un baquet. Les huit ou dix
premiers jours , on leur donne du lait fraîchement
trait ; ensuite on le remplace par du lait écrémé ,
dans lequel on ajoute un peu de tourteau de lin
réduit en poudre fine , ou de farine de féverolles ou
d'orge. Dans quatre litres de lait écrémé , on délaie
peu à peu , et en agitant avec une spatule , une once
de tourteau de lin pulvérisé ou de farine , on fait
chauffer à la température du lait qui vient d'être
trait , et on le donne au veau. Dans la suite , on
augmente la dose de farine.

Jeune Bétail.

Il est fort important de donner pendant tout
l'hiver , aux veaux d'élève de l'année précédente ,
une nourriture abondante et substancielle ; car si
on les laisse dépérir pendant cette saison , leur
croissance est arrêtée , et ils se rétablissent fort
difficilement par la nourriture verte de l'été. Si on

n'a que peu de foin à leur donner, une grande abondance de racines est nécessaire.

On peut en dire autant des élèves de deux ans ; cependant la meilleure nourriture doit toujours être donnée aux élèves les plus jeunes.

Attelages.

Cette saison est celle où les attelages ont ordinairement le moins d'occupation ; cependant leur entretien est si coûteux qu'un bon économe ne doit jamais les laisser oisifs. La conduite des fumiers, de la marne, etc., est à peu près la seule occupation, relative à la culture des terres, qu'on puisse leur donner dans ce mois. Les sols légers présentent, à cet égard, un avantage considérable sur les terres argileuses, parce que le charriage peut s'y exécuter presqu'en tout temps. Dans les dernières, on est souvent forcé de faire des dépôts de fumiers près des chemins, le plus à portée possible des terres qui doivent les recevoir ; ce double maniement entraîne une dépense de main-d'œuvre assez considérable ; mais, pour peu que les terres soient éloignées, il ne faut pas hésiter à prendre ce parti, afin d'abréger le travail des attelages dans le temps des travaux les plus urgens.

Lorsqu'on fait ainsi des dépôts de fumier temporaires, on ne doit pas permettre que les garçons le déposent sans soin sur une grande surface ; ces tas, quand même ils ne devraient subsister qu'un ou deux mois, doivent être bien retroussés, et à peu près aussi bien soignés que ceux de la cour de ferme ; sans cela le fumier perdra une partie considérable de ses sucs les plus précieux, par l'effet des pluies d'hiver et de printemps.

Batteurs.

Le battage des grains est alors en pleine activité. Cette opération doit être l'objet d'une surveillance très-assidue de la part du propriétaire ; non-seulement pour prévenir toute infidélité de la part des batteurs, qui souvent ne deviennent infidèles que par suite des occasions qu'on leur en fournit, mais aussi pour qu'ils ne laissent pas de grain dans la paille ; si on n'y prend pas garde, la quantité de grain qu'on perd ainsi est souvent suffisante pour payer les frais de battage. C'est un très-mauvais système que de dire, dans ce cas, que ce grain profitera aux bestiaux, car la plus grande partie est perdue dans la litière ; d'ailleurs, lorsqu'on donne de la paille aux chevaux, on n'entend pas leur donner du blé, ce qui deviendrait une nourriture beaucoup trop chère.

On ne doit pas oublier aussi que, dans la plupart des circonstances, le meilleur emploi de la paille, dans une exploitation rurale, n'est pas de la faire manger aux bestiaux, ce qui produit très-peu de fumier, mais d'en faire de la litière, en nourrissant copieusement le bétail avec d'autres alimens plus substantiels. On ne doit cependant pas négliger de placer d'abord devant les bêtes, la paille

qui doit leur servir de litière ; on leur fournit ainsi
l'occasion d'en choisir les parties qui les appètent
le plus, et de manger une partie au moins des grains
qui peuvent y être restés au battage.

Entretien des clôtures.

Ce mois est le plus convenable pour tondre et
réparer les haies, ainsi que pour curer les fossés
de clôture, dans les sols qui peuvent le supporter. La méthode la plus avantageuse, dans
presque toutes les circonstances, est de faire faire
ces ouvrages à la tâche, en veillant convenablement à leur bonne exécution.

Sillons d'écoulement.

A chaque fonte de neige, ou à chaque grande
pluie, on ne doit pas manquer d'examiner très en
détail les sillons d'écoulement qu'on a dû pratiquer
à l'automne dans les blés et autres récoltes hivernales. Le défaut de surveillance à cet égard, ou
l'épargne de quelques heures de travail qui auraient
été nécessaires pour les débarrasser de la terre que
les pluies y ont entraînée, ou de la neige qui em-
barrasse le cours de l'eau, sont trop souvent suivies
de pertes très-considérables. Ce soin est nécessaire pour toutes les semailles d'automne, mais
spécialement pour le colza, qui n'a pas de plus
grand ennemi que le défaut d'écoulement des eaux.
On doit étendre ces soins aux sillons d'écoulement
des terres qui doivent être ensemencées ou cultivées.

de bonne heure au printemps, surtout dans les sols argileux. Le défaut d'attention à cet égard, peut entraîner un retard de quinze jours ou même un mois, sur l'époque à laquelle ces sortes de terres pourront se laisser cultiver convenablement au printemps.

Semer les Pavots.

Le pavot peut quelquefois se semer en ce mois, mais comme cette opération a lieu plus fréquemment en février, je renvoie ce que j'ai à en dire, au mois suivant.

Engraissement du Bétail à cornes.

Le cultivateur qui se livre à l'engraissement d'hiver du bétail, est, dans ce mois, au plus fort de son opération.

Cette branche de l'industrie agricole ne peut guère être suivie avec profit que par l'homme qui possède une grande habitude dans les achats et les ventes de bestiaux ; un autre sera souvent trompé par les marchands de bétail près desquels il achète, et par les bouchers qui, en général, acquièrent une connaissance parfaite du poids d'une bête par l'inspection et le tact. Il y a bien peu de cas où un engraisseur ne travaille pas avec un grand désavantage, s'il ne fréquente pas lui-même les foires et marchés pour acheter et vendre ; à moins toutefois que cette spéculation ne soit menée assez en grand pour pouvoir payer largement un homme zélé et fidèle, qui possède parfaitement ces connaissances, chose toujours difficile à trouver.

Une balance destinée à peser les bestiaux en vie est d'une grande ressource pour celui qui n'a pas une très-longue habitude de juger du poids d'une bête en la *touchant ;* et le plus habile connaisseur trouvera même souvent qu'elle lui est fort utile. La plupart d'entre eux ne conviendront pas de cette vérité, et il est assez naturel, au reste, que lorsqu'un homme a passé une grande partie de sa vie à acquérir une justesse de tact qui lui offre de grands avantages dans les marchés qu'il peut faire, il reçoive avec une prévention défavorable, un moyen qui peut, dans beaucoup de cas, suppléer à cette connaissance pratique, et même la rectifier quelquefois.

La balance nécessaire pour cela n'est pas une chose très-coûteuse ; elle consiste en une espèce de cage assez grande pour qu'un bœuf puisse y entrer, et fermée par une porte à une de ses extrémités ; à l'autre on place un râtelier dans lequel on met un peu de foin pour déterminer la bête à y entrer. Cette cage se suspend à une romaine, et après en avoir fait la tare, on y fait entrer le bœuf, dont on détermine ainsi le poids très-facilement. Cet instrument présente aussi l'avantage de pouvoir acquérir des connaissances très-précises sur les effets des divers régimes auxquels on peut soumettre les bestiaux, en constatant l'augmentation de poids qu'ils ont acquis pendant un temps donné.

Pour déterminer le poids de *chair nette* d'un bœuf, d'après son poids en vie, on se sert en Angleterre de la formule suivante : on prend la moitié du poids de l'animal en vie, on y ajoute les 4/7 du tout, on prend la moitié de la somme, et on a le poids, *chair nette*, c'est-à-dire, après en avoir ôté la tête, les pieds, les entrailles et le suif. Par exemple un bœuf pèse en vie 700 livres.

La moitié. . . . . 350 livres.

Les 4/7 du poids total. . . . . . . 400 *id.*

Total. . . 750

La moitié donne. . . . . 375.

Ainsi 20 livres du poids de l'animal en vie en donnent 10 5/7 *chair nette.* Dans ce cas-ci, on suppose un bœuf en chair, mais qui n'a pas encore pris de graisse ; lorsqu'il est un peu plus gras, les 20 livres en donnent ordinairement 11, et pour les bœufs complètement gras, 12 ou 12 et demie. Au reste, cette proportion peut varier dans les diverses races de bétail à cornes ; les personnes qui voudraient se livrer à cette spéculation avec quelqu'étendue, feront bien d'acquérir des connaissances précises à ce sujet, relativement à la race de bestiaux sur laquelle ils opèrent ; c'est le seul moyen de n'être pas à la merci des acheteurs.

Une question fort importante dans une exploitation rurale, est de savoir quelle est la manière la plus profitable d'employer le fourrage et les autres alimens destinés aux bestiaux ; dans quelques localités, on croit, à cet égard, que les vaches laitières donnent plus de profit que le bétail à l'engrais ; dans d'autres, l'opinion est tout à fait opposée. On conçoit que la solution de cette question dépend essentiellement des prix relatifs des divers produits dans chaque localité ; elle peut dépendre beaucoup aussi de la race du bétail, qui peut être plus ou moins propre à l'engraissement ou à la production du lait, du beurre ou du fromage.

L'engraissement du bétail présente un avantage très-considérable sur l'entretien des vaches laitières : c'est qu'on peut, chaque année, proportionner le nombre de bêtes qu'on achète pour l'engrais, à la quantité de fourrage ou d'autre nourriture qu'on a récoltée ; tandis qu'on ne pourrait, dans beaucoup de circonstances, sans une grande perte, vendre une partie considérable de ses vaches, dans une année où le fourrage aurait manqué. Le capital qu'on emploie à l'achat des bestiaux destinés à être engraissés, rentre aussi dans l'espace de 4 à 5 mois, tandis qu'avec les vaches, il est aliéné presqu'indéfiniment.

On peut compter qu'un bœuf, dans les cinq mois environ que dure son engraissement, consomme autant de nourriture qu'une vache dans l'année entière ; il donne aussi à peu près autant de fumier (en suppposant la vache nourrie à l'étable pendant toute l'année) ; et le fumier fourni par le bétail à l'engrais est sans contredit de meilleure qualité que celui que donnent les bêtes maigres.

Beaucoup de nourritures de diverses espèces peuvent être employées à l'engraissement des bœufs : quelquefois, mais rarement, l'engraissement d'hiver se fait avec le foin seul ; dans ce cas, on calcule ordinairement qu'un bœuf de 700 à 750 livres, auquel on donne 40 livres de bon foin par jour, augmente chaque jour de 2 livres de viande : il est beaucoup plus économique de remplacer une grande partie du foin par des racines, telles que pommes de terre, betteraves, rutabaga, et surtout des carottes et des panais. Si, au lieu de 40 livres de foin, un bœuf en reçoit seulement 10 livres avec 60 livres de pommes de terre, il profite à peu près également, et cette nourriture est beaucoup plus économique. Les pommes de terre, dans ce cas, doivent toujours être employées cuites.

Les tourteaux d'huile, et surtout ceux de lin, engraissent aussi très-promptement le bétail ; souvent on les pile et on les mêle à la boisson qu'on donne aux bêtes ; d'autres fois on les répand sur les racines coupées par tranches.

Il est rare que les céréales puissent être employées avec profit à l'engraissement du bétail ; mais les féverolles le sont souvent avec beaucoup d'avantage ; quelquefois on les fait moudre grossièrement, d'autres se contentent de les faire tremper dans l'eau 24 heures à l'avance.

Les résidus de la distillation des grains ou des pommes de terre, présentent un des moyens les plus économiques d'engraisser le bétail à cornes ; on les leur donne ordinairement avant qu'ils ne soient refroidis ; dans plusieurs exploitations, on les fait même couler dans l'auge en sortant de l'alambic, de sorte que les bêtes sont forcées d'attendre qu'ils soient refroidis avant d'y toucher. Il paraît certain qu'en général les alimens chauds favorisent l'engraissement, de même qu'une température élevée dans l'étable.

Un des soins les plus importans pour l'engraissement du bétail, c'est la plus exacte régularité dans les heures où on distribue la nourriture ; dans beaucoup d'exploitations où on entend le mieux cette opération, on pousse l'attention à cet égard jusqu'à un point qui paraît minutieux, mais qui contribue beaucoup à la promptitude de l'engraissement. Ordinairement on divise la nourriture journalière en trois repas, qu'on distribue chacun en deux fois, à une heure de distance. Le premier se donne à 4 heures du matin, le second à 11 heures, et le troisième à 7 heures du soir. On a soin de varier l'espèce de nourriture pour chaque repas ; ainsi, si on a donné le matin des betteraves découpées avec des tourteaux d'huile en poudre, on donnera à 11 heures des pommes de terre cuites, et le soir du foin ; et toujours de la paille à discrétion ; au reste, le bétail en mange peu, lorsqu'il est bien nourri d'ailleurs.

Un autre soin presqu'aussi important, c'est celui de la propreté : si, dans beaucoup de cas, on néglige, pour l'entretien des vaches, le pansement de la main, qui cependant leur est toujours très-utile, on ne doit jamais s'en dispenser pour les bêtes à l'engrais ; elles doivent être étrillées et bouchonnées tous les jours avec autant de soin que les chevaux. La litière doit toujours être très-abondante et fréquemment renouvelée.

La tranquillité des bêtes contribue puissamment aussi à leur prompt engraissement ; beaucoup d'excellens engraisseurs ne laissent jamais entrer d'étranger dans leurs étables ; les chiens surtout en sont exclus avec le plus grand soin. L'obscurité du local est aussi une circonstance qui influe beaucoup sur la production de la graisse.

Engraissement des Cochons.

Dans les exploitations rurales où on ne spécule pas sur l'éducation ou l'engraissement des cochons, il est très-rare qu'on n'en engraisse pas quelques-uns pour l'usage de la maison : si on considère l'entretien ou l'engraissement du bétail dans une ferme sous le rapport de la production du fumier, il n'y en a aucune espèce qui, sous ce rapport, soit plus profitable que les cochons, c'est-à-dire, qui, à quantité de nourriture égale, produise une plus grande quantité de fumier, et d'aussi bonne qualité. Je suppose ici qu'on arrange les choses de manière à ne pas laisser écouler hors des loges

l'urine de ces animaux ; mais qu'on la fait absorber par une quantité suffisante de litière.

Les cochons s'engraissent parfaitement au moyen
du lait aigre écrémé, auquel on ajoute seulement,
sur la fin de l'engraissement, un peu de farine de
pois, de maïs, d'orge, de sarrasin, ou de féverolles ; ces dernières paraissent inférieures sous ce
rapport. Lorsqu'on a commencé à les engraisser
avec du lait aigre, on ne doit jamais le supprimer ;
car alors, avec toute autre nourriture, ils diminuent plutôt que d'augmenter.

On engraisse plus fréquemment les cochons avec
des racines ; les carottes, les panais et les pommes
de terre sont celles qui profitent le mieux dans ce
cas ; les deux premières peuvent se donner crues ;
mais les pommes de terre doivent toujours être
cuites et mêlées à une portion de grains, soit réduits en farine, soit cuits avec les pommes de terre.
Les grains se cuisent très-facilement en les faisant
tremper dans l'eau pendant 24 heures, et en les
plaçant ensuite, en une couche, au-dessus des
pommes de terre, dans le tonneau où on les fait
cuire à la vapeur, ce qui est la manière la plus
économique de faire cuire ces racines.

On a remarqué que l'engraissement est plus
prompt, lorsqu'on fait aigrir la nourriture qu'on
donne à ces animaux. En supposant qu'on les engraisse avec des pommes de terre mêlées à du
grain, voici comme on doit s'y prendre pour avoir
constamment cette nourriture aigre : on mêle un

demi-hectolitre de farine de maïs, de pois, d'orge
ou de sarrasin, etc., à un hectolitre de pommes de
terre cuites et écrasées, pendant qu'elles sont encore
bien chaudes, et sans ajouter d'eau; on y mêle
quelques livres d'un levain aigre de farine d'orge
préparé à l'avance; lorsque la fermentation est
bien établie, on ajoute encore un hectolitre de
pommes de terre cuites et écrasées, et on mêle
bien le tout; la masse se goufle considérablement
et devient fort aigre. On la délaie dans de l'eau
au moment où on veut la donner aux bêtes; dans
le commencement de l'engraissement, on donne
cette nourriture fort claire, et ensuite plus épaisse.
On peut préparer cette pâte pour 8 ou 10 jours au
moins; car plus elle est aigre, meilleure elle est;
lorsqu'elle est presque finie, on emploie ce qui
reste pour servir de levain à une nouvelle cuvée.

Lorsqu'on fabrique de l'eau-de-vie de grains ou
de pommes de terre, on ne peut employer les résidus plus utilement qu'à l'engraissement des cochons. On les leur donne aussitôt qu'ils sont un
peu refroidis. Les résidus de la distillation des
grains n'ont besoin d'aucune addition; mais ceux
de la distillation des pommes de terre donneraient
un lard mou, si on n'y joignait pas, sur la fin de
l'engraissement, un peu de grain moulu ou cuit.

Il faut que les grains soient à bien bas prix,
pour qu'il soit profitable de les employer seuls à
l'engraissement des cochons; il est en général
bien plus avantageux de les joindre aux racines

Cependant il peut se rencontrer des circonstances où l'engraissement, par le moyen des grains seuls, soit encore profitable. On calcule qu'un bon cochon augmente en poids de 20 à 25 livres par hectolitre de grains, moitié orge et moitié pois qu'il consomme. Les grains doivent, dans tous les cas, être donnés, soit détrempés, ou encore mieux cuits, soit moulus grossièrement; dans ce dernier cas, on doit encore faire détremper la farine quelque temps d'avance, et éclaircir la pâte avec beaucoup d'eau. Il est encore préférable de faire aigrir cette pâte comme pour les pommes de terre.

Je suis surpris qu'on n'ait pas encore songé à employer, pour l'engraissement des cochons, la gélatine contenue dans les os. En réduisant les os en poudre, on pourrait facilement extraire une grande partie de leur gélatine, en les mettant dans l'eau qui produit la vapeur destinée à faire cuire les pommes de terre; par ce moyen, les seuls frais nécessaires pour obtenir ce *bouillon*, seraient le broyement des os. Depuis plusieurs années je projette de faire des expériences à ce sujet, mais j'en ai été détourné par d'autres occupations. Je les recommande aux personnes qui sont à portée de s'y livrer. Je conserve très-peu de doute sur les résultats favorables qu'on obtiendrait de ce procédé; le porc est, de tous nos bestiaux, celui auquel une nourriture animale paraît le plus profitable; aussi on voit que les pommes de terre qui

ne contiennent pas, ou très-peu de substance ani-
malisée, ne leur profitent guère, si on n'y joint
pas des grains qui contiennent ces principes; et les
grains qui en contiennent le plus, sont ceux qui
réussissent le mieux pour cela. Le bouillon que je
propose ici, serait analogue au lait et aux lavures
de cuisine qui tiennent des matières animales en
solution, et qui conviennent si bien à ces animaux.
Il faudrait rechercher, au reste, si ce genre de
nourriture ne communiquerait pas une mauvaise
qualité à la chair des animaux ou au lard.

Il est probable qu'il faudrait prendre quelques
précautions pour empêcher que les os concassés
ne s'attachent au fond de la chaudière ; il suffirait
pour cela d'en garnir le fond d'un paillasson assu-
jéti avec des pierres, et sur lequel on placerait les
os. Plus les os seront pilés en poudre fine, plus
on en extraira de matières nutritives.

La meilleure manière de faire consommer ce
bouillon, serait, je crois, de le mêler aux pommes
de terre cuites, en l'employant en place d'eau
pour les délayer. On pourrait probablement, par
ce moyen, se dispenser d'ajouter du grain aux
pommes de terre.

L'engraissement *complet* d'un cochon exige environ quatre mois; on peut engraisser ces animaux
avant qu'il aient atteint toute leur croissance, et
dès l'âge de six mois ; mais, pour la plupart des
races, il est plus profitable d'attendre à l'âge d'un an.

Pour les cochons, de même que pour les animaux

ale toute espèce, la plus grande propreté, une abondante litière renouvelée souvent, et une exactitude ponctuelle dans les heures où on leur distribue la nourriture, sont des circonstances qui contribuent essentiellement à favoriser l'engraissement ; les bêtes connaissent, avec une exactitude étonnante, l'heure où on a coutume de leur apporter à manger ; si on manque à l'heure fixe, elles attendent avec impatience, se tourmentent, et perdent plus en une heure de temps, que ne pourra leur profiter le repas qu'on leur fait attendre.

Les cochons, ainsi que tous les autres bestiaux à l'engrais, doivent recevoir, à chaque repas, une quantité de nourriture suffisante pour les rassasier complètement, mais de manière qu'ils n'en laissent point.

L'engraissement des cochons est plus. profitable lorsqu'on le commence sur des bêtes en bonne chair, plutôt que sur des bêtes très-maigres qui demandent un très-long espace de temps pour leur faire prendre de la chair, ce qui précède toujours la production de la graisse. Il est donc fort important de maintenir de longue main en bon état, au moyen d'une nourriture suffisante, les bêtes qu'on destine à l'engraissement ; c'est d'ailleurs un moyen de leur faire prendre bien plus de développement ; car, un cochon très-bien nourri peut être, à six mois, aussi grand qu'un autre de la même race le sera à un an, s'il a été mal nourri.

FÉVRIER.

Semer les Féverolles.

Les féverolles semées en ce mois sont ordinairement les plus productives, quoiqu'on puisse souvent en retarder la semaille jusqu'en mars. Les terres fortes, argileuses, même les plus tenaces, sont celles dans lesquelles la culture de cette plante présente le plus d'avantages. Dans les sols de cette espèce, elles forment une excellente préparation, et peut-être la meilleure de toutes pour le blé, pourvu que la récolte de fèves ait été entretenue bien nette de mauvaises herbes, soit par deux ou trois binages à la main, soit par le travail de la houe à cheval, en arrachant avec soin les herbes à la main dans les lignes. Les fèves cultivées ainsi donnent presque toujours une récolte double de celles qui ont été semées à la volée et abandonnées à elles-mêmes.

La culture en lignes espacées de dix-huit pouces, ou même davantage, convient parfaitement à cette plante. Comme elle ne craint nullement d'être enterrée profondément, c'est-à-dire, à trois pouces au mions, même dans les terres les plus argileuses, on peut répandre la semence dans la raie ouverte par la charrue, soit à la main, soit avec le semoir, en laissant une raie vide entre deux. On peut aussi planter les fèves au plantoir, sur le dos des mandes de terre retournées par la charrue, en enfonçant le plantoir de deux pouces au moins. Par ces diverses méthodes, on peut les aligner assez exactement pour permettre l'usage de la houe à cheval entre les lignes.

Les fèves réussissent parfaitement bien aussi sur un défrichement de gazon, de trèfle ou d'autres prairies artificielles, le tout sur un seul labour. C'est une des meilleures récoltes pour la première année, sur des défrichemens de cette espèce.

La quantité de semence nécessaire pour la culture en lignes, à 18 pouces de distance, est, pour les petites fèves, *fèves de cheval*, ou *féverolles*, de deux hectolitres par hectare; on voit que les semences d'un gros volume comme celle-ci, sont celles sur lesquelles on peut épargner le moins par la culture en lignes, car on ne sème guère davantage à la volée.

Semer l'Avoine.

L'avoine peut déjà se semer souvent en février; cependant le temps le plus ordinaire de la semaille est en mars.

Semer les Pavots.

Le pavot doit se semer le plutôt qu'il est possible d'entrer dans les terres. Souvent on peut le faire dès le mois de janvier; mais en général on ne doit pas passer celui de février. Les sols légers,

sablonneux ou graveleux, mais cependant riches
et profonds, sont ceux qui conviennent le mieux à
cette plante; elle se sème presque toujours sur un
labour d'automne. On en cultive deux variétés;
dans l'une la semence est grise, et les capsules
s'entr'ouvrent au moment de la maturité; dans
l'autre, qui a ses semences blanches, les capsules restent toujours fermées. Cette dernière paraît
préférable, parce qu'elle n'est pas sujète à laisser
répandre ses semences par les grands vents, comme
l'autre ; cependant, quelques personnes croient
qu'elle est moins productive.

On les sème ordinairement à la volée, à raison
de 4 à 5 livres de graine par hectare. On pourrait
aussi les cultiver en lignes, à 18 pouces de distance.

Entretien des Sillons d'écoulement.

On doit continuer en ce mois la surveillance la
plus exacte sur les sillons d'écoulement, afin de
les débarrasser de tout ce qui pourrait gêner la
circulation des eaux.

Agnelage.

C'est dans ce mois, ou même en janvier, que les
brebis mettent bas ordinairement; il n'y a aucun
objet dans une ferme, qui exige plus de soin et
d'assiduité que celui-ci. Il dépend des soins du
berger de faire réussir un plus ou moins grand
nombre d'agneaux, et par conséquent d'augmenter
ou diminuer beaucoup le produit d'un troupeau.
Quelque confiance qu'il puisse avoir dans son ber-

...ger, un fermier ne doit jamais manquer d'exercer, dans cette occasion, une surveillance assidue.

Le succès des agneaux dépend beaucoup aussi de la nourriture qu'on donne aux mères ; une nourriture fraîche, composée de racines, comme pommes de terre, navets, betteraves, rutabagas, etc., est à peu près nécessaire pour leur procurer une abondante quantité de lait.

Engraissement des Moutons.

Le cultivateur qui a une ample provision de racines, ne peut, dans beaucoup de circonstances, les employer d'une manière plus profitable qu'à l'engraissement des moutons destinés à être vendus en mars, avril ou mai, car le prix de ces bêtes grasses est ordinairement très-élevée dans cette saison. Cependant cette spéculation est soumise aux mêmes considérations que j'ai énoncées relativement à l'engrais des bœufs, sur les connaissances pratiques relatives aux achats et aux ventes, qui sont presque toujours nécessaires pour assurer les bénéfices d'un engraisseur. Pour les personnes qui ont de grands troupeaux de bêtes à laine, et qui se contentent d'engraisser les moutons qu'elles ont élevés, ou leurs bêtes de réforme, cette considération devient moins importante : si on court le risque, dans ce cas, de vendre avec moins d'avantage que d'autres, on ne risque pas au moins d'être trompé doublement, au moment de l'achat et à celui de la vente, ce qui, dans un très-grand nombre de circonstances, peut réduire à rien les bénéfices de celui qui veut spéculer sur l'engraissement du bétail.

Presque toutes les racines qu'on cultive pour fourrage, conviennent très-bien à l'engraissement des moutons, pourvu qu'on y joigne un peu de foin. On peut ranger ces racines dans l'ordre suivant, relativement à la propriété dont elles jouissent de contribuer à l'engraissement. Les panais, les carottes, les pommes de terre, les betteraves, les rutabagas, les navets. On ajoute quelquefois à cette nourriture des tourteaux de lin pilés, dont on saupoudre les racines coupées par tranches, ou des grains moulus grossièrement.

Avec une nourriture abondante, l'engraissement des moutons peut se terminer en deux mois. Il est avantageux, sous le rapport de la quantité de nourriture qu'on doit y employer, d'accélérer autant qu'on peut l'engraissement, en faisant consommer aux bêtes d'aussi fortes rations qu'elles peuvent le supporter.

MARS.

Semer l'Avoine.

Ce mois est l'époque la plus commune des semailles d'avoine : il y a, dans la culture de cette plante, deux erreurs trop ordinaires, qu'on doit éviter : la première est de la placer après une autre récolte de grains, et principalement de blé, ce qui épuise considérablement le sol, et tend à l'empoisonner d'herbes nuisibles ; c'est presque toujours, ou après une récolte sarclée, ou sur le défrichement d'une prairie naturelle ou artificielle, qu'il convient de semer l'avoine ; elle réussit très-bien aussi sur un défrichement de trèfle et sur un seul labour. L'autre erreur est de croire que cette récolte ne paye pas aussi bien que celle d'orge, les soins qu'on lui donne ; et en conséquence, de ne la placer que dans des terres dans lesquelles l'orge ne donnerait pas une récolte passable, et de donner à l'avoine beaucoup moins de cultures prépara-toires qu'à l'orge. Les prix relatifs de ces deux grains, doivent seuls diriger le cultivateur sur la préférence qu'il doit donner à l'un ou à l'autre, dans les terrains qui sont propres à tous deux ; mais en général, on doit tenir pour certain que les soins qu'on donne à la récolte d'avoine, par un ou deux labours préparatoires de plus, ainsi que la bonne qualité du sol qu'on y consacre, sont toujours am-plement payés par l'augmentation de la récolte.

De toutes les céréales, l'avoine est celle qui pré-sente le plus de différence dans la quantité de semence qu'on emploie dans divers cantons : dans quelques parties de l'Angleterre on regarde comme avan-tageux d'employer cinq à six hectolitres, et même plus, de semence par hectare. En France, la quan-tité la plus ordinaire est de deux à trois hectolitres.

Outre l'avoine commune, on en cultive plusieurs autres variétés : *l'avoine noire de Hongrie,* dont les grains forment une grappe assez serrée placée d'un seul côté de la tige, avait été beaucoup vantée il y a quelques années ; cependant sa culture a été abandonnée dans beaucoup de localités, parce que son produit n'est supérieur à celui de l'avoine commune, que dans des sols très-riches, et que d'ailleurs le grain est de qualité inférieure. La *blanche de Hongrie* est moins difficile sur le sol, très-productive en paille, et préférée dans plusieurs circonstances.

On cultive depuis quelques années, dans les départemens du nord-est de la France, deux variétés très-hâtives d'avoine, l'une à grains blancs, et l'autre à grains noirs ; elles sont très-rustiques et d'excellente qualité. La noire s'est montrée plus productive dans mes cultures.

L'avoine patate est une variété qu'on cultive depuis quelque temps en Angleterre, et qui y est fort estimée ; le grain est blanc, court et fort pesant ; il donne plus de farine que toutes les autres variétés. Elle est encore peu répandue en France.

L'avoine de Géorgie nouvellement introduite, paraît d'excellente qualité, très-hâtive et très-productive ; je n'en ai encore fait que des petits essais.

L'avoine est, au reste, la moins délicate des céréales, sur la nature et la préparation du sol.

ᴸSemer le Trèfle rouge ou commun (Tri-folium pratense).

Cette plante se sème presque toujours avec les céréales de printemps, ou sur le blé ou le seigle semé en automne. Dans le premier cas, on doit semer d'abord, sur le labour, l'orge ou l'avoine; ensuite herser pour couvrir le grain, semer le trèfle, et l'enterrer très-légèrement, soit avec une herse de bois, soit avec la herse renversée, soit avec un fagot d'épines. Dans la plupart des cas, lorsqu'il survient une averse immédiatement après la semaille du trèfle, il n'a pas besoin d'être enterré du tout.

Lorsqu'on le sème sur le blé, on ne doit de même le recouvrir que très-légèrement; si la surface est très-meuble, la herse de fer l'enterre souvent trop profondément; il vaut mieux alors passer d'abord la herse, et semer ensuite par un temps pluvieux, sans enterrer la semence, ou tout au plus avec la herse de bois.

Le trèfle réussit très-bien aussi dans le lin, dans le sarrasin, dans le colza de printemps ou d'hiver. Dans ce dernier cas, si on bine le colza, comme on devrait toujours le faire, on sème le trèfle après le dernier binage.

Une excellente manière de cultiver le trèfle, ainsi que la luzerne, est aussi de les semer dans de l'avoine ou de l'orge destinés à être fauchés en vert. On coupe la céréale deux fois, et on a en-

suite ordinairement une belle coupe de trèfle à
l'automne.

Le semeur, pour le trèfle, de même que pour
toutes les graines très-fines, doit toujours semer
en une allée et une venue sur la même place, en
répandant la moitié de la graine à chaque fois;
par ce moyen la semaille est bien plus égale.

Trente livres de semence par hectare sont la
quantité qu'on emploie communément; quelques
livres de plus valent encore mieux, parce qu'il est
important, pour toutes les prairies artificielles,
d'avoir des récoltes très-épaisses.

On doit apporter un grand soin au choix de
la semence de trèfle; la bonne graine est grosse,
bien nourrie, d'une teinte jaune ou violette bien
brillante.

La céréale dans laquelle on sème du trèfle ou
une autre prairie artificielle, doit être semée plus
clair que si on la semait seule, et on doit prendre
beaucoup de précaution pour qu'elle ne *verse* pas,
car dans ce cas, le trèfle est presque toujours
perdu.

La plupart des terres se lassent assez facilement
du trèfle; alors, on s'aperçoit qu'il réussit moins
bien après que le sol en a porté un certain nombre de fois, à des époques trop rapprochées. Il
faut déjà qu'un terrain soit de bonne qualité et
bien cultivé, pour pouvoir supporter, pendant
vingt ou trente ans, une récolte de trèfle tous les

quatre ans. Dans les sols argileux, on a moins à
craindre cet inconvénient.

Presque tous les sols conviennent au trèfle ; on
ne peut guère en excepter que les terrains ex-
trèmement légers et pauvres.

Semer le Trèfle blanc (Trifolium repens).

Le trèfle blanc ou rampant, se sème aussi dans
la même saison, et ordinairement dans une récolte
de grain, de même que le trèfle rouge. Il est vivace, et convient particulièrement pour le pâturage des moutons. Il réussit beaucoup mieux que
le trèfle rouge, dans des terrains très-légers,
sablonneux ou calcaires. On l'associe fréquemment aux graminées des prairies. Si on le sème seul,
on met 25 à 30 livres par hectare.

Semer la Lupuline (Medicago Lupulina).

C'est aussi dans ce mois que se sème ordinairement
la lupuline appelée souvent *Minette dorée*, ou *trèfle
jaune*, à cause de la couleur de sa fleur. Elle est
bisannuelle comme le trèfle rouge, et réussit mieux
que lui sur les terres sèches et légères de médiocre
qualité. On peut la faucher ou la pâturer. On ne
court pas autant de dangers pour l'enflure des bestiaux, avec cette plante, qu'avec le trèfle ou la
luzerne. Dans un sol très-pauvre, elle n'est propre
qu'à être pâturée.

On la sème comme le trèfle, dans une récolte
de grain, à raison de 30 à 35 livres par hectare.

Semer la Luzerne (Medicago Sativa).

Cette plante se sème en mars, ou seulement en avril, si on a à craindre des gelées tardives, qui peuvent lui faire beaucoup de tort.

De toutes les plantes dont on peut former une prairie durable, la luzerne est sans contredit la plus productive ; mais c'est aussi peut-être celle qui est la plus exigeante sur la nature du terrain où on la place : un sol riche, meuble, profond, et non sujet à retenir l'humidité, même dans ses couches inférieures, est le seul dans lequel cette culture puisse réussir, au moins d'une manière durable ; en effet, les racines de la luzerne s'enfoncent annuellement, et pénètrent jusqu'à plusieurs pieds de profondeur ; aussitôt qu'elles rencontrent une couche de terre de mauvaise qualité ou de l'eau, la plantation non-seulement cesse de croître, mais dépérit. Comme d'un autre côté une luzernière n'est en plein rapport qu'à sa troisième et souvent à sa quatrième année, on voit qu'il est très-important de ne la placer que dans un sol où elle puisse avoir une longue durée. Dans un terrain qui lui convient bien, elle peut subsister dix à quinze ans. Pour la nourriture des bestiaux à l'étable, rien n'est plus utile que quelques arpens d'une bonne luzernière, placés à proximité des bâtimens de l'exploitation, parce qu'on peut commencer à la faucher ordinairement 15 jours avant le trèfle ; elle donne toujours trois coupes abondantes, et souvent quatre.

Elle se sème, comme le trèfle rouge, dans une récolte de grain, dans un sol parfaitement nettoyé de mauvaises herbes. Quarante à cinquante livres de graines par hectare; on n'en emploie communément que 40; mais je connais plusieurs excellens cultivateurs qui regardent comme essentiel d'augmenter cette quantité d'un quart, et la beauté des récoltes qu'ils obtiennent plaide fortement en faveur de cette pratique.

Un hersage énergique en mars, doit toujours être exécuté sur les luzernières, ce qui détruit beaucoup de mauvaises herbes, et favorise singulièrement la croissance de la plante. S'il arrivait cependant que, par l'effet d'une saison très-défavorable, la luzerne se fut très-peu enracinée dans s'année de la semaille, on devrait la menager dans le hersage du printemps suivant; mais dans toute autre circonstance, on ne doit pas craindre de déchirer les collets des plantes par les dents de la herse; cela leur est au contraire très-utile.

Semer le Sainfoin (Hedysarum onobrychis).

C'est aussi la saison la plus convenable pour la semaille du sainfoin. Tout cultivateur qui a des terres qui conviennent à cette plante, ne peut pas les employer d'une manière plus profitable. Pour le sainfoin, comme pour la luzerne, ce n'est pas seulement la couche supérieure du sol qu'il faut considérer, mais surtout les couches inférieures. Le sainfoin ne réussit bien que dans les sols dont

les couches inférieures sont calcaires, soit marneuses, crayeuses ou graveleuses, soit même composées de pierres calcaires sous une très-légère
couche de terre, pourvu que les racines pivotantes
du sainfoin puissent s'insinuer entre les pierres ou
dans leurs fissures.

Le sainfoin, à moins que le sol dans lequel il est
placé ne soit très-riche, ne donne ordinairement
qu'une coupe ; mais, soit en vert, soit en sec, il y
a peu de fourrages plus substantiels pour le bétail.

On cultive depuis quelques années dans plusieurs
départemens, une variété de cette plante, dont
la végétation est bien plus hâtive, et qu'on appelle
par cette raison, sainfoin à deux coupes.

Le sainfoin se sème dans l'avoine ou dans l'orge,
à raison de 4 à 5 hectolitres par hectare. La semence, quoiqu'assez grosse, demande à être peu
enterrée.

Le hersage en mars sur les sainfoins venus, est
aussi utile que sur la luzerne.

Plâtrer les Trèfles, Sainfoins et Luzernes.

C'est ordinairement en mars qu'il est le plus
avantageux d'appliquer le plâtre à ces trois récoltes,
ainsi qu'à la lupuline et au trèfle blanc. En général le moment le plus favorable est celui où la
plante a déjà commencé sa croissance, et est sur le
point de couvrir la terre. On emploie ordinairement autant de plâtre, en mesure, qu'on mettrait
de semence de blé sur la même étendue de terrain.

Cependant des résultats que j'ai obtenus cette année, me feraient croire qu'une quantité double de plâtre produirait, dans beaucoup de circonstances, des effets bien plus considérables.

Des expériences faites en 1820 et 1821, par plusieurs cultivateurs du département de la Meurthe, et en particulier par M. *de Valcourt*, agriculteur très-éclairé et excellent observateur, prouvent qu'on peut employer indifféremment le plâtre cru ou calciné, ou les plâtras, pourvu que les uns et les autres soient réduits en poudre également fine.

La découverte des effets produits par le plâtre sur la végétation des plantes de la famille des *légumineuses*, est une des plus importantes qui aient été faites dans ces derniers temps, par ses résultats dans l'art des assolemens. En effet, quoique le plâtre appliqué directement sur les céréales, ou sur les récoltes de plusieurs autres familles, ne paraisse pas, dans la plupart des circonstances, exercer aucune influence sur leur végétation, cependant, il est certain que toutes les récoltes, de quelque genre qu'elles soient, sont bien plus productives après un trèfle plâtré, qu'après celui qui ne l'a pas été; c'est donc un moyen de fertilité dont aucun cultivateur ne doit se priver, quand même il devrait aller chercher le plâtre à 20 lieues.

On ne doit pas répandre le plâtre par un temps sec; il faut choisir un temps couvert, ou ne le répandre que le soir ou de très-grand matin, lorsque les feuilles des plantes sont humides.

Semer les Pois (Pisum sativum).

Les sols meubles, légers ou de consistance moyenne conviennent mieux aux pois que les terres argileuses tenaces. C'est une récolte qui épuise peu, même lorsqu'on en récolte la graine. C'est une culture pour laquelle on fait rarement beaucoup de dépenses, soit en engrais, soit en labours ; cependant elle paie aussi bien que toute autre les soins qu'on lui donne. Les pois ne doivent pas revenir sur le même sol avant cinq ou six ans.

On cultive plusieurs variétés de pois, parmi lesquelles le pois gris ou bisaille, est celle qui s'accommode le mieux des terres un peu argileuses et compactes. On sème ordinairement en mars, et on enterre un peu fortement la semence ; on sème souvent sous raie, par un labour de 3 ou 4 pouces de profondeur. L'extirpateur convient très-bien pour enterrer cette semence, lorsque le sol est meuble.

On ne peut déterminer exactement la quantité de semence qu'il convient d'employer, et qui varie en raison de la grosseur des grains de chaque variété. Cela varie de 150 à 200 litres par hectare.

Semer les Vesces (Vicia sativa).

C'est dans ce mois qu'on fait ordinairement les premières semailles des vesces. Cette plante, dont l'utilité serait assez bornée si on ne considérait que ses graines, a acquis une importance majeure par l'usage qu'on en fait comme fourrage vert, dans la nourriture des bestiaux à l'étable ; peu d'autres

plantes peuvent, avec autant d'avantage que celle-ci, remplacer les trèfles qui ont été détruits
par l'hiver, accident qui pourrait, sans cela, entraîner les plus graves inconvéniens, dans une
exploitation rurale où on a adopté l'excellente
méthode de la nourriture du bétail à l'étable. Les
vesces peuvent d'ailleurs très-bien former, par
elles-mêmes, la base de cette nourriture, depuis
le milieu de mai ou le commencement de juin, époque où on fauche ordinairement les vesces d'hiver,
jusque dans le courant d'octobre. Pour cela, on
doit en semer de mars en juillet, tous les quinze
jours ou trois semaines.

Les terres fraîches un peu argileuses, sont celles
qui conviennent le mieux à cette plante. Elle peut,
dans beaucoup de cas, remplacer la jachère,
comme préparation pour le blé; alors on doit la
semer en mars sur un labour, et lui appliquer
l'engrais qu'on destinait à la jachère; immédiatement après l'avoir coupée, on donnera un second
labour, et un troisième avant la semaille du blé.
Dans la plupart des cas, cette préparation ne sera
nullement inférieure à une jachère complète. La
vesce fauchée à l'époque de sa floraison, ou peu
de temps après, n'est nullement épuisante.

La quantité de semence est d'environ 175 litres
par hectare.

Semer les Carottes (Daucus Carota).

On sème assez souvent les carottes en février;

cependant mars est la saison la plus commune.

Beaucoup de personnes croyent que les sols très-légers et sablonneux sont les seuls qui conviennent à cette plante; cependant elle réussit très-bien sur les terres de consistance moyenne, même un peu argileuses, pourvu qu'elles se laissent bien ameublir par les cultures préparatoires et qu'elles aient du fond. Cette récolte est fort coûteuse, à cause de la difficulté du premier sarclage; aussi ne doit-on la tenter que sur un sol bien nettoyé de mauvaises herbes. D'un autre côté, il y a très-peu de récoltes qui surpassent, ou même qui atteignent la valeur de celle-ci, dans leur application à la nourriture des bestiaux. On peut calculer qu'en général un terrain donné produit en carottes une récolte plus considérable en poids qu'une récolte de pommes de terre. La carotte est un des alimens les plus nutritifs et les plus sains qu'on puisse donner à toute espèce de bétail. Les chevaux de travail s'entretiennent très-bien avec 15 ou 20 livres de carottes par jour, en place de leur ration d'avoine. La carotte a de plus l'avantage de se conserver facilement avec toutes ses qualités, jusqu'au mois d'avril, et même plus loin.

Un labour profond, c'est-à-dire, de huit ou dix pouces, est absolument nécessaire pour la complète réussite de cette plante. Si on en donne plusieurs, les suivans peuvent n'être que de 4 ou 5 pouces. On ne fume pas ordinairement pour cette récolte; cependant on peut, par ce moyen, aug-

mmenter beaucoup le prodnit. Si on emploie du fumier, on doit avoir grande attention à ce qu'il soit
bien consommé; du fumier pailleux contient ordi-
mairement une grande quantité de mauvaises semences, qui augmenteraient beaucoup le travail du
sarclage.

La surface du sol doit être parfaitement meuble
au moment de la semaille; si on sème à la voiée,
on mettra 8 à 10 livres de graine par hectare, et
on l'enterrera très-péu. La culture en lignes à 18
pouces de distance convient parfaitement pour
cette plante, parce qu'elle diminue beaucoup le
travail et les frais du sarclage; si on ne veut pas
ou ne peut pas nettoyer l'intervalle des lignes à la
houe à cheval, on peut le faire très-promptement
à la grosse houe à main; il ne reste plus alors qu'à
arracher à la main, ou à la petite binette, les
herbes dans les lignes.

Les carottes se sèment souvent aussi en mars sur
le seigle, le colza d'hiver ou même sur le blé,
ainsi que dans le lin; elle forment ainsi une seconde récolte très-précieuse.

De quelque manière qu'on sème, on doit froisser
avec soin la graine entre les mains, afin de la débarrasser de toutes ses barbes; elle se répand ainsi
bien plus également.

Semer les Panais (Pastinacca Sativa).

Le panais se sème dans le même temps que la
carotte, et sa culture est à peu prés la même Les

sols très-riches, frais et profonds sont les seuls qui lui conviennent ; mais là, cette plante donne peut-être un produit supérieur à toute autre, en valeur nutritive pour les bestiaux. Un avantage particulier du panais, c'est qu'il ne craint nullement les plus fortes gelées ; ainsi on peut le laisser en terre pendant l'hiver, jusqu'au moment de le consommer.

Aucune racine n'est plus profitable pour l'engrais des bêtes à cornes ainsi que des cochons, ou pour la nourriture des vaches laitières ; elle convient très-bien aussi aux chevaux.

On met 10 à 12 livres de graine par hectare.

Semis de Choux et de Rutabagas en pépinière.

C'est en mars qu'il est le plus convenable de semer en pépinière les choux et les rutabagas destinés à être mis en place en mai ou au commencement de juin, pour être consommés avant l'hiver. Ceux qu'on ne voudrait consommer qu'au mois de février ou mars suivant, ne doivent être semés qu'en avril et même au commencement de mai, pour être transplantés en juin ou au commencement de juillet.

Ce mode de culture par le repiquage, présente le très-grand avantage de donner plus de temps pour préparer convenablement le sol qu'on destine à cette récolte. Dans presque tous les cas, les frais additionnels de repiquage sont compen-

ebs et au-delà par l'économie sur les premiers
sarclages, qui sont bien moins coûteux dans une
pépinière de peu d'étendue, que sur toute la surface des plantations. D'ailleurs, comme on peut
ainsi facilement placer la pépinière dans un sol
très-riche et fortement amendé, on a bien plus
de chances pour sauver le jeune plant des ravages
de la puce de terre, qui détruit si souvent ces
plantes dans la grande culture.

La méthode du repiquage présente cependant
un inconvénient assez grave; c'est la nécessité d'arroser au moment de la transplantation, si la saison est très-sèche. Dans mon opinion, cette méthode de culture, malgré cet inconvénient, est
encore infiniment préférable aux semis en place.

On peut semer la pépinière, soit à la volée,
soit en lignes distantes de 9 pouces ; dans
tous les cas, on doit laisser le plant très-clair
au premier sarclage, afin qu'il puisse prendre
beaucoup de force avant d'être transplanté; c'est
le meilleur moyen de le mettre en état de résister
à la sécheresse après la transplantation.

Les choux et le rutabaga présentent une ressource très-précieuse pour les moutons et les
bêtes à cornes pendant tout l'hiver, et jusqu'au
mois d'avril. J'entends parler principalement ici
des grands choux à fourrage, tels que le chou
cavalier, et le chou branchu du Poitou, dont on
jouit pendant l'hiver, excepté pendant les fortes
gelées. Quant aux rutabagas, on peut en jouir

sans interruption de septembre à avril. Ils résistent
en général très-bien à l'hiver; cependant la rigueur excessive de l'hiver de 1819 à 1820, les ...
généralement détruits dans une grande partie de
la France. Dans quelques parties de l'Angleterre,
les rutabagas se donnent aux chevaux de travail;
alors on diminue beaucoup leur ration d'avoine.

Semer les Betteraves (Beta vulgaris).

Les semis de betteraves en pépinière se font dans
la dernière quinzaine de mars ou au commencement d'avril, lorsqu'on n'a plus à craindre des
fortes gelées. Pour les semis en place, il vaut mieux
attendre la première quinzaine d'avril.

Ce que j'ai dit sur les motifs qui doivent engager
à donner la préférence à la culture par repiquage
pour les choux ou les rutabagas, s'applique également à cette plante. La manière de traiter les semis est aussi la même, si ce n'est que la graine de
betterave doit être beaucoup plus enterrée, c'est-
à-dire, à un pouce au moins.

La betterave forme une excellente nourriture
pour les moutons et l'engraissement du bétail à
cornes, ou pour les bœufs de travail. Elle favorise
la production de la graisse plus que celle du lait;
aussi, lorsqu'on en donne aux vaches laitières, elles
ne doivent pas former plus du tiers de leur nourriture totale; ce régime les entretient en très-bon
état. La betterave forme aussi une bonne nourriture
pour les chevaux de travail, quoiqu'inférieure sous

ioous les rapports à la carotte et au panais. Elle se oconserve très-facilement jusqu'en mars et avril.

Semer les Lentilles (Ervum lens).

Cette plante se sème dans la dernière quinzaine ole ce mois, ou au commencement d'avril. Les ioerres légères et meubles sont celles qui lui conviennent le mieux. Indépendamment de sa graine iqui a toujours une assez haute valeur, sa paille oörme un fourrage qui équivaut au moins au meilleur foin. Si on la fauche aussitôt que les siliques oont formées, c'est peut-être le plus nourrissant ole tous les fourrages, soit en vert, soit en sec. Il y a de l'inconvénient d'en donner trop aux bestiaux, même en fourrage sec.

On met ordinairement 15o litres de graine par aiectare. Si c'est la petite variété, on peut diminuer oette quantité. La culture en lignes s'applique trèsioien à cette plante. 18 pouces de distance entre ies lignes, dans un sol très-riche, et 12 ou 15 dans in sol médiocre.

Semer des Laitues pour les cochons.

Dans les exploitations rurales où on élève beauooup de cochons, il est d'un grand avantage de semer, en diverses fois, en mars, avril et mai, quelques ares de laitue que ces animaux aiment excessivement et qui contribue beaucoup à les entretenir en bonne santé pendant l'été. Un sol très-riche, meuble, fortement amendé, et situé

près des bâtimens de l'exploitation , est ce qui
convient pour cela ; on semera , soit à la volée , à
raison d'une livre et demie de graine pour dix ares ,
soit en lignes , à 12 ou 15 pouces de distance , à
raison d'une livre de graine pour dix ares ; dans
tous les cas, on enterrera très-peu la semence.

On sarclera et binera soigneusement , car sans
ces soins la laitue profite peu.

Semer la Chicorée (Cicorium intybus).

C'est dans ce mois que se sème communément la
chicorée , soit dans une récolte d'orge ou d'avoine,
lorsqu'on la destine à la consommation des bestiaux,
soit seule pour l'usage des fabriques de café-chicorée.

Les terres argileuses ou de consistance moyenne , sont celles qui conviennent le mieux à cette
plante ; il est nécessaire qu'elles soient très-riches et
profondes , si on veut avoir des racines d'un gros
volume ; on ne doit pas alors employer de fumier
l'année de la semaille ; un labour profond est aussi
nécessaire dans ce cas, que pour la culture de la
carotte. La culture en lignes à 18 pouces de distance est aussi la plus convenable pour l'économie
des frais de sarclage, opération indispensable et qui
doit être faite avec beaucoup de soin.

Quant à la chicorée dont on veut employer les
feuilles à la nourriture des bestiaux , le semis à la
volée un peu dru est le plus convenable. Il n'est
pas nécessaire dans ce cas-ci que le sol soit très-
riche, car cette plante est fort rustique.

La chicorée fauchée en vert est une fort bonne nourriture pour les vaches laitières, ainsi que pour les cochons; il est convenable cependant de ne pas la donner seule. Cette plante a l'avantage de résister aux plus fortes sécheresses. Elle convient bien aussi pour la pâture des moutons. M. *Bertier*, de Roville, l'emploie à cet usage, en l'associant à d'autres plantes de prairies artificielles, et il en fait un très-grand cas.

Dans les semis à la volée, on met 24 livres de graine par hectare; elle demande à être enterrée peu profondément.

La variété qu'on cultive pour la fabrication du café, a la racine plus grosse et plus charnue, à peu près comme une carotte blanche. Je l'ai cultivée cette année pour la première fois en grand, et je me suis assuré qu'elle fournit un fourrage aussi abondant et d'aussi bonne qualité que la variété commune. On peut faucher les feuilles, sans nuire aux racines, dans les premiers jours d'octobre, lorsque la végétation est arrêtée.

Herser le Blé.

Dans ce mois, et même plutôt, aussitôt que le sol est bien ressuyé, c'est une excellente opération que de donner un hersage énergique au blé. L'espèce de culture qui en résulte contribue puissamment à faciliter la croissance des racines coronales. Dans la plupart des cas, on distingue bientôt, à la vigueur de leur végétation, les champs qui ont été traités de la sorte.

Quand même on serait dans l'intention de donner
plus tard un binage à la main, on ne doit pas négliger le hersage.

Pour les blés semés en lignes, la houe à cheval
remplace l'opération de la herse, d'une manière
bien plus avantageuse.

Moutons.

Ce mois, ainsi que celui d'avril, sont toujours
les plus embarrassans pour la nourriture des moutons. C'est presque toujours l'époque où les brebis
et les agneaux dépérissent d'une manière souvent
irréparable, si on n'a pas une provision suffisante
de pommes de terre, de betteraves, de carottes, ou
de rutabagas, ou du colza, de la pimprenelle, etc.,
semés à l'automne; le colza surtout fournit ordinairement en mars un pâturage abondant.

Tirer des Sillons d'écoulement.

Aussitôt qu'un champ est labouré et semé, surtout dans les terres humides, on ne doit pas manquer de faire ou de relever avec soin les sillons
d'écoulement. Cette opération peut s'exécuter avec
une charrue ordinaire, mais mieux encore avec la
charrue à deux versoirs.

Fumer les Blés par-dessus.

C'est dans ce mois qu'il convient d'appliquer
aux jeunes blés les engrais qu'on veut donner par-
dessus, tels que de riches composts, des tourteaux
d'huile en poudre, des touraillons, de la fiente de

geons en poudre , de la suie, de la poudrette,
c. Si on appliquait plutôt cette espèce d'engrais,
'on n'emploie qu'en très-petite quantité, et
ont les principes sont très-solubles, les pluies les
entraîneraient presque en totalité; c'est lorsque la
récolte commence à végéter, qu'il est le plus profitable de les employer.

Une très-petite quantité d'engrais de cette espèce, bien appliquée, produit ordinairement des
effets très-considérables, surtout dans les sols
légers. C'est un puissant moyen de rétablir une
récolte qui a souffert de l'hiver, ou qui n'a pas
reçu des engrais en quantité suffisante avant la
semaille.

Étendre les Taupinières.

Un cultivateur soigneux ne doit jamais manquer
de faire parcourir tous ses prés en mars, pour faire
répandre la terre des taupinières. Le travail est fort
utile pour les taupinières récentes; pour les
vieilles, cela exige plus de peines; mais en faisant
le travail à temps, il ne s'en trouve jamais de
vieilles. En général, les taupes ne font du tort dans
les prés qu'aux négligens. Les taupinières nombreuses dans un pré, non-seulement rendent le fauchage plus difficile, mais font perdre beaucoup de
foin, en empêchant de faucher d'aussi près. Lorsque
au contraire on les étend à mesure qu'elles se forment,
la terre neuve qui est ainsi continuellement ramenée
à la surface, fait beaucoup de bien à la prairie.

Pâturer les jeunes Prés.

Le bétail, de quelqu'espèce que ce soit, ne doit jamais entrer dans les jeunes prés pendant l'été de la semaille, ni pendant l'automne et l'hiver qui suivent. Mais dès le mois de mars suivant, il est très-utile de les faire brouter très-ras par les moutons. Rien ne contribue davantage à épaissir l'herbe pour les années suivantes, en la faisant taller. C'est un des soins les plus importans dans la formation des prairies composées de graminées. Les brebis et les agneaux y trouvent d'ailleurs une ressource très-précieuse dans cette saison.

Semer la Spergule (Spergula arvensis).

Lorsqu'on veut récolter la graine de la spergule, c'est ordinairement en mars qu'on la sème ; la graine est mûre vers la fin de juin. C'est une plante qui convient particulièrement aux sols sablonneux et frais. Cependant je l'ai vu croître spontanément dans des terres blanches assez argileuses ; elle s'y plaisait tellement qu'elle s'était presqu'emparée de tout le sol, et sa végétation était fort vigoureuse. En général cette plante s'élève peu, et convient mieux pour pâturer que pour faucher ; cependant on la fauche souvent aussi. Elle s'emploie principalement à la nourriture des vaches laitières, et produit un beurre de qualité très-distinguée. Elle épuise très-peu le sol, même lorsqu'on laisse mûrir ses semences. On sème 240 livres de graine par hectare.

Biner le Colza.

Les colzas d'automne auront besoin dans ce mois d'un binage, et peut-être de deux. Lorsque le colza a été semé à la volée, on se dispense souvent de ces binages, qu'on ne peut alors exécuter qu'à la houe à main ; cependant l'augmentation sur la récolte se paie toujours richement, sans compter les effets du nettoiement de la terre pour les récoltes suivantes. Vingt femmes qui entendent bien cette opération, doivent biner correctement un hectare dans leur journée.

Lorsque le colza a été semé en lignes au semoir, ou planté après le rayonneur, ces binages s'exécutent bien plus économiquement et d'une manière plus parfaite, au moyen de la houe à cheval. Les lignes étant espacées de 18 pouces, un cheval et deux hommes peuvent facilement faire un hectare et demi par jour ; trois ou quatre femmes seront nécessaires pour suivre l'instrument, et arracher à la main les herbes dans les lignes.

Semer le Trèfle incarnat ou Farouch
(Trifolium incarnatum).

Cette plante se cultive fréquemment pour fourrage, dans le midi de la France ; elle est annuelle, et ne donne qu'une coupe. Elle a été introduite depuis peu d'années dans les environs de Paris, et dans quelques autres départemens du nord de la

France, où plusieurs cultivateurs ont trouvé qu'elle
réussit bien.

Les essais que j'en ai faits ne sont pas très-satis-
faisans ; cependant ils n'ont pas encore été assez
répétés pour pouvoir en tirer une conclusion qui
lui soit défavorable. L'ayant semé seul au mois de
mars, dans un très bon sol de consistance moyenne,
j'ai remarqué que l'accroissement de cette plante
est très-lent dans son jeune âge, de sorte qu'il est
difficile d'empêcher que les mauvaises herbes ne
prennent le dessus. Celle que j'ai semée au mois de
septembre, m'a présenté la même lenteur de
croissance ; au mois de novembre elle n'avait
encore que quatre feuilles très-faibles, tandis
que du trèfle rouge, semé à côté et en même
temps, était trois ou quatre fois plus développé.
Les plantes, encore trop faibles, ont été entièrement déracinées par les gelées de l'hiver.
Cette circonstance paraît indiquer que le trèfle
incarnat devrait être semé dans une autre récolte,
et surtout avec une plante destinée à être fauchée
en vert ; car sa récolte serait bien tardive, ou du
moins ne pourrait probablement pas amener ses
graines en maturité, après une récolte de céréales.
Au printemps prochain, je compte essayer de la
semer dans de l'avoine qui sera fauchée en vert une
ou deux fois. Il est probable que, de cette manière,
le trèfle incarnat donnera, sur la fin de l'été, une
coupe beaucoup plus abondante que ne pourrait le
faire le trèfle rouge traité de même, ce qui donne-

fait à cette plante un degré d'utilité assez important. Son fourrage est de bonne qualité en vert,
mais séché, il est inférieur au trèfle.

On met ordinairement 30 livres de graine par hectare ; mais je crois qu'il vaut mieux en mettre 40 ou
50. Je suppose ici la graine dépouillée de sa capsule.

Sarcler la Gaude d'hiver.

La gaude qui a été semée en août, doit être sar-
blée en mars ; cette opération doit être faite aussitôt
que les tiges commencent à monter. Comme alors
les plantes sont fortes, on emploie la houe à long
manche, et on laisse les plantes espacées, autant
que possible, de 5 à 6 pouces. Ce sarclage est
beaucoup moins coûteux que celui de la gaude
semée au printemps, parce que, pour cette dernière, on doit sarcler lorsque la gaude est encore
très-petite ; c'est là le principal avantage des semis
de gaude avant l'hiver. Vingt à vingt-cinq femmes
sarclent ordinairement un hectare de terre dans
cette saison, dans une journée, avec la houe à long
manche, à moins que le sol ne soit excessivement
sale ou très-dur.

S'il repousse encore des herbes après ce sarclage, on les arrache à la main, lorsque la gaude
a à peu près la moitié de sa hauteur.

Biner les Cardères.

Les cardères plantées en septembre auront besoin
d'un binage en ce mois ; ensuite on devra les ré-
biner aussi souvent qu'il poussera de mauvaises

herbes. Si on les a plantées en lignes, la houe à
cheval convient très-bien pour ces opérations.

Vaches.

Dans une exploitation bien réglée, la provision
de racines, telles que pommes de terre, rutabagas,
betteraves, carottes, ou de choux, doit durer pendant tout le mois de mars et d'avril. Il n'est pas
avantageux de mettre le bétail en pâture, lorsqu'on
le nourrit ainsi pendant l'été, avant le moment où
l'herbe est déjà assez grande pour qu'il puisse bien
s'y nourrir. Si on l'y met trop tôt, le pâturage en
souffre, et le bétail aussi, parce que la petite quantité d'herbe fraîche qu'il pâture, le dégoûte de la
nourriture sèche qu'il reçoit à l'étable. Les pâtures
communes, que chacun exploite à peu près comme
un bien au pillage, sont peu susceptibles de l'application de ce principe.

Attelages.

A une époque où les travaux sont aussi urgens
qu'à celle-ci, un cultivateur diligent doit apporter
le plus grand soin à ce que les attelages fassent des
journées complètes de travail. Dix heures d'ouvrage en deux attelées, en s'y prenant de grand
matin, peuvent très-bien être supportées par des
chevaux bien entretenus. Deux chevaux attelés à
un bon araire ou charrue sans avant-train, doivent toujours, dans ces dix heures, labourer de 30
à 45 ares, selon la nature du sol.

Les carottes sont encore une des meilleures nourritures qu'on puisse donner aux chevaux, en mars
et avril; ces racines les maintiennent en aussi bon
état et aussi vigoureux que l'avoine. On peut
aussi donner moitié ou un quart de la ration
d'avoine en nature, et l'équivalent du reste en
carottes ou en panais.

Semer la Gaude (Reseda luteola).

La gaude se sème, soit en août, pour être récoltée l'année suivante en juin ou juillet, soit en
mars, pour être récoltée la même année en septembre. La première méthode est préférable, parce
que les sarclages sont plus faciles est moins coûteux, et parce que la récolte se fait à une époque
où il est plus facile de la faire sécher. Cependant
j'ai remarqué que les semailles de printemps sont
en général aussi productives que celles d'automne.

On a annoncé que cette plante se contente des
terrains les plus pauvres; quant à moi, après l'a-
voir cultivée pendant plusieurs années, j'ai remarqué qu'on ne peut en obtenir des récoltes passables
que dans un sol riche et de très-bonne qualité. Les
terres où cette culture m'a réussi le mieux, sont
des terres argileuses de consistance moyenne, parfaitement ameublies par des cultures préparatoires.
Cette plante, dans les commencemens de sa croissance, restant long-temps très-petite, et exigeant
par cette raison des sarclages très-soignés et très-
coûteux, parce que les plantes doivent être très-

rapprochées, on ne doit jamais la mettre que dans une terre bien propre.

On sème 15 livres de graine par hectare, et on ne l'enterre presque pas.

Semer le Blé de printemps.

Les semailles de blé de printemps se font ordinairement en mars, quoiqu'elles réussissent souvent très-bien en avril, et même en mai.

Le blé de printemps n'est pas une variété particulière; c'est simplement le même blé qu'on sème à l'automne, et qui, par une culture continuée pendant quelques années, s'est habitué à une végétation plus prompte. Il produit ordinairement moins que le blé d'automne, mais souvent la différence n'est pas considérable, surtout sur des terres très-riches et légères, qui lui conviennent spécialement.

Le blé de printemps n'est cultivé en grand que dans quelques cantons, mais il mériterait de l'être plus généralement, à cause de la grande ressource qu'il offre pour le remplacement des blés d'automne, lorsqu'il arrive que ceux-ci ont été détruits par l'hiver. Du reste, une très – bonne préparation du sol lui est nécessaire. On ne doit, dans aucun cas, le placer immédiatement après une récolte de blé d'hiver.

Il demande d'être semé plus dru que le blé d'automne. Il est avantageux, pour cette récolte, comme en général pour toutes les céréales de printemps, de mettre assez de semence pour que le terrain soit bien garni au moyen de la principale tige de chaque grain, et sans compter sur les talles latérales : il arrive souvent en effet que lorsque la récolte est claire, ces talles se développent successivement pendant un long espace de temps. Alors on est forcé de faire la récolte, lorsque les principaux épis sont mûrs, et lorsqu'un grand nombre d'autres sont encore verts, ce qui occasionne une perte considérable. J'ai éprouvé plusieurs fois cet inconvénient sur des orges semées trop clair, et cette année même sur du blé de printemps.

Au reste, comme les grains de ce blé sont en général plus petits que ceux du blé d'automne, il n'est pas nécessaire pour cela de semer beaucoup plus *en mesure*, qu'on mettrait de semence de blé d'automne, pour les semailles faites à l'arrière-saison. Je crois cependant qu'on ne doit jamais employer, pour le blé de printemps, moins de 250 litres par hectare.

Semer le Lin (Linum usitatissimum).

Le lin doit être exclusivement cultivé dans des sols très-riches et très-meubles. Il y a beaucoup d'inconvéniens à fumer le sol pour cette semaille, à moins que ce ne soit un engrais en poudre qu'on peut répandre très-également. Le fumier ordinaire ne pourrait jamais être assez également mêlé avec la terre, ce qui causerait une inégalité très-préjudiciable dans la végétation des plantes. Dans ce

car, les unes prennent le dessus, et jettent des branches latérales lorsqu'elles sont encore fort basses,
parce qu'elles ont trop d'air, et les autres sont
étouffées par les plus vigoureuses. Une récolte
semblable est presque sans valeur, parce que la
principale qualité d'un beau lin, est que chaque
brin ait la plus grande longueur de tige possible,
sans branches.

C'est donc ordinairement dans une terre richement amendée les années précédentes, et bien
propre, qu'on sème le lin. Deux ou trois labours
préparatoires, ou un bon labour et deux ou trois
cultures à l'extirpateur, sont nécessaires dans ce
cas. Après le dernier labour donné en mars, ou
le dernier travail à l'extirpateur, on herse, et
ensuite on sème et on enterre à la herse.

Le lin réussit cependant très-bien sur un pré
rompu, et sur un seul labour, pourvu que le sol
ne soit pas trop aride par sa nature, ni trop humide. Cette manière de cultiver le lin est même
la plus économique de toutes, de même que c'est,
dans presque tous les cas, la meilleure manière
d'employer un pré rompu, la première année de
sa culture. Le lin cultivé ainsi donne presque toujours un produit très-abondant en filasse et en
graine.

Cette plante réussit bien aussi sur un trèfle
rompu, et sur un seul labour, pourvu toutefois
qu'il n'y ait pas de chiendent, et que le sol soit
très-riche.

Dans les cantons où on cultive beaucoup de lin, on est dans l'usage d'en renouveler la semence tous les deux ou trois ans, par de la graine tirée de Russie, connue dans le commerce sous le nom de *graine de lin de Riga.* Il est certain que cette graine produit dans nos climats un lin bien plus élevé, et qui donne une filasse bien plus abondante et de meilleure qualité, que la graine récoltée chez nous ; et qu'elle dégénère au bout d'un très-petit nombre d'années. Dans quelques cantons, c'est la semence de la première récolte produite par les grains de Riga, qu'on regarde comme le plus propre à produire de belle filasse.

D'excellens agronomes croyent que cette différence vient uniquement de ce que, dans nos cultures de lin pour la filasse, les plantes sont trop serrées, et récoltées trop tôt pour que les semences puissent acquérir toute la perfection dont elles sont susceptibles. On a conseillé, en conséquence, de cultiver à part les terrains destinés à produire la graine qu'on doit semer, en y mettant beaucoup moins de semence, et en laissant parfaitement mûrir la graine. L'opinion de ces savans me paraît très-fondée ; mais cette culture de lin uniquement pour sa graine, et en sacrifiant la filasse, qui dans ce cas n'a que très-peu de valeur, présente un grave inconvénient, qui a sa source dans l'énorme quantité de graine qu'on est forcé d'employer pour ensemencer une terre à lin cultivée pour la filasse ; en effet, on ne récolte ordinaire-

3*

ment que trois fois la quantité de graine qu'on a
employée pour la semaille, souvent deux fois seulement, ou même moins. Il faudrait donc que le
cultivateur qui veut semer annuellement un hectare de lin, en sacrifiât la moitié, ou au moins le
tiers, pour se procurer sa provision de graine pour
l'année suivante.

Quoique j'indique ici le mois de mars comme
l'époque de la semaille du lin, on peut aussi
le semer avec succès en avril et même en mai;
mais ces semailles sont beaucoup plus casuelles
que celles qui se font plutôt.

Les diverses variétés de lin qu'on a indiquées,
paraissent uniquement dues à la culture; cependant le lin *tétard*, dont les capsules s'ouvrent très-
facilement, et dont la filasse est grossière, paraît
former une variété distincte.

Pour obtenir de belle filasse, on doit mettre
350 livres de graine par hectare.

Le trèfle réussit très-bien dans le lin, ainsi que
les carottes, qui forment, dans beaucoup de
cas, une seconde récolte très-profitable.

Planter les Topinambours (Heliantus tuberosus).

M. *Yvart* est le premier qui ait cultivé cette
plante en plein champ, pour la nourriture des bestiaux; elle présente, sous ce rapport, des avantages
qui doivent attirer l'attention des cultivateurs dans

en grand nombre de localités : quoiqu'elle soit beaucoup plus productive dans un sol riche, cependant elle s'accommode fort bien de terrains très-pauvres et sablonneux ; elle ne craint pas les plus fortes gelées, de sorte qu'on peut laisser les tubercules en terre, jusqu'au moment de les consommer. Ils forment une bonne nourriture pour tous les bestiaux, et présentent une ressource précieuse pour les moutons à la fin de l'hiver, et au commencement du printemps ; cependant il est probable qu'ils sont moins nutritifs que les pommes de terre. Les tiges vertes, qui s'élèvent de 4 à 12 pieds, et qu'on peut couper lorsque les tubercules sont mûrs, sont mangées aussi avec plaisir par les vaches et les moutons. Si on les laisse sécher sur pied, elles servent très-bien à chauffer le four.

La méthode de plantation est la même que pour les pommes de terre ; cependant comme cette plante ne craint pas les gelées, on peut la planter dès le mois de février ; mais celui de mars est l'époque la plus ordinaire.

Semer la Moutarde noire (Sinapis nigra).

Cette plante exige, pour donner un produit un peu abondant, un terrain très-riche, très-meuble et une excellente culture préparatoire. Elle s'accommode mieux que beaucoup d'autres récoltes, d'un sol très-humide. On la sème ordinairement en mars.

C'est une culture qui a le grave inconvénient
d'empoisonner la terre de ses semences pour plusieurs années, à cause de l'extrême facilité avec
laquelle elle s'égraine, et de la propriété que possèdent ses semences, de se conserver long-temps
sans germer. Il y a maintenant quatre ans que j'en
ai cultivé sur de très-bonnes terres, dont le produit
a été très-satisfaisant, parce que cette graine, qui
s'emploie à la fabrication de la moutarde, a un prix
beaucoup plus élevé que les autres graines à huile.
Après la récolte, j'ai cru me débarrasser de toutes
les graines qui étaient tombées à terre, en faisant
herser soigneusement le terrain, pour favoriser
leur germination ; en effet, la terre était couverte
en automne, d'une quantité incroyable de plantes.
Ayant été labourée alors, il s'en est montré encore
presqu'autant au printemps suivant. De sorte qu'a-
près plusieurs cultures, je n'ai pu y mettre qu'une
récolte sarclée. Aujourd'hui, la terre est encore
loin d'en être débarrassée. Il est probable qu'une
grande partie de ces graines étaient tombées dans
des crévasses de la terre, qui étaient fort nombreuses ; cependant il en a germé depuis, une si énorme
quantité, que je suis porté à croire qu'une partie
de celles qui étaient tombées sur le sol, ont été
enterrées par la herse trop profondément pour
pouvoir germer, et ont été ensuite enfouies par le
labour. On met 10 à 12 livres de graine par
hectare.

Semer les Graines de Pré.

C'est dans ce mois que se sèment ordinairement les graines de pré, dans l'avoine. Lorsqu'on les sème dans le blé, on le fait souvent en février, à moins qu'on ne veuille biner le blé, soit à la houe à main, soit à la houe à cheval; alors on ne sème la graine de pré qu'au moment du dernier binage.

Semer la Pimprenelle (Poterium sanguisorba).

Cette plante se sème de même que les graines de pré; elle réussit assez bien sur de mauvais sols sablonneux ou crayeux, et y procure un pâturage de moutons peu abondant, mais très-précieux par la faculté qu'elle a de résister aux plus grandes sécheresses et aux plus grands froids. Il est fort utile de ne pas la faire pâturer à l'automne, mais de réserver la pousse de cette saison, qui continue de croître pendant l'hiver, pour la faire pâturer au commencement du printemps; elle présente ainsi une excellente ressource pour les brebis et les agneaux, dans une saison où il est souvent si difficile de leur donner une nourriture convenable.

On met 60 livres de graine par hectare.

Semer le Pastel (Isatis tinctoria).

Cette plante se cultive, soit pour son usage dans la teinture, soit comme pâturage pour les moutons. Dans le premier cas, elle exige le sol le plus riche, le plus profond et le plus meuble, si on veut ob-

tenir un produit un peu considérable. La meilleure
manière de la cultiver dans ce but, est de la semer
en rayons à 12 ou 15 pouces de distance, qu'on
bine soigneusement pendant la croissance de la
plante. Les feuilles se cueillent deux fois, et quelquefois même trois pendant l'été. J'en ai obtenu
ainsi plus de 3000 kilogrammes de pastel en coques, par hectare. Au reste, c'est une récolte qui
ne peut convenir qu'à un très-petit nombre de
cultivateurs, quoiqu'elle soit très-lucrative, parce
qu'elle exige des travaux et des soins de fabrication
très-minutieux, dans une saison de l'été où l'attention du cultivateur doit se porter sur plusieurs
autres objets plus importans. J'en ai abandonné la
culture par ce motif.

Le pastel cultivé pour le pâturage des moutons,
présente, comme la pimprenelle, le précieux avantage d'une végétation très-hâtive au printemps ;
dès le mois de mars, et souvent même dès février,
elle fournit déjà une pâture assez abondante. C'est
dans des terrains secs, qu'on la sème ordinairement
dans ce but, en mars et à la volée. On met 40 livres de graine par hectare.

M. *Bertier*, de Roville, en cultive annuellement
dans ce but de grandes étendues, pour son beau
troupeau de mérinos.

Cultures de printemps en temps sec.

Un des soins les plus importans que doive pren-

se un cultivateur, c'est de ne jamais toucher la
trre au printemps ou en été, soit pour les la-
jours, soit pour le travail de l'extirpateur, de la
herse, des houes à main ou à cheval, que lorsque
le sol est parfaitement ressuyé. Une pluie qui vient
à tomber immédiatement après une culture quelconque, peut même gâter la terre pour tout le
reste de la saison, de même qu'une culture donnée lorsque la terre est humide; dans ces cas, tout
le travail qu'on s'est donné précédemment pour
ameublir le sol, peut être perdu dans un instant;
il y aura souvent une différence de moitié dans le
produit d'un champ cultivé un jour de beau temps,
et dans un état bien ressuyé, et celui du champ
voisin, cultivé deux jours après, par la pluie. Cet
avertissement s'adresse à ceux qui cultivent des
terres argileuses ou des terres blanches; quant
aux sables et aux sols légers, on les cultive à peu
près quand on veut.

Quelques plantes, très-rustiques, souffrent moins
que d'autres, des fautes qu'on peut commettre sous
ce rapport; cependant elles n'y sont pas du tout
indifférentes; telle est l'avoine, et surtout les fèves.
Au reste, cette dernière plante craint moins que
d'autres les labours en temps humide, parce que
se semant de très-bonne heure, il survient presque toujours après cette époque, des gelées qui
ameublissent la surface du sol. Ces gelées de printemps sont un aide que doit souvent appeler à son
secours, le cultivateur de terres argileuses. Pour

ces sols, c'est le meilleur de tous les instrumens
d'agriculture.

Semeurs.

Il n'y a pas d'ouvrier plus important dans une
exploitation rurale, qu'un bon semeur; on ne peut
pour ainsi dire pas le payer trop cher. Car dans
presque toutes les circonstances, le produit des
récoltes dépend essentiellement de son habileté et
de son zèle. On ne doit jamais le presser pour
accélérer sa besogne, car l'important n'est pas de
mettre beaucoup de semence en terre, mais de la
répandre également. Il n'y a aucune récolte pour
laquelle ce soin ne soit très-important; mais il en
est pour lesquelles c'est la circonstance qui exerce
le plus d'influence sur le succès ; par exemple,
pour le lin, il est impossible d'obtenir une belle récolte si la semaille n'est pas faite très-également.

Pour toutes les graines fines, lorsque la quantité
de semence qu'on emploie est assez considérable
pour la répandre en deux *jets*, c'est-à-dire, en
passant deux fois sur chaque partie du terrain, on
ne doit jamais manquer de le faire; trois valent
même mieux que deux. Lorsque la quantité de semence est trop petite pour cela, et qu'on est forcé
de la semer d'un seul jet, cela exige le plus grand
soin et une habitude consommée, pour la répandre
également. Un cultivateur ne devrait pas hésiter à
faire venir un semeur de très-loin pour semer ses
colzas, dût-il le payer à 10 francs par jour, plutôt
que de les faire semer par un mal-adroit.

Lorsqu'on sème plusieurs espèces de graines sur le même terrain, comme des graines de pré, etc., on ne doit jamais les mêler ensemble, mais les semer l'une après l'autre, parce que toutes les fois que le volume de graines, ou même leur pesanteur spécifique ne sont pas égaux, la semaille se fait nécessairement avec inégalité.

On ne doit jamais semer par le vent, si ce n'est pour les semences très-pesantes, comme les pois, les fèves, etc., et même le blé et l'orge; l'avoine ne peut déjà plus se semer avec égalité pour peu que le vent soit fort. Pour toutes les graines fines et légères, l'attention la plus scrupuleuse à cet égard est de rigueur.

AVRIL.

Semer l'Orge.

C'EST en avril qu'on sème le plus communément les orges, quoiqu'on le fasse quelquefois en mars, et qu'on puisse retarder cette semaille, surtout pour quelques variétés, jusque dans le courant de mai.

Les variétés d'orge de printemps qu'on cultive le plus communément sont : la grande orge à deux rangs (*hordeum distichum*), la petite orge quadrangulaire (*hordeum vulgare*), l'orge nue à six

rangs (*hordeum cœleste*), l'orge nue à deux rangs
(*hordeum nudum distichum*).

La grande orge à deux rangs, ou orge plate,
est celle qui s'accommode le mieux dès semailles
hâtives, parce qu'elle souffre le moins des dernières gelées de printemps, et que sa croissance
est moins prompte que celle des autres variétés. Son
grain est gros, pesant et d'excellente qualité.

La petite orge quadrangulaire peut se semer
plus tard, sa végétation étant beaucoup plus
prompte. Elle s'accommode mieux aussi d'un sol
médiocre; mais son produit est en général plus
faible, et son grain est moins gros et moins pesant
que celui de la grande orge.

L'orge nue à six rangs s'était peu répandue jusqu'à ces dernières années, où elle a été très-vantée
sous le nom de *blé d'Égypte*. Je la crois plus difficile sur la qualité du terrain que les variétés précédentes, mais son grain a beaucoup plus de valeur,
parce qu'il peut très-bien entrer dans la fabrication
du pain, auquel il ne donne nullement la saveur
particulière au pain d'orge. Son écorce est si fine
que le grain est transparent comme un morceau
de gomme, et qu'à la monture il ne produit presque pas de son. Un quart de farine de cette orge,
avec trois quarts de farine de froment, forment un
très-bon pain. Comme d'un autre côté, le produit
de sa récolte est plus considérable, à terrain égal,
que celui du blé de printemps, c'est sans contredit
une céréale fort précieuse. Je la cultive depuis

ninq ans, et je n'hésite pas à la regarder comme une
récolte qui surpasserait ordinairement en valeur
celle du blé d'automne, si elle n'était pas plus ca-
melle, comme le sont en général les céréales de printemps. Sa végétation est très-hâtive, et j'ai obtenu
une très-belle récolte, d'une semaille faite le 2 juin.

Les barbes de l'épi tombent au moment de la
maturité, et sa paille est mangée par les bestiaux
aussi volontiers que celle du blé.

J'ai cultivé aussi l'orge nue à deux rangs ; mais
plusieurs inconvéniens m'en ont fait abandonner
la culture, et en particulier la faiblesse de la tige
qui soutient mal un épi trop pesant, de sorte qu'une
grande partie des épis tombent avant la maturité.
Elle talle aussi fort peu, de sorte qu'elle exige une
semaille très-épaisse ; lorsqu'elle est claire, une
grande partie des derniers épis est encore verte,
lorsque ceux des tiges principales arrivent à ma-
urité. Sa paille n'a pas plus de valeur que celle de
l'orge ordinaire. Du reste, son grain est beaucoup
plus gros et a une plus belle apparence que celui
de l'orge céleste, et je le crois d'aussi bonne qua-
lté ; mais je n'en ai jamais obtenu que des récoltes
très-inférieures en quantité. Peut-être, au reste,
cela tient-il à la nature du sol ou à quelqu'autre
circonstance particulière, car je sais que d'autres
cultivateurs en sont contens.

L'orge, en général, exige un sol riche, léger, ou
au moins parfaitement ameubli par les cultures
préparatoires. Dans un sol un peu argileux, un

labour profond donné en automne, et deux ou trois
cultures à l'extirpateur au printemps, sont la meilleure préparation qu'on puisse lui donner.

Ce grain demande à être enterré un peu profondément ; deux ou trois pouces ne sont pas trop ;
par cette raison, l'extirpateur convient mieux que
la herse pour couvrir la semence.

L'orge ne réussit jamais mieux que lorsqu'elle
est semée dans un sol bien ressuyé ; semer dans la
poussière est ce qui lui convient le mieux.

Pour la grosse orge plate, ainsi que pour l'orge
nue à deux rangs, on emploie 225 à 250 litres de
semence par hectare. Pour la petite orge quadrangulaire, 200 à 225. Pour l'orge céleste, 175 à 200
suffisent, parce que cette variété talle beaucoup
et très-promptement.

Planter les Pommes de terre.

Les pommes de terre se plantent quelquefois en
mars ; on peut aussi planter la plupart des variétés
dans la première quinzaine de mai, et même assez
souvent ce sont ces dernières qui sont les plus productives ; cependant l'époque la plus ordinaire de
la plantation est le courant d'avril.

De toutes les récoltes sarclées, qu'on peut cultiver en remplacement de la jachère, la plus précieuse sans contredit est la pomme de terre, parce
que non-seulement elle fournit un aliment très-
nutritif et très-sain pour tous les bestiaux, mais
elle présente aussi une excellente nourriture pour

oomme. Dans un pays où on cultive une grande
santité de pommes de terre pour l'usage des bes-
uux, les hommes ont toujours une ressource as-
rée contre la disette. Depuis quelques années la
'lture de cette plante a beaucoup augmenté; ce-
ndant elle est encore presque exclusivement
tre les mains des manouvriers ou petits pro-
iétaires, qui exécutent eux-mêmes les menues
ltures qu'elle exige; elle ne peut guère devenir
article de la grande culture champêtre, que
rsque les menues cultures seront exécutées au
oyen de la houe à cheval, qui y remplace un
ès-grand nombre de bras.

C'est ainsi que les améliorations en agriculture,
nt toujours liées les unes aux autres, et que l'usage
bons instrumens forme, dans la plupart des cas,
base de l'édifice : sans la production d'une grande
antité de fumier, et par conséquent sans l'entre-
en d'un grand nombre de bestiaux *à l'étable*, il
t impossible d'obtenir des terres tout le produit
'elles peuvent rendre; sans une culture étendue
es prairies artificielles, on ne peut, dans presque
us les cas, entretenir un grand nombre de bes-
aux; d'un autre côté, on ne peut cultiver beau-
oup de prairies artificielles, sans supprimer les
chères; sans cela il ne resterait pas assez de
rre pour les grains; mais il est impossible de
ipprimer les jachères, sans étendre la culture
es récoltes sarclées; enfin, il est impossible de
ltiver, du moins économiquement, des récoltes

sarclées, sans l'emploi de quelques instrumens
perfectionnés d'agriculture. La houe à cheval en
particulier convient parfaitement à la culture des
pommes de terre ; dans les cantons où cet instrument est en usage, c'est ordinairement pour cette
culture qu'elle y a été introduite.

On cultive un nombre très-considérable de variétés de pommes de terre ; et les semis en procurent chaque année de nouvelles. Une nomenclature
de ses variétés serait ici sans intérêt, parce que les
qualités qui font donner la préférence à l'une d'entr'elles dans un canton, disparaissent souvent dans
un autre. J'ai essayé, dans le département que j'habite, quelques-unes des variétés qui sont les plus
estimées dans les environs de Paris, et j'ai trouvé
qu'elles étaient de beaucoup inférieures à plusieurs
de celles qui se cultivent dans le pays. Cependant
un cultivateur doit mettre beaucoup de soin dans
le choix des variétés qu'il cultive, car il en est
quelques-unes qui sont souvent du double plus
productives que d'autres, ou d'une bien meilleure
qualité pour la nourriture de l'homme. Certaines
variétés réussissent beaucoup mieux que d'autres
dans telle ou telle nature de sol ; d'ailleurs l'époque
de la maturité étant très-différente dans les diverses
variétés, il est fort important d'employer celles
qui conviennent le mieux dans chaque circonstance, relativement à l'époque où on veut les planter, ou relativement à l'époque de l'arrachage, qui
doit souvent être avancée, lorsque cette récolte

...it être remplacée par une autre, immédiatement
...près l'arrachage.

...On doit donc apprendre à connaître les pro-
...priétés relatives, pour chaque canton et pour
...chaque situation, des variétés qui se cultivent dans
...les environs, ou de celles qu'on fait venir de loin, en
...essayant d'abord celles-ci sur de petites étendues
...terrain ; on se dirigera ensuite d'après ces con-
...naissances. Au reste, il est fort important de tenir
...toujours les diverses variétés bien séparées dans
...les cultures, au lieu de les planter pêle-mêle,
...comme cela se voit trop souvent ; un champ sem-
...blable est l'enseigne la plus certaine de la négli-
...gence du cultivateur.

...Toutes les terres, excepté celles qui sont trop
...argileuses pour se laisser bien ameublir par les
...cours, peuvent être employées utilement à la
...culture des pommes de terre. Dans les sols légers,
...ou deux labours préparatoires suffisent souvent ;
...mais dans les terres argileuses, un labour avant
...l'hiver, et deux ou même trois au printemps, sont
...souvent nécessaires pour mettre le sol dans un état
...convenable ; l'extirpateur peut remplacer fort
...avantageusement un ou deux labours de printemps.
...Si on veut cultiver les pommes de terre au moyen
...la houe à cheval, il est nécessaire de les plan-
...ter en lignes également espacées ; cela peut s'exé-
...cuter en traçant les lignes avec le rayonneur sur
...terre bien hersée, et en ouvrant ensuite, le long
...de ces lignes, des sillons de 4 à 5 pouces de profon-

deur, au moyen de la houe à cheval garnie d'un petit
soc destiné à cela ; on distribue les pommes de terre
dans ces sillons, et on recouvre le tout au moyen d'un
trait d'extirpateur ; j'ai indiqué cette méthode dans
une notice que j'ai écrite il y a quelques années.

Je me suis convaincu depuis qu'on peut aligner parfaitement les pommes de terre en les plantant derrière la charrue ; et cette méthode est de toutes la plus simple et celle qui doit être préférée dans la plupart des circonstances. Lorsque la charrue prend une bande de 11 à 12 pouces de largeur, on laisse une raie vide après en avoir planté une, de sorte que les lignes se trouvent espacées de 22 à 24 pouces ; c'est là la moindre distance qu'on doive mettre entre elles. Lorsque la charrue ne prend que 9 pouces de largeur de raie, ce qui est beaucoup préférable, on doit laisser deux raies vides ; les lignes se trouvent alors espacées de 27 pouces. Cette distance pourra paraître considérable aux personnes qui sont habituées à planter les pommes de terre à 12 ou 15 pouces de distance ; mais si on veut en faire l'expérience, on verra que le produit ne sera pas inférieur, ou au moins qu'il le sera de très-peu ; et on aura le très-grand avantage de pouvoir donner au terrain une culture bien plus parfaite, ce qui est très-essentiel dans la culture des pommes de terre, qu'on doit toujours considérer, dans un assolement, comme récolte préparatoire.

Pour exécuter cette plantation, on divise le

champ dans sa longueur, en trois ou quatre parties; dans chacune on place une ouvrière, qui doit
planter l'étendue du sillon qui se trouve dans sa
division; pendant que la charrue laboure les sillons
où on ne doit pas mettre de semence, les femmes
apportent les pommes de terre et les coupent. Elles
ne doivent pas les jeter négligemment dans le sillon, mais les placer, à la main, contre la bande de
terre qui vient d'être retournée, en les appuyant
pour les enfoncer un peu, afin que le cheval qui
vient dans la raie, ne les dérange pas. Dans les
maisons, ou les sols très-humides, on ne doit pas
placer la pomme de terre au fond du sillon, mais
à une couple de pouces au-dessus, sur le revers
de la bande de terre, en l'enfonçant dans la terre
de cette bande; par ce moyen on n'a pas à craindre
la pourriture, qui, dans certaines saisons et certains
sols, détruit une grande quantité de pommes de
terre, avant qu'elles aient levé. On espace les
pommes de terre de 12, 15 ou 18 pouces dans la
ligne, selon que les variétés occupent plus ou
moins d'espace; d'autres ouvrières tirent dans le
sillon, et y répartissent également, le fumier qu'on
avait préalablement étendu sur la surface du sol.
Les grosses pommes de terre se coupent en deux;
il est très-rare qu'il convienne de les couper en
trois; les moyennes doivent s'employer entières,
et on ne doit jamais en employer de petites pour
semence, à moins de nécessité. En général, on
remarquera que la récolte sera toujours plus con-

sidérable, lorsqu'on a planté de gros tubercules
ou de gros morceaux. On a souvent proposé, il est
vrai, d'employer seulement à la plantation, les
pelures des pommes de terre, ou même les yeux
détachés des tubercules; cela réussit dans une
terre de jardin, et lorsque toutes les circonstances
se trouvent réunies pour favoriser la végétation ;
mais dans des circonstances moins favorables, une
grande partie des germes pourrit ou se dessèche ;
ceux qui poussent ne donnent qu'un petit nombre
de tiges grèles, et un produit très-peu considérable en tubercules. Ce procédé ne doit être recommandé que lorsque la disette en fait une nécessité absolue.

Lorsque la plantation est terminée, si on craint
la sécheresse, il est fort important de herser parfaitement la surface du sol.

Semer des Vesces.

Lorsque la nourriture des bestiaux à l'étable
roule en tout ou en partie, dans une exploitation
rurale, sur les vesces fauchées en vert, on doit en
semer encore une ou deux fois en ce mois, car il
est fort important que les récoltes se succèdent
sans interruption pour la consommation.

Semer des Prairies artificielles.

Le trèfle rouge et blanc, la lupuline, la luzerne,
le sainfoin, les graines de pré, etc., peuvent encore se semer dans ce mois, avec autant de succès qu'en mars.

Nourriture des Bêtes à laine.

La nourriture des troupeaux de cette espèce, cause ordinairement encore plus d'embarras dans le courant d'avril, qu'en mars. Des provisions suffisantes pour cette époque, forment la pierre de touche d'un cultivateur prévoyant. Les navets doivent toujours être consommés au plus tard en mars ; plus tard, les rutabagas, carottes, pommes de terre et betteraves, doivent former le supplément de la faible nourriture que les bêtes peuvent déjà trouver au pâturage.

En Angleterre, c'est un usage assez commun, que de réserver le regain d'automne, sans le faucher, pour la nourriture des brebis et des agneaux en avril ; c'est une excellente méthode, qui n'est pas assez pratiquée en France ; M. *Bertier*, de Rolle, l'a adoptée avec beaucoup de succès.

Vaches.

Le bétail à cornes ne doit pas encore aller en pâture dans ce mois, par les motifs que j'ai indiqués en mars. Les racines doivent toujours former une bonne partie de sa nourriture.

Chevaux.

Un cultivateur prévoyant doit avoir une provision de carottes suffisante pour la nourriture de ses chevaux pendant tout le mois d'avril, et même une partie de mai.

Sarcler les Carottes.

Lorsque les carottes ont été semées de très-bonne heure, elles ont ordinairement besoin d'être sarclées dans le courant de ce mois; la règle générale est de donner ce premier sarclage aussitôt qu'on peut distinguer les jeunes carottes des mauvaises herbes; on ne doit cependant jamais y procéder, lorsque la terre est trop humide et s'attache aux pieds des sarcleuses. La méthode la plus convenable de beaucoup, lorsqu'on le peut, est de faire exécuter à la tâche, ce sarclage, et les autres du même genre; les ouvriers peuvent gagner ainsi un meilleur salaire, et cependant, le propriétaire y trouver encore un grand profit, car dans les travaux de cette espèce, un ouvrier peut facilement, lorsqu'il est *à ses pièces*, doubler la quantité d'ouvrage qu'il ferait à la journée, et cependant le bien faire. Dans cette méthode la surveillance est bien plus facile que sur des ouvriers à la journée, car il ne s'agit que d'examiner comment l'ouvrage a été exécuté; mais il ne faut jamais manquer de faire recommencer, sans aucune considération, le terrain qui a été sarclé avec négligence; par ce moyen les ouvriers s'habituent bientôt à travailler avec les soins convenables.

Sarcler les Pavots.

Les pavots doivent aussi, ordinairement, recevoir le premier sarclage en avril. Tout ce que j'ai dit

ur le sarclage des carottes, s'applique également
ici ; cependant la précaution de ne pas travailler
par un temps humide, est de rigueur pour les pavots, plus encore que pour toute autre espèce de
récolte ; lorsqu'on a commis cette faute, les plantes
en souffrent ordinairement pendant tout le reste
de la saison.

Les pavots doivent être espacés à 15 ou 18
pouces de distance ; mais dans le premier sarclage
on les laisse beaucoup plus épais, parce qu'un
grand nombre peut encore périr. On achève
de les éclaircir dans le second binage, qui
se donne à la houe à long manche, lorsque les
feuilles ont deux ou trois pouces de longueur.

Tirer les Sillons d'écoulement.

On doit continuer, pour les semailles faites en
avril, le soin que j'ai indiqué en mars, de tirer
des sillons découlemement, aussitôt qu'un champ
est semé.

Étendre les Taupinières.

Si les taupinières et fourmillières des prés n'ont
pas été étendues en mars, cette opération doit se
faire au plus tard dans la première quinzaine
d'avril.

Herser l'Avoine et l'Orge.

Lorsque l'avoine est levée, et surtout au moment
où elle commence à taller, un hersage plus ou moins
profond, selon l'état de la terre, lui fait toujours

le plus grand bien ; il y a une circonstance où
cette opération est capitale : c'est lorsque, dans un
sol argileux, ou dans une terre blanche, de fortes
pluies ont battu la surface du sol ; si une séche--
resse survient alors, elle formera une croûte dure,
impénétrable aux rosées, ainsi qu'à toutes les in--
fluences de l'atmosphère, et qui d'ailleurs étrangle
les jeunes plantes, et arrête ainsi leur croissance.
Un hersage donné à propos, lorsque le sol com--
mence à se ressuyer, et avant que la croûte soit
formée, présente les résultats les plus favorables,
et les champs qui l'ont reçu souffrent infiniment
moins des sécheresses de l'été.

Cette opération est également profitable à l'orge ;
mais elle exige plus de précautions, parce que les
jeunes tiges de l'orge sont beaucoup plus cassantes
que celles de l'avoine. On ne doit l'exécuter qu'au
moment le plus chaud du jour et par un grand
soleil ; alors les plantes un peu flétries, y résistent
beaucoup mieux.

Planter le Maïs (Zea Maïs).

Un sol chaud, léger et bien amendé, est celui
qui convient le mieux au maïs ; on ne le plante
guère que sur la fin d'avril, et dans tout le cou--
rant de maï. On le sème quelquefois à la volée,
mais cette méthode est décidément vicieuse ; le
mieux est de le planter ou semer en lignes à 3 pieds
de distance ; si on emploie le semoir, on en met
deux ou trois grains par pied de longueur dans la

ligné, sauf à retrancher la plus grande partie au moment des binages; on les laisse alors à 18 pouces ou 2 pieds de distance. Les lignes où on dépose les semences doivent être tracées avec le rayonneur, et approfondies d'environ 2 pouces; on les recouvre ensuite avec la herse renversée. Lorsqu'on plante au plantoir, on met entre les trous la distance qu'on veut conserver entre les plantes, et on met deux grains dans chacun.

Ce que je viens de dire s'applique au grand maïs, qui est le plus fréquemment cultivé; il y en a deux autres variétés plus petites dans toutes leurs parties, beaucoup plus hâtives, et qui doivent se semer ou se planter beaucoup plus rapprochées que le grand. L'une est le *Maïs quarantain*, qui, à raison de la promptitude de sa croissance, peut se cultiver dans des climats où le grand maïs n'arriverait pas à maturité. Le grain est beaucoup plus petit et moins productif. L'autre est le *Maïs à poulets*, plus petit encore, plus hâtif, et moins productif que le précédent; son grain n'a pas besoin d'être moulu, pour engraisser parfaitement les volailles.

Les feuilles qui enveloppent l'épi du maïs s'emploient dans beaucoup d'endroits, pour remplir les *paillasses* des lits; elles sont infiniment préférables, sous ce rapport, à la paille de blé; elles ont beaucoup plus d'élasticité, et une durée presqu'indéfinie, sans rien perdre de cette qualité. Dans beaucoup de villes leur prix est assez élevé, et forme un produit accessoire très-important , de la culture du maïs.

Les intervalles des plantes de maïs peuvent être employés très-avantageusement à y cultiver des pommes de terre, et surtout des haricots. Cependant on perd, dans ce cas, l'avantage de pouvoir cultiver aussi facilement le maïs avec la houe à cheval.

Tous les bestiaux mangent avec plaisir les feuilles et les tiges de cette plante ; aussi la cultive-t-on quelquefois pour cet usage ; on doit alors la semer beaucoup plus épais, et enterrer la graine par un fort hersage.

Labourer les Jachères.

Lorsque les jachères n'ont pas été déchaumées avant l'hiver, le premier labour se donne ordinairement en avril ou mai, lorsque les semailles et plantations du printemps sont terminées. On donne ensuite, dans le courant de l'été, deux autres labours au moins. Si on veut que cette opération atteigne le but qu'on se propose, on doit avoir le plus grand soin de ne jamais laisser venir une herbe à graine, dans les terres en jachère ; sans cette précaution, on perd une très-grande partie des avantages que présente la jachère ; car il est possible, et cela n'est que trop commun, qu'après avoir labouré la terre trois fois dans un été, elle reste plus empoisonnée de mauvaises herbes qu'elle ne l'était auparavant ; il suffit pour cela, qu'un seul labour ait été trop retardé, et que les semences

:es herbes nuisibles se soient répandues sur le sol.

. Au reste, dans les méthodes d'agriculture per-
octionnée, on ne fait presque plus usage de la
ochère complète, c'est-à-dire, de celle qui laisse
: terrain oisif pendant tout le printemps et l'été.
: n'y a réellement qu'un très-petit nombre de cas
ini puissent exiger l'emploi de ce procédé, dans
n sol extrêmement argileux et tenace. Dans toutes
es autres circonstances, l'usage des récoltes sar-
bées, joint à quelques *demi-jachères*, suffit par-
fitement pour ameublir et nettoyer toutes les
qpèces de sol. On appelle *demi-jachères*, celles
ini n'occupent qu'une partie de la belle saison,
. qui se donnent avant ou après une récolte pro-
uctive : ainsi, lorsqu'on transplante en mai ou juin
es rutabagas ou des betteraves, on peut, pendant
umois de printemps, donner une excellente *demi-*
xhère ; et après une récolte de navette, de colza
. de seigle, qui laisse le terrain libre à la fin de
iin ou au commencement de juillet, on a encore
: espace de temps bien suffisant jusqu'à l'automne,
jur donner trois labours. Ces demi-jachères,
esqu'elles sont bien soignées, préparent tout
ssi bien le sol, dans la plupart des circonstances,
,°une jachère complète. En effet les avantages
r'on tire de la jachère sont d'ameublir le sol, en
oosant successivement toutes ses parties aux
lluences de l'atmosphère, et de le nettoyer des
nuvaises herbes dont il contient les semences ou
: racines ; mais il n'est pas nécessaire, pour attein-

4*

dre l'un ni l'autre de ces deux buts, de mettre un long intervalle entre les labours ; l'essentiel est de les donner à propos.

Dans le travail des jachères ou des *demi-jachères*, l'extirpateur peut remplacer très-économiquement le travail de la charrue, pour un ou plusieurs labours, mais jamais pour le premier. Comme le travail de cet instrument est beaucoup plus expéditif et moins coûteux que celui de la charrue, on peut, en l'employant, et en alternant son usage avec des labours à la charrue, multiplier les cultures, et rendre ainsi les effets de la jachère bien plus utiles.

Biner le Blé.

Le binage du blé à la houe à main, est une opération longue et assez coûteuse ; cependant l'augmentation qu'elle procure toujours sur la récolte paie largement les frais qu'elle entraîne, et le sol reste en bien meilleur état pour les récoltes suivantes. Dans le binage du blé semé à la volée, 20 ouvriers font facilement un hectare dans la journée, dans la plupart des circonstances.

Comme on donne très-rarement plus d'un binage au blé, lorsque cette opération s'exécute à la houe à main, on doit le donner le plus tard qu'il est possible, c'est-à-dire, lorsque le blé est sur le point de couvrir le terrain ; si on le donnait plutôt, il repousserait encore beaucoup de mauvaises herbes ; mais dans le premier cas, elles sorto sont bientôt étouffées par le blé. Les chardons cependant, s'ils ne sont pas arrachés, pourront encore repousser et prendre une végétation vigoureuse ; il est donc nécessaire d'*échardonner* encore trois semaines ou un mois plus tard, époque où on ne pourrait plus cultiver complètement le sol avec la houe à main.

Lorsque le blé a été semé en lignes au semoir, les binages se donnent bien plus économiquement avec la houe à cheval à plusieurs socs.

Semer la Moutarde blanche (Sinapis alba).

Le mois d'avril est l'époque la plus ordinaire des semailles de *moutarde blanche*, plante à huile appelée dans quelques endroits *graine de beurre*, *graine jaune* ou *graine rousse* ; on peut cependant la semer encore dans tout le courant de mai. Elle exige un sol meuble, un peu frais et fertile ; cependant elle m'a paru moins difficile sur le sol que la moutarde noire ; son produit est ordinairement plus considérable ; elle n'a pas, comme cette dernière, l'inconvénient de remplir la terre de ses graines, parce que ses siliques s'ouvrent beaucoup plus difficilement. On la sème à la volée, à raison de 12 à 15 livres de graine par hectare, et on l'enterre, soit à la herse, soit par un trait léger d'extirpateur.

On croit communément que son nom de *graine de beurre* ou *plante à beurre*, vient de ce que, mangée par les vaches, elle procure une grande

quantité de beurre ; il me semble bien plus probable que ce nom est dû à la couleur de sa graine,
qui présente absolument la nuance du beurre. Je
n'ai jamais employé cette plante comme fourrage :
je crois au moins qu'à cause de son extrême âcreté,
elle ne devrait pas être donnée en grande quantité
au bétail. Des observations faites à l'école royale
vétérinaire de Lyon, font présumer que la moutarde sauvage qu'on donne aussi quelquefois au
bétail, peut devenir nuisible, lorsqu'elle est mangée seule par les chevaux ou les vaches.

Semer la Cameline (Myagrum sativum).

C'est encore une graine à huile, qui est très-im-
proprement appelée dans quelques cantons *camo-
mille*. Elle peut, de même que la moutarde blanche, être semée en avril ou en mai. Elle exige,
de même que les autres plantes oléagineuses, un
sol meuble et fertile ; mais elle a, sur les autres
plantes du même genre, le très-grand avantage
de n'être point attaquée dans sa jeunesse par la
puce de terre (*altise*), ni dans un âge plus avancé
par le puceron (*aphis*) ; du moins je l'en ai toujours vu exempte, lorsque mes semis de moutarde,
de colza ou de navette de printemps, placés dans le
voisinage, étaient dévorés par ces insectes.

La graine étant très-fine, ne doit être que très-
peu enterrée. On en met 8 à 10 livres par hectare.

L'époque de la maturité de cette graine étant la
même que celle de la moutarde blanche, lors-

qu'elles ont été semées en même temps, il y a un
grand avantage à les semer ensemble sur le même
terrain ; le produit est beaucoup plus abondant
que si on les avait semées à part, et la graine ne
perd rien de sa valeur pour la fabrication de
l'huile.

Semer des Laitues pour les cochons.

Dans le mois de mars, j'ai conseillé aux cultivateurs qui entretiennent beaucoup de cochons, de
semer pour eux une petite étendue de terre en
laitues. On fera bien de continuer ces semis en
avril, et même en mai, afin d'en avoir pour la
consommation à diverses époques.

Celles qui ont été semées en mars, doivent être
sarclées dans ce mois, et ensuite binées et entretenues très-proprement; sans ces soins, les laitues ne
prennent qu'une très-faible croissance.

Biner les Féverolles.

Les féverolles auront sans doute besoin d'un
binage en avril ; comme, dans un bon système de
culture, cette plante doit être considérée comme
récolte préparatoire, on ne doit jamais se dispenser de cette opération, qui est d'ailleurs richement
payée par l'abondance de la récolte. Lorsqu'elles
ont été plantées ou semées en lignes, on y em—
ploiera la houe à cheval, et on arrachera avec soin
les herbes dans les lignes. On renouvelera une fois
ou deux le travail de la houe à cheval, jusqu'à ce

que les fèves soient trop hautes pour permettre
d'y entrer avec l'instrument

Sarcler les pépinières de Betteraves, Rutabagas et Choux.

Les pépinières de choux, betteraves et rutabagas doivent être sarclées à la main, aussitôt
qu'on peut distinguer les jeunes plantes des mauvaises herbes; dans ce premier sarclage, on n'arrachera pas encore les plantes qui se trouvent trop
rapprochées ; mais au second sarclage, qui se donnera 15 jours ou un mois plus tard, on éclaircira
les plantes de manière qu'on puisse facilement
passer deux doigts entre chacune, pour celles qui
ont été semées en lignes. Lorsqu'elles ont été semées
à la volée, on doit les espacer à 3 ou 4 pouces, si
on veut avoir de beaux replans.

Les betteraves semées en place sur la fin de
mars, devront aussi probablement recevoir le premier binage en avril ; il est fort important qu'il
soit donné le plutôt possible.

Sarcler la Gaude de printemps.

La gaude semée au commencement de mars, devra recevoir le premier sarclage en avril ; il doit
se donner à la petite binette à main, ou avec un
couteau, de même qu'on sarcle les oignons ou les
carottes dans un jardin ; on n'éclaircira pas les
plantes, à moins qu'elles ne soient extrêmement
épaisses. Ce premier binage est fort coûteux, ce
qui doit engager à semer la gaude de préférence

vvant l'hiver. Il doit être répété encore une ou deux
ois, jusqu'à ce que la gaude soit assez grande
pour étouffer les mauvaises herbes.

Sarcler le Lin.

C'est encore dans ce mois que les premiers lins
semés demandent un sarclage. C'est une opération
longue et coûteuse, lorsque la terre n'est pas très-
propre. Mais le succès de la récolte en dépend.
Il est même souvent nécessaire d'arracher encore
une fois les herbes plus tard, lorsque le lin a déjà
5 et 6 pouces de hauteur; cela exige de grandes
précautions de la part des sarcleuses, pour ne pas
briser les tiges du lin avec leurs pieds.

Pour ces sarclages, de même que pour tous ceux
de cette saison, on doit avoir grand soin d'éviter
les temps humides; il est donc fort important de
prendre à la fois un grand nombre d'ouvriers, afin
d'expédier promptement la besogne, lorsque le
temps est beau et la terre en bon état.

Biner les Topinambours.

Le premier binage doit se donner aux topinambours, aussitôt qu'on s'aperçoit que la terre commence à se couvrir de mauvaises herbes; on doit
les répéter aussi souvent que cela est nécessaire
pour maintenir la surface du sol propre et meuble.
Un fort hersage, au moment où les plantes commencent à paraître hors de terre, produit un très-
bon effet.

Lorsqu'on les a plantées en lignes, la houe à cheval fait ensuite les trois quarts de la besogne.

Sarcler le Pastel.

Le pastel destiné à l'usage de la teinture, doit ordinairement recevoir le premier sarclage en avril. S'il a été semé en lignes, la houe à main à long manche suffira pour l'intervalle entre les lignes ; les lignes seules seront sarclées à la petite binette. La houe à cheval ne peut guère être employée pour ce premier sarclage, parce qu'on serait forcé d'attendre trop long-temps, avant que les plantes soient en état de le supporter ; elle servira très-bien pour les binages suivans.

MAI.

Échardonner les Blés.

Ce n'est guère qu'en mai, lorsque le blé est déjà un peu grand et en tuyaux qu'on peut réussir à y détruire les chardons. Lorsqu'à cette époque on les coupe entre deux terres, ils ne repoussent plus, tandis que si on les coupe plutôt, ils sont bientôt aussi grands qu'ils étaient. Cette opération, qu'on ne doit jamais négliger, se fait assez promptement au moyen d'un instrument composé d'une lame plate, étroite et tranchante par son extrémité ; l'autre forme une douille, qui s'emmanche au bout

un long bâton. L'ouvrier travaille en pou ssant
ustrument contre la racine du chardon.

Herser les Pommes de terre.

Les pommes de terre plantées vers le milieu
avril, commenceront probablement à sortir de
rre dans le commencement de mai. Il est fort
portant de leur donner alors un fort hersage,
passant même deux ou trois fois sur la même
ace, et hersant en long et en travers, si la sur-
ce de la terre est un peu dure ; par ce moyen on
truira une grande partie des mauvaises herbes,
qui produira l'effet d'un premier binage.
Le travail de l'extirpateur est encore bién pré-
rable dans ce cas à celui de la herse ; on passe
xtirpateur sur toute la surface du champ, aus-
ôt qu'on s'aperçoit que les premières pommes
terre commencent à sortir de terre, en l'éta-
issant de manière à prendre un pouce et demi
deux pouces de profondeur ; pourvu qu'on
tteigne pas les tubercules plantés, cela ne fait
cun tort à la plante, et en détruisant complète-
ent toutes les mauvaises herbes, cela ameublit
faitement la surface du sol, et prépare de la
re douce pour les binages et buttages qui doivent
vre. Quand l'extirpateur ne serait utile qu'à cette
ération, ce serait encore un instrument très-pré-
ux, dans une exploitation où on cultivebe aucoup
pommes de terre. Cependant il ne faudrait pas
ployer ici des extirpateurs dont les pieds sont

tranchans, comme quelques-uns de ceux donn
les pieds sont assemblés sur des tiges de fer, ce qu
couperait les tiges naissantes de beaucoup dh
pommes de terre. Celui que j'y emploie est celu
de M. *de Fellenberg*, dont les pieds en bois son
revêtus d'une feuille de fer; ils sont obtus, es
déplacent la tige de la pomme de terre plutôt qu
de la couper, surtout quand ils sont déjà un pes
usés, ce qui les rend plus propres à cette opération

Nourriture des Bestiaux au vert.

C'est ordinairement dans le courant de mai i
qu'on peut commencer à mettre le bétail à ll
nourriture verte. Le seigle est ordinairement ll
première plante qu'on peut faucher, mais ellll
dure peu de temps, parce qu'elle monte promp'q
tement en tuyau, et devient trop dure; vient en n
suite l'escourgeon ou orge d'automne; il reste plull
long-temps tendre et propre à faire un bon four'n
rage; après lui, viennent la luzerne, les vesces d'hi'in
ver, et ensuite le trèfle, le sainfoin, les vesces
de printemps, etc.; le seigle et l'escourgeon qu'o o'
sème pour être fauchés en vert, ne coûtent quu
la semence, parce que la terre qui les a produit
peut, et doit même être labourée de suite après l e
fauchage, pour une semaille de printemps.

  Rien n'est plus important dans une exploitatioo
rurale, que d'adopter la méthode de nourrir ll
gros bétail à l'étable pendant tout l'été, et pa sq
conséquent d'arranger les choses de manière 5

voir successivement et sans interruption des récoltes à faucher en vert. Cette importance ne vient
pas seulement de ce qu'on peut, par cette méthode, nourrir le bétail avec le produit d'une bien
moindre étendue de terrain, que lorsqu'on l'entretient à la pâture; mais aussi de ce que les bêtes
s'entretiennent en bien meilleur état qu'on ne peut
faire ordinairement, en les nourrissant à la
pâture, et surtout à la vaine pâture; et surtout de ce
que l'entretien du bétail à l'étable est, dans presque tous les cas, *le seul moyen* d'obtenir une
quantité de fumier suffisante pour faire produire
à la terre de riches récoltes. Aussi remarque-t-on
que cette méthode est adoptée exclusivement dans
presque tous les cantons où la culture des terres
est portée à un haut degré de perfection.

La distribution de la nourriture verte aux bestiaux exige quelques précautions, sans lesquelles il
pourrait en résulter de grands inconvéniens, surtout lorsqu'il est question de la luzerne, du trèfle,
et de quelques autres plantes de la même famille.
L'*enflure* ou *la météorisation* des bêtes à cornes,
et d'autres accidens pour les chevaux, peuvent être
le résultat de la négligence avec laquelle on leur
en laisserait manger à la fois une trop grande quantité, surtout lorsque ces plantes sont très-jeunes
ou mouillées. Dans ce dernier cas, qu'on ne peut
pas toujours éviter dans les temps pluvieux, on
doit redoubler de soins pour n'en donner au bétail
que de très-petites quantités à la fois, et si on le

peut, leur faire manger en même temps de la paille,
soit en la mêlant au fourrage mouillé, soit en la
donnant à part, dans les momens où les bêtes ont
le plus d'appétit. Il est nécessaire d'avoir, près de
l'étable, un local un peu vaste, où on dépose le fourrage vert lorsqu'il arrive des champs ; les voitures
doivent être déchargées de suite, et le fourrage
un peu étendu sans trop l'entasser, sans quoi il
s'échaufferait promptement. Avec ces précautions
les accidens sont extrêmement rares ; car ils sont
toujours la suite de la négligence.

Lorsqu'il arrive qu'une vache ou un bœuf est
enflé, ce qu'on aperçoit bientôt au gonflement de
ses flancs, qui résonnent comme un tambour lorsqu'on les frappe, et à la tristesse de l'animal, on
doit aussitôt le faire sortir de l'étable, et le faire
courir pendant quelques instans ; souvent cela
suffit pour dissiper tous les symptômes. Si cependant ils deviennent plus alarmans, si l'animal
éprouve une forte difficulté de respirer, on ne
doit pas tarder de lui faire prendre les remèdes
convenables. Une once de salpêtre en poudre dé-
layé dans un verre d'eau-de vie, réussit presque
toujours ; on le fait avaler à l'animal au moyen
d'une bouteille. Je n'ai jamais employé d'autres
moyens, et je l'ai vu produire des effets très-prompts
sur des bêtes attaquées très-gravement, et qui ne
pouvaient plus se soutenir sur leurs jambes. On a
indiqué récemment un autre remède, que je n'ai
pas encore eu occasion d'essayer, mais qui, par la

ature connue aujourd'hui, du gaz qui produit l'en-
ure, doit être d'une grande efficacité; c'est l'*am-
moniaque liquide*. On en verse une cuillerée à
uche dans une bouteille d'eau, et on la fait ava-
r à la bête malade, en continuant toujours de la
romener. Si on reconnaît que ce remède est su-
rieur à tous les autres, comme je crois qu'il
oit l'être, chaque cultivateur fera bien d'avoir
ujours chez lui une petite provision d'*ammo-
iaque liquide*, qu'on appelle aussi *esprit de sel
ammoniac* ou *esprit de cornes de cerf*, car il serait
resque toujours trop tard d'en envoyer chercher
uand on en a besoin. Ce liquide étant très volatil,
e peut se conserver que dans un flacon parfaite-
ent bien fermé d'un bouchon de cristal, et on
e doit le déboucher que très-rarement, et seule-
ent un instant, lorsqu'on a besoin d'en faire
sage. Avec ces précautions, il peut se conserver
ong-temps.

S'il arrivait que le mal résistât à ces remèdes,
u qu'on ne pût pas les employer à temps, et que
animal fut près de périr par l'extrême difficulté
e sa respiration, il ne faudrait pas hésiter à faire
a *ponction*, c'est-à-dire, à percer la panse dans
e flanc gauche, à trois ou quatre doigts des fausses
ôtes. On emploie ordinairement à cette opération
n *trocart* garni d'une canule; lorsqu'on retire
instrument, la canule reste dans l'ouverture qu'il
faite, et facilite la sortie du gaz qui causait l'en-
lure. Si on n'avait pas de *trocart*, on aurait re-

cours à un couteau bien pointu ou à tout autre instrument de ce genre ; après avoir fait l'ouverture, on y introduirait une canule de bois, ou tout autre instrument ou petit tuyau du même genre, pour que les bords de la plaie, en se refermant, n'empêchent pas l'issue du gaz. Cette opération guérit le mal sur-le-champ, et n'est nullement dangereuse ; avec quelques précautions, et surtout la diète, la plaie se guérit promptement. Lorsqu'on nourrit les bêtes à cornes au pâturage dans des trèfles ou des luzernes, l'homme qui les garde devrait toujours être muni d'un trocart pour faire cette opération en cas de nécessité, car les progrès du mal sont souvent si prompts, que les secours arriveraient trop tard, s'il fallait les aller chercher un peu loin.

Lorsque les bestiaux quittent une nourriture sèche pour être mis au vert, on ne doit opérer le changement que successivement, en diminuant tous les jours la nourriture sèche, pour la remplacer par du fourrage vert.

Les Moutons au pâturage.

C'est aussi dans le courant de mai, que les pâturages destinés au moutons, deviennent ordinairement assez abondans pour qu'on puisse cesser de leur distribuer la nourriture d'hiver. Les dangers de l'enflure sont les mêmes que pour le bétail à cornes, lorsqu'on leur fait manger sans précaution de la luzerne, du trèfle, etc., soit qu'on les leur

ue pâturer, soit qu'on les leur donne dans des
sèces de râteliers, sur le champ même, comme
a se pratique quelquefois. Par cette dernière
thode, il est assez facile de ne leur distribuer le
rrage qu'en assez petite quantité à la fois, pour
il n'en résulte pas d'inconvénient. Si on les fait
urer, on ne doit pas les laisser long-temps dans
hamp, mais le faire seulement traverser par le
upeau, en y revenant ensuite selon le besoin.
Lorsqu'il survient quelqu'accident, on ne peut
ployer ici les mêmes moyens qu'avec le bétail à
rnes; la ponction, et encore bien moins l'ad-
nistration des remèdes intérieurs, ne peuvent
xécuter promptement sur un troupeau entier,
même sur une grande partie des bêtes qui le
mposent. Le moyen qu'on emploie communé-
nt, lorsqu'on se trouve à portée d'une rivière
d'un étang, est de faire sauter les bêtes à l'eau.
a réussit presque toujours.
Les bêtes à laine au pâturage, sont exposées en-
re à un autre danger : c'est celui de la *pourri-
re ou cachexie aqueuse.* Cette maladie attaque les
utons qui ont été conduits dans des pâturages
mides par leur nature, ou même dans des pâ-
ages secs, au moment où l'herbe est mouillée
a la pluie ou la rosée. C'est là un des points sur
quels les propriétaires de troupeaux de cette
èce, doivent exercer la plus sévère surveillance
a les soins de leurs bergers. On ne peut pas tou-
urs se dispenser de laisser sortir les troupeaux

lorsque l'herbe est mouillée, surtout lorsque.
pluies sont longues et continues ; dans ce cas
doit toujours leur donner un peu de nourriture
che, ne fut-ce que de la paille, avant que de
envoyer au pâturage. La négligence des berge
sous ce rapport, est très-fréquemment la cause
pertes considérables, dans les troupeaux de bêt
blanches. Lorsque la *cachexie aqueuse* est déclar
on ne connaît guère de remède certain à y port
Le vin poivré, indiqué par MM. *Huzard* et *T*
sier, paraît être le moyen le plus utile ; mais il fa
qu'il soit employé dans le commencement de
maladie.

Semer les Rutabagas et Choux-Navets

J'ai indiqué, dans le mois de mars, les motifs q
me font préférer la méthode de la transplantati
aux semis en place pour le rutabaga, ou navet
Suède ; ils sont les mêmes pour le *chou-nav*
qui en diffère principalement, parce que sa raci
est blanche et allongée, tandis que dans le rutaba
elle est arrondie et jaune, ou de couleur de beurr
tant à l'intérieur qu'à l'extérieur. On peut cepe
dant très-bien semer ces plantes à demeure. Lor
qu'on en a formé des semis, la semaille en pla
présente une ressource, dans le cas où les premi
auraient été détruits par la puce de terre ;
même que le plant des pépinières offre la ressour
de la transplantation, dans le cas où les semis
place viendraient à manquer. Il n'est pas hors

opos de se ménager ces diverses chances, dans
culture de plantes qui sont si facilement dé-
lites dans leur jeunesse.

Les rutabagas et choux-navets s'accommodent
deux que les navets, d'un sol pesant et argileux ;
un autre côté, ils sont moins difficiles que les
doux sur la fertilité du sol. Cependant, lorsque
a plantes germent dans un sol peu fertile, le
nger de les voir détruites par la puce de terre
si considérable, qu'on ne doit jamais tenter de
cultiver dans un sol semblable, autrement que
r la transplantation.

Lorsqu'on sème en mai, les plantes prennent
Hinairement tout leur développement avant l'hi-
, et on peut les consommer en octobre ou
wembre ; lorsqu'on veut ne les faire consommer
à la fin de l'hiver ou en mars, il est préférable
ne semer qu'en juin ou même en juillet. Les
ntes qui n'ont pas pris tout leur accroissement
istent mieux aux gelées, et elles continuent de
itre pendant l'hiver, excepté par les fortes
ées.

Le rutabaga paraît être un peu moins dur aux
ées que le chou-navet ; d'un autre côté sa crois-
ce est un peu plus prompte, de sorte qu'on peut le
mer plus tard ; cependant il ne peut pas être semé
ssi tard que le navet.

On sème, soit à la volée, à raison de 4 à 5 livres
graine par hectare, soit en lignes au semoir, en
paçant les lignes de 18 pouces. Cette dernière

méthode est beaucoup préférable, parce qu'elle
permet l'emploi de la houe à cheval entre les
lignes.

Au second binage, on éclaircira les plants semés
à la volée, en les laissant à 15 ou 18 pouces de
distance, si le sol est très-riche, et 12 ou 15 pouces
s'il l'est moins. Le plant, dans les lignes, sera
laissé à 12 ou 18 pouces de distance, selon la
richesse du sol.

Transplanter les Rutabagas, Betteraves et Choux.

Le plant des pépinières semées en mars, pourra
être bon à repiquer vers la fin de mai ou dans le
courant de juin. Les betteraves donnent rarement
une récolte abondante lorsqu'on les transplante
après le quinze de juin ; mais les autres plantes
dont je parle dans cet article, peuvent très-bien
se repiquer plus tard. De toutes ces plantes, les
choux sont celle qui exige le sol le plus riche et
le plus frais. Pour les transplantations faites à cette
époque, on a eu le temps de préparer complètement
le sol par plusieurs labours, ou par un ou deux
labours à la charrue, et autant de cultures à l'extirpateur, ce qui fait une demi-jachère très-efficace,
si les cultures ont été données avec soin.

Les betteraves, navets de Suède et rutabagas
seront plantés en lignes tracées au rayonneur, sur
la terre bien hersée, et espacées de 18 pouces ; on mettra les plants à 15 ou 18 pouces dans

ligne, selon la richesse du sol. Pour les plantions un peu tardives, on peut rapprocher un peu davantage les plants. Vingt ouvriers plantent aisément un hectare dans la journée, en se servant du plantoir ordinaire des jardiniers.

Pour les choux, on espacera les lignes de 2 à 3 pieds, avec une distance proportionnée entre les plants dans les lignes, selon la grandeur des espèces.

Il est extrêmement important, pour ces plantions, de choisir un temps de pluie, ou au moins un moment où la terre est encore fraîche, surtout lorsqu'on n'a pas l'eau à portée pour arroser. Si l'on n'emploie que de gros replants, qu'on saisisse les instans favorables, et que les planteurs travaillent avec soin, en pressant bien la terre contre les racines de chaque plant, il sera très-rare qu'on ait besoin de recourir aux arrosemens.

Biner les Céréales de printemps.

Le blé de printemps, l'orge et l'avoine, qui ont été semés en lignes au semoir, doivent recevoir dans ce mois un binage à la houe à cheval. Si on veut faire les choses complètement, on arrachera à la main, dans les lignes, les mauvaises herbes que l'instrument n'a pu atteindre. Ce sont des soins qui sont toujours amplement payés par la récolte.

Parcage des Moutons.

C'est ordinairement dans le courant de mai qu'on

commence à faire parquer les moutons. C'est une
pratique très-utile dans les sols légers; là, outre
l'engrais que laisse le parc, le sol profite encore du
piétinement des animaux, qui tasse et consolide la
terre. Dans les sols argileux, qui ont toujours besoin d'être ameublis plutôt que consolidés, le parcage peut souvent, au contraire, faire plus de mal
que de bien, surtout si on le donne lorsque la terre
est humide.

On doit, en général, faire les parcs plutôt petits
que grands, et si on ne veut donner qu'un parcage léger, il vaut mieux donner deux coups de
parc dans une nuit, que de donner beaucoup d'é-
tendue au parc. Lorsque le parc est trop étendu, la
terre se trouve amendée fort inégalement, parce
que les bêtes sont toujours disposées à se rassem-
bler d'un côté de l'enceinte.

On doit toujours faire parquer les terres qui
doivent être les premières ensemencées; car l'engrais qui résulte du parcage est peu durable, et se
laisse facilement entraîner par les pluies.

Cochons au Trèfle.

Le trèfle et la luzerne conviennent parfaitement
pour la nourriture d'été des cochons. Il n'y a pas
de ferme où on ne puisse tirer un profit assez considérable de l'éducation de ces animaux, en les
nourrissant pendant l'été avec du trèfle, et pendant
l'hiver avec les criblures et les *otons* de la grange.
Il est probable que c'est là le meilleur parti qu'on

isse tirer de ces déchets des grains. Le profit
'on peut tirer de l'éducation des cochons est plus
riable que celui de tous les autres animaux qu'on
ut entretenir dans une ferme ; il y a des années
le prix qu'on peut les vendre est très-bas, et
ns d'autres momens il est peut-être deux ou
is fois plus élevé ; mais en moyenne, c'est un
icle au moins aussi profitable, dans la plupart
s circonstances, que toute autre espèce de
tail.

Le trèfle et la luzerne qu'on leur donne doivent
e fauchés et distribués, soit dans leurs loges,
it dans une cour y attenant.

Laiterie.

Je crois devoir indiquer ici une méthode usitée
Hollande pour faire le beurre ; afin d'engager
elques cultivateurs à en faire l'essai comparati-
ment avec la méthode ordinaire.

Lorsque les vaches sont traites ; on met le lait
ns des baquets et on le laisse entièrement refroi-
; ensuite on le remue deux ou trois fois par jour
ec une spatule de bois, pour empêcher la crême
se séparer du lait ; on tâche de le remuer ainsi
qu'à ce qu'il soit assez pris pour que la spa-
e ne s'enfonce plus. On met alors le tout dans
baratte, et on le bat pendant une heure ; lorsque
beurre commence à se former, on y verse une
te d'eau froide, ou davantage, selon la quan-
é du lait, ce qui aide la séparation du beurre

d'avec le lait. Lorsque le beurre est sorti de la baratte, on le lave en le pétrissant pendant long-temps , jusqu'à ce que la dernière eau en sort parfaitement claire.

On assure que par cette méthode, on obtient plus de beurre de la même quantité de lait, que le beurre est plus ferme et plus doux , et qu'il se conserve plus long-temps, que lorsqu'on sépare la crême du lait.

Semer des Vesces.

On doit encore semer des vesces de printemps une ou deux fois dans le courant de mai , lorsque la nourriture des bestiaux à l'étable est fondée en tout ou en partie sur cette récolte, ce qui doit presque toujours arriver, lorsqu'on n'a pas une grande abondance de trèfle ou de luzerne.

Faucher les Vesces d'hiver.

Il arrive quelquefois que les vesces d'hiver peuvent être fauchées à la fin de mai ; mais le plus souvent, c'est seulement dans le commencement de juin. Lorsqu'on les donne aux vaches, on les coupe lorsqu'elles sont à moitié en fleur ; mais pour les chevaux , il vaut mieux attendre qu'une partie des siliques soit déjà formée.

Comme, dans la culture des vesces d'hiver ou du printemps pour fourrage, il est fort important de labourer la terre immédiatement après que la récolte est enlevée , on doit avoir soin que les hommes qui les fauchent ne prennent qu'un billot

fois, et aillent de suite jusqu'à l'extrémité,
m qu'on puisse mettre la charrue dans chaque
llon aussitôt après le fauchage. Si on n'y apporte
s d'attention, les ouvriers sont disposés à pren-
æ dans la pièce un carré irrégulier, en s'avan-
mt tantôt d'un côté, tantôt de l'autre, ce qui
rme pour long-temps l'accès des charrues dans
pièce. Cette observation s'applique également
routes les récoltes qui sont fauchées pour être
nsommées en vert, mais surtout à celles qui ne
coupent qu'une fois, et après lesquelles la char-
æ doit suivre la faux.

Planter les Haricots.

Le courant de mai est l'époque de la plantation
s haricots. Les variétés naines sont à peu près les
ules qui se cultivent en plein champ. Le sol
i leur convient le mieux est une terre meuble,
aîche et fertile. La meilleure manière de les
anter, ou plutôt de les semer, dans la culture
ampêtre, est en rayons espacés de 18 pouces,
mettant cinq ou six grains par pied de lon-
eur dans le rayon; le rayonneur et le semoir
nt très-bien ce travail. Lorsque la saison est
umide, et surtout dans les terres argileuses, le
yon doit être très-peu profond, car le haricot
t très-sujet à pourrir avant de lever. Dans les
ls légers et dans une saison sèche, on peut en-
rrer à 1 pouce ou 2 de profondeur.

Semer la Navette de printemps (Brassica napus sylvestris).

De toutes les graines à huile qu'on sème au printemps, la navette paraît être celle qui peut se semer le plus tard. J'ai semé dans la même pièce de terre, et en même temps, de la cameline, de la moutarde blanche et de la navette de printemps; c'est cette dernière qui est venue la première à maturité; les deux autres ont mûri ensemble, dix jours plus tard. Dans le département de la Meuse, où on cultive cette plante en très-grande quantité, on ne la sème ordinairement que dans la dernière quinzaine de juin; mais il faut des sols bien hâtifs pour qu'une semaille aussi tardive puisse parvenir à maturité, à une époque où les pluies d'automne ne rendent pas la récolte bien difficile. La dernière quinzaine de mai me paraît être l'époque la plus convenable pour la semaille.

Les terres légères, sablonneuses et surtout calcaires, sont celles qui conviennent le mieux à cette plante; elle se sème à la volée, sur deux ou trois labours, en mettant 10 à 12 livres de graine par hectare. Je ne l'ai jamais cultivée en lignes.

Semer le Colza de printemps (Brassica oleracea arvensis).

Dans les sols argileux et frais, le colza de printemps est en général plus productif que la navette; cependant c'est toujours une récolte fort casuelle,

même que toutes les graines à huile qu'on
:me au printemps. Les terrains très-humides et
arécageux, pourvu qu'ils soient égouttés, sont
ux où on peut se promettre les récoltes les plus
ondantes ; c'est une des plantes les plus profita-
ies dans le sol des étangs nouvellement dessé-
tés. J'en ai cependant vu des récoltes fort abon-
mtes, de 20 à 25 hectolitres par hectare, dans
s terres argileuses assez élevées et qui ne sont
s très-riches, mais ces récoltes sont rares.

Le colza de printemps ne peut pas être semé aussi
rd que la navette, sa végétation étant moins
ompte. Dans une année assez favorable, des
zas que j'avais semés le 2 de juin n'ont pu arri-
r assez tôt à maturité pour être récoltés.

Le sol doit être bien préparé par deux ou trois
nours, et on sème à la volée à raison de 12 à 15
res de graine par hectare. Je l'ai cultivé aussi
lignes à 18 pouces distance, et en binant les in-
rvalles avec la houe à cheval ; mais j'ai remarqué
e les binages produisent des effets bien moins
isibles sur les récoltes qui occupent peu de temps
sol ; de sorte que cette opération, que je regarde
mme capitale pour le coiza et la navette d'hiver,
paraît bien moins essentielle pour les variétés
printemps.

Plâtrer les Vesces.

Le plâtre produit d'aussi bons effets sur les ves-
que sur le trèfle, la luzerne et le sainfoin ; le

5*

moment de l'appliquer est celui où les plante[s]
commencent à couvrir la terre; la manière de l[a]
faire est la même que celle que j'ai indiquée e[n]
mars, pour le trèfle.

Semer le Chanvre (Cannabis sativa).

C'est ordinairement en mai, et plus souvent [à]
la fin qu'au commencement, qu'on sème le chanvre sur une terre très-riche, bien amendée e[t]
préparée par plusieurs labours. Le sol des mara[is]
égouttés convient parfaitement à cette plante. O[n]
sème environ cinq hectolitres par hectare, et o[n]
enterre très-peu la semence.

Au moment où le chanvre lève, on doit le fair[e]
garder très-exactement pour en éloigner les moi[-]
neaux, qui en sont très-friands, et qui le tire[nt]
de terre brin à brin, souvent même plusieurs jou[rs]
après qu'il est levé. Si le sol convient bien au chanvre, celui-ci aura bientôt pris le dessus, et n[e]
permettra à aucune mauvaise herbe de croître.

Au reste, c'est une récolte qui exige trop d[e]
main-d'œuvre pour qu'il convienne à un culti[-]
vateur de s'y livrer en grand, à moins qu'il n[e]
soit placé convenablement pour la vendre sur pie[d]
à des manouvriers, qui se chargent des travaux ul[-]
térieurs. De cette manière elle peut être très-pro[-]
fitable à celui qui a des terres qui lui conviennen[t]

Semer le Millet (Panicum miliaceum).

Le sol qui convient au millet est à peu près l[e]

ême que celui qui convient au maïs, c'est-à-dire,
n sol chaud, meuble et riche. Il ne doit être semé
on plus que lorsqu'il n'y a plus de gelées à crain-
re, pas avant le 15 avril.

On cultive rarement le millet pour sa graine
ans le nord de la France; mais il est probable
u'on pourrait le cultiver très-avantageusement
omme fourrage vert. M. *Pictet* l'emploie fré-
uemment à cet usage à Genève, et c'est ordinai-
ement avec du millet qu'il sème le trèfle incarnat,
ui donne une coupe très-abondante après que le
illet a été fauché. N'ayant jamais cultivé cette
lante, je ne connais pas la quantité de graine qu'on
oit employer.

JUIN.

—

Biner les Pommes de terre et les autres Récoltes sarclées.

Dans une exploitation où on se livre à la culture
es récoltes sarclées, la principale occupation du
ois de juin consiste dans les binages et buttages;
est, de tous les mois de l'année, celui où on
ent le mieux les avantages de la culture en lignes,
t de l'emploi de la houe à cheval, à cause de la
acilité qu'on obtient de répéter fréquemment les
inages, et de les exécuter promptement de la
anière la plus économique.

Dans certains sols, sujets à souffrir de la sécheresse, quelques personnes craignent de nuire aux récoltes, en favorisant l'évaporation de l'humidité par l'ameublissement de la surface du sol. C'est une grave erreur; au contraire, les plantes ne souffrent jamais autant de la sécheresse, que lorsque la surface de la terre, battue et durcie, forme une croûte qui interrompt toute communication avec l'atmosphère; mais lorsque cette croûte est brisée et ameublie, l'influence des rosées se fait sentir jusqu'aux racines des plantes, et suffit presque toujours pour entretenir leur végétation; une pluie légère, dont l'effet se fait à peine sentir sur un sol durci, pénètre au contraire souvent à plusieurs pouces de profondeur, lorsqu'elle trouve une surface meuble. Je recommande aux personnes qui douteraient de cette vérité, de faire cet essai sur deux champs voisins; je suis bien assuré qu'il ne leur restera aucun doute. Par ce motif, des récoltes sarclées réussissent souvent fort bien, dans des sols où d'autres plantes, qui ne reçoivent pas de sarclages, sont sujettes à périr par la sécheresse. Dans les terres argileuses ou les terres blanches, on ne doit pas attendre, pour briser la croûte qui se forme, qu'elle soit devenue trop épaisse et trop dure. Lorsque cela est arrivé, on ne peut plus que gratter la surface avec la petite herse triangulaire, ce qui, au reste, n'est pas moins très-utile.

Les pommes de terre devront presque toujours

tre binées deux fois dans le courant de ce mois;
ordinairement c'est aussi le moment du buttage,
qui s'exécute parfaitement bien avec la houe à
cheval, lorsque les plantes sont plantées en lignes.
En général, le moment de procéder au buttage,
est celui où les radicules s'étendent pour former
les tubercules ; si on attend que les tubercules
soient formés, surtout pour certaines variétés où
elles se forment assez loin de la touffe et à fleur
de terre, on en détruit beaucoup par le buttage. Il y
d'autres variétés, au contraire, où les tubercules
se forment plus profondément en terre, d'autres
où ils sont rassemblés comme dans une espèce de
nid, au pied de la plante ; pour celles-là, on peut
retarder davantage le buttage. Mais cette opération est toujours nécessaire, non-seulement parce qu'elle augmente beaucoup la récolte, en four-
nissant aux plantes de la terre meuble dans laquelle
elles végètent plus vigoureusement, et qui les
défend contre les sécheresses, mais parce qu'elle
couvre les tubercules qui se trouvent à la surface
du sol, et qui sans cela, se trouvent, à la récolte,
d'une nuance verte, d'une saveur très-désagréable
et de peu de valeur.

Toutes les autres plantes qu'on nomme communément *récoltes sarclées*, et qu'on cultive souvent pour tenir lieu de la jachère, telles que les
betteraves, rutabagas, maïs, féverolles, etc.,
doivent être tenues parfaitement nettes de mauvaises herbes pendant tout le courant de ce mois

et du suivant, et jusqu'à ce qu'elles couvrent entièrement le sol de leurs feuilles, de manière à étouffer toutes les herbes qui pourraient naître encore. Sans ce soin, on perd un des grands avantages de leur culture, qui est de nettoyer la terre pour les récoltes suivantes, sans compter une diminution considérable sur le produit de la récolte de l'année.

Lorsque la surface du sol est dure, la petite herse triangulaire de M. *Yvart*, produit un très-bon effet, et facilite beaucoup l'action de la houe à cheval qu'on emploie ensuite.

Semer les Navets.

Les navets se sèment ordinairement en juin, à moins qu'on ne les sème en seconde récolte ; dans ce dernier cas, ils se sèment souvent en juillet et même en août, mais ils ne sont jamais aussi productifs que ceux qu'on sème plutôt.

Les navets sont beaucoup moins fréquemment cultivés en France, si ce n'est dans un petit nombre de cantons, qu'en Angleterre, où on les nomme *Turneps*. Cela est dû principalement à ce que le climat étant plus doux pendant l'hiver en Angleterre, que dans les provinces septentrionales de la France, ils se conservent plus facilement en les laissant en place ; cependant les gelées y détruisent assez souvent des récoltes entières. Dans la plupart des circonstances, je crois qu'on peut remplacer les navets par d'autres racines dont le succès est bien moins casuel, et la conservation plus facile; cependant, dans les terrains très-légers, sablonneux ou calcaires, qui leur conviennent particuüèrement, ils offrent l'avantage de pouvoir être semés très-tard.

La terre qu'on destine aux navets doit être fumée, à moins qu'elle ne soit très-riche, et préparée par deux ou trois labours ou cultures à l'extirpateur. On sème ordinairement à la volée, à raison de 6 à 8 livres de graine par hectare, et on recouvre par un trait de herse, qui ne doit pas enterrer la semence très-profondément.

La semaille au semoir, en lignes espacées de 18 pouces, et l'emploi de la houe à cheval pour les binages, conviennent parfaitement bien à cette récolte.

On cultive plusieurs variétés de navets, qu'on appelle *raves* dans quelques cantons, et dont les unes étant beaucoup plus hâtives que les autres, demandent d'être semées plus tard, lorsqu'on les destine à passer l'hiver.

Fenaison.

C'est ordinairement vers la fin de ce mois qu'on fauche les prairies; j'ai remarqué qu'en général, dans les prés qui sont soumis à la vaine-pâture après la première coupe, on est disposé à faucher trop tard; on croit gagner en quantité, et on perd beaucoup plus sur la qualité du foin. Le moment de faucher une prairie est celui où les plantes qui

y abondent le plus, et qui produisent le meilleur
fourrage, commencent à être en pleine fleur :
lorsqu'elles sont à ce point, quelques jours de retard
font une différence très-considérable dans la qualité du fourrage, car toute plante qui a amené sa
graine à maturité, ne produit plus qu'un foin dur,
peu savoureux et peu nourissant pour le bétail.

On doit apporter une grande attention au travail
des faucheurs, pour qu'ils fauchent le plus près
de terre qu'il est possible ; un pouce de longueur
de l'herbe près de terre, produit bien plus de foin
que plusieurs pouces en haut des tiges, parce que
l'herbe y est bien plus garnie. C'est pourquoi on
éprouve une perte considérable dans le fauchage
des prés où le sol n'est pas bien uni, où on a négligé d'étendre les taupinières et fourmillières, où
on a laissé des pierres, etc.

La fenaison exige un grand nombre de bras ; ici
l'économie de quelques journées serait fort mal
entendue ; il est nécessaire d'avoir en quelque sorte
une surabondance de bras, car il arrive très-souvent, dans les saisons où le temps n'est pas fixément
au beau, que le salut de la récolte, ou au moins
sa bonne qualité, dépendent de la promptitude
avec laquelle se fait la manœuvre, soit pour étendre et retourner le foin, lorsque le soleil se montre,
soit pour le mettre en tas à l'approche de la pluie.
Il est fort important que le foin soit suffisamment
sec lorsqu'on le serre, mais il importe beaucoup
aussi qu'il ne le soit pas trop ; quelques heures

exposition au grand soleil, lorsque le foin est déjà suffisamment sec, lui ôtent une grande partie de son parfum et de ses bonnes qualités. C'est un point sur lequel un cultivateur peut bien rarement s'en rapporter aux soins de ses domestiques, et sur lequel rien ne peut remplacer *l'œil du maître*. [Le travail des attelages et des ouvriers, pour rentrer le foin sec, est peut-être, de tous les travaux agricoles, celui qui exige le plus d'activité, pour celui qui a une fenaison un peu considérable : lorsqu'on travaille avec des chariots à 4 chevaux, la manière de faire le plus d'ouvrage possible est d'employer six chevaux pour trois chariots : l'un se charge, attelé de deux chevaux pour le faire avancer à mesure qu'un tas est chargé; l'autre dételé se décharge dans la cour de ferme; le troisième est en route avec 4 chevaux ; aussitôt que ce dernier arrive sur le pré, on prend deux de ses chevaux qu'on joint à ceux qui sont déjà attelés au chariot, qui doit se trouver chargé, et on part. Le temps du chargement forme pour deux chevaux un moment de repos, qu'on a soin de partager entre les chevaux de l'attelage dans le courant de la journée.

Ces jours-là, et gens et chevaux doivent prendre leur repas *à la hussarde;* il n'est pas question de dîner, il faut rentrer le foin. En organisant le service avec intelligence, on fait beaucoup d'ouvrage dans une journée. Ce n'est pas l'activité seule qui est nécessaire ici ; il faut mettre beaucoup d'attention à distribuer les ouvriers qu'on emploie de la manière la plus convenable : le nombre de ceux qui chargent, qui déchargent, qui retournent le foin, qui l'amassent en tas ; les attelages, tout cela doit être proportionné de manière que rien ne chôme, et qu'un travail ne nuise pas à l'autre. Si on examine la manière dont ces travaux sont exécutés dans la plupart des exploitations rurales, on y trouvera bien rarement cet ordre, qui peut seul assurer la célérité du service et l'économie de la main-d'œuvre.

Il y a des pays où on conserve le foin en meules exposées à l'air ; dans d'autres on le met dans des granges, ou des greniers, ordinairement au-dessus des étables. La première méthode est décidément préférable ; non-seulement elle exige beaucoup moins de dépense en bâtiment, mais le foin se conserve beaucoup mieux et plus long temps dans des meules bien faites, que dans des bâtimens couverts. Dans les pays où l'une et l'autre méthode sont en usage, on sait distinguer à l'odeur le foin de meules, de celui qui a été rentré à couvert ; le premier se paie toujours un peu plus cher sur les marchés.

On fait les meules rondes ou carrées, ou sous la forme d'un carré long, dont un des petits côtés est tourné du côté d'où vient ordinairement la pluie ; cette dernière forme est la meilleure. Ce que je pourrais dire ici sur la manière de construire les meules ne pourrait suffire pour mettre le

xcteur en état de l'exécuter convenablement ; les
ersonnes qui voudraient introduire chez elles
lette méthode, ne peuvent mieux faire que de faire
enir un homme exercé, des pays où cette méthode
lit en usage.

Soit qu'on mette le foin en meules ou dans des
eniers, il est fort important de presser et tasser
la masse bien également à mesure qu'on la forme.
ouvent on fait faire cette opération par des enfans
qui s'en acquittent fort mal ; on doit, au contraire,
onfier cette besogne à des ouvriers soigneux ; le
foin entassé subit toujours une fermentation plus
ou moins forte ; fermentation très-utile pour sa
bonne qualité, et qui s'opère très-inégalement
orsque la masse est tassée plus fortement sur quelques points que sur d'autres. Si le foin n'est pas
très-sec, la moisissure, la pourriture ou l'inflammation se manifestent toujours, soit à la surface de
la masse qui, dans les greniers, est ordinairement
mal tassée, soit dans les parties qui n'ont pas été
assez serrées et où l'air a pu pénétrer ; lorsqu'au
contraire la masse est tassée bien également, sur-
out si on a soin de la couvrir entièrement d'un lit
de paille, et de fermer les volets du grenier pour
que l'air n'y joue pas, elle peut bien s'échauffer et
suer, mais elle se desséchera bientôt ; peut-être
le foin brunira-t-il, s'il a été rentré trop humide,
mais cela ne lui fera rien perdre de sa qualité ; la
moisissure ni l'inflammation ne sont pas à craindre,
si l'air ne peut pénétrer dans la masse.

Autrefois on croyait qu'il était utile de ménager
dans les masses de foin des courans d'air, au
moyen de lits de fagots, ou d'espèces de cheminées
qu'on y pratiquait; mais dans les pays où on apporte
le plus de soins à la conservation du fourrage,
comme en *Belgique*, dans le *Palatinat*, le pays
d'*Hanovre* et tout le nord de l'Allemagne, on a reconnu, depuis plus de 50 ans, que cette opération était
fondée sur un faux principe; aussi on a soin d'intercepter le mieux qu'on le peut l'introduction de
l'air dans les meules, en tassant très-fortement le
pourtour; on préfère par cette raison les toits en
paille, qui recouvrent immédiatement la masse, aux
toits mobiles, qui laissent de l'intervalle au-dessous
d'eux. Pour le foin qu'on rentre dans les greniers,
on prend des soins dirigés d'après le même principe.

Dans plusieurs cantons des mêmes pays, on fait
même souvent ce qu'on appelle du *foin brun*;
pour cela on entasse le foin en meules bien serrées,
lorsqu'il n'est qu'à moitié sec; il ne tarde pas à
s'échauffer considérablement, toute la meule sue,
et s'affaisse, de manière à se réduire à un volume
beaucoup moindre; elle ne tarde pas alors à se
dessécher, et le foin se trouve comprimé en une
masse brune, dure, et qui ressemble à de la
tourbe; on ne peut plus en tirer qu'en le coupant
avec des couteaux, des bêches bien tranchantes,
ou même des haches. L'opinion d'un grand nombre
de cultivateurs est que ce foin brun est plus profitable aux bestiaux que le foin vert; tout le monde

à d'accord qu'il vaut mieux pour l'engraissement
es bœufs.

Sans pousser les choses aussi loin que dans ce
ernier procédé, il est certain que la fermentation
it toujours utile au foin ; elle se manifeste toujours, dans les masses de foin nouveau, à un degré
lus ou moins fort, excepté peut-être lorsque le
in a été rentré excessivement sec, car aucune
rmentation ne peut s'opérer sans un peu d'hu-
idité ; mais alors le fourrage est d'une qualité
férieure. Les cultivateurs s'apercevraient plus
cilement des diverses qualités que prennent léurs
urrages, selon le degré de fermentation qu'ils
it éprouvé, s'ils n'avaient pas la mauvaise habi-
de de le donner à leurs bestiaux sans le botteler,
par conséquent, sans connaître jamais la ration
on leur donne ; s'ils prenaient ce soin, ils se-
ient à portée de faire des observations très-utiles
r la faculté nutritive des divers fourrages qu'ils
ploient, et ils verraient que le degré de fer-
entation qu'ils ont éprouvé, influe d'une manière
nsible sur cette faculté.

L'art de diriger cette fermentation est donc une
rtie importante des connaissances que doit pos-
der un cultivateur ; les principes de cet art se
rnent à rentrer le fourrage au degré de dessica-
n nécessaire pour produire le degré de fermen-
ion qu'on désire, à tasser la masse uniformé-
ent dans toutes ses parties ; et dans tous les cas, à
npêcher autant que possible l'introduction de
ir dans la masse.

Les principes que j'énonce ici sont très-diffé-
rens de ceux qui dirigent presque tous les agriculteurs français; mais je les présente avec confiance, parce que plusieurs observations m'en o[nt]
démontré la justesse.

Fenaison du Trèfle, de la Luzerne, de[s] Vesces, etc.

Le moment le plus convenable pour faucher c[es]
plantes, lorsqu'on les destine à faire du fourra[ge]
sec, est celui où la moitié des fleurs environ e[st]
épanouie; si on fauche plutôt, on perd sur [la]
quantité, et le séchage est plus difficile; si o[n]
attend plus tard, les tiges deviennent dures, [et]
le fourrage est de qualité inférieure. Cependan[t]
lorsqu'on destine le foin de vesces à la nourritu[re]
des chevaux, on peut attendre, pour faucher cet[te]
plante, qu'une partie des siliques soit déjà formé[e.]
Lorsque les vesces se couchent, ce qui arrive ass[ez]
fréquemment dans les sols fertiles et dans le[s]
années humides, il ne faut pas tarder de les fau[-]
cher, parce qu'alors les pluies les font bientô[t]
pourrir par-dessous, ce qui nuit beaucoup à [la]
qualité du fourrage.

La conversion de toutes ces plantes en foin, ain[si]
que des autres plantes du même genre, exige u[ne]
manœuvre tout à fait différente de celle qui co[n-]
vient au foin des prairies. Les feuilles des grami[-]
nées et des autres plantes qui sont les plus com[-]
munes dans les prairies, sont longues, et [se]

elotonnent ensemble , de sorte qu'elles se laissent
facilement amasser au rateau ; au contraire, celles
du trèfle et des autres plantes du même genre, sont
arrondies , et lorsqu'elles sont séparées des tiges,
elles tombent à terre et sont perdues pour le fourrage ; cependant les feuilles sont la partie la plus
savoureuse et la plus nourrissante de la plante ; le
traitement qu'on fait éprouver à ces fourrages doit
donc avoir pour but principal de les conserver
autant qu'il est possible.

Pour cela , lorsque le trèfle est fauché , on le
laisse en *andins* pendant deux ou trois jours ;
quand même il surviendrait plusieurs jours dé
pluie, on ne doit pas y toucher , à moins toutefois de fortes averses qui auraient battu et collé
les andins contre la terre ; dans ce cas, on les sou-
lèverait légèrement avec le manche du rateau ,
mais sans les étendre. Lorsque le dessus des andins
est sec , on les retourne avec le manche du rateau,
toujours sans les étendre ; au bout de deux ou
trois jours , lorsque tout l'andin est sec , on le
met en gros tas bien foulés et peignés à l'extérieur,
pour que la pluie ne les pénètre pas, et qu'il est
bon de laisser pendant quelques jours avant de les
charrier. Si on veut mettre le trèfle en tas avant
qu'il soit bien sec, on fera d'abord de petits tas ,
qu'on réunira pour en former de plus gros à mesure que la dessication s'avance. Ces petits tas
se laissent facilement pénétrer par la pluie ; lorsqu'ils sont trempés on les ouvre à la main , pour

leur donner un peu d'air , et on les reforme lorsqu'ils sont secs. Dès que le trèfle approche de
dessication , on ne doit jamais le toucher que
soir ou le matin , et jamais à la chaleur du jour
parce qu'alors il se brise trop facilement , et o
perd beaucoup de feuilles. Ce procédé coûte très
peu de main-d'œuvre , et on obtient un fourrag
d'une excellente qualité , à moins que le temps n
soit excessivement pluvieux ; c'est celui que j'em
ploie habituellement.

On a recommandé de mettre le trèfle en botte
côniques pour le faire sécher, dans les années trè
pluvieuses ; pour cela une femme prend une brass
d'herbe , aussitôt après le fauchage , et en form
une petite botte cônique ou en forme de pain d
sucre, du poids d'environ 5 à 6 livres de foin sec ; el
la dresse et assujétit la pointe par le moyen d'u
petit lien qu'elle forme avec quelques-uns des bri
les plus longs. Les bottes restent ainsi sans les touché
jusqu'à ce qu'elles soient sèches ; cependant, aprè
de très-fortes pluies , il est bon de les renverse
pour les redresser ensuite , afin de laisser sécher l
terrain sous elles.

J'ai essayé cette méthode , qui a fort bien réussi
cependant elle a l'inconvénient d'être fort longue
exigeant souvent 15 jours ou trois semaines pou
que le fourrage soit suffisamment sec ; il est vr
que pendant ce temps le foin ne se gâte nullemen
même par les plus mauvais temps ; mais cela re
tarde trop le labour, lorsqu'on traite ainsi d

asces ou d'autres plantes après lesquelles on doit
fourrer de suite; et souvent, par des saisons très-
humides, la seconde pousse du trèfle, et surtout
la luzerne, sera déjà bien grande, et souffrira
beaucoup du transport de la première, lorsqu'on
voudra enlever celle-ci.

Il y a, pour faire le foin de trèfle, une troisième
méthode, qui est généralement en usage dans plusieurs parties de l'Allemagne, où elle est connue
sous le nom de méthode de *Klapmayer*, parce
que c'est cet agronome qui l'a indiquée le premier:
elle consiste à mettre l'herbe en gros tas, dès le
lendemain du jour où elle a été fauchée; ainsi on
mettra en tas dans l'après-midi, toute l'herbe qui
a été fauchée dans la journée de la veille; les tas
doivent être gros, et contenir chacun la charge de
plusieurs chariots; on doit les fouler fortement et
bien également dans toutes leurs parties; ordinairement, la fermentation commence à s'y établir peu
d'heures après qu'ils ont été formés, et elle augmente rapidement. On doit alors observer avec
soin et fréquemment, l'état de la fermentation, et
lorsqu'elle est parvenue au point où la chaleur ne
permet plus de tenir la main dans le tas, et où il
s'en échappe de la vapeur lorsqu'on y fait une
ouverture, on démonte promptement le tas, et on
répand le foin à l'entour. Quelques heures de soleil,
ou même de vent, suffisent pour dessécher complètement le foin qui a subi cette fermentation, et
pour le mettre en état d'être rentré. Les feuilles

6

ne s'en détachent pas facilement. On conçoit qu'on ne doit pas manquer de démonter le tas aussitôt qu'il est parvenu au degré de fermentation convenable ; la pluie ne doit pas même faire retarder cette opération, sans laquelle tout se gâterait ; mais aussitôt que le foin est refroidi, on peut le remettre en tas, sans craindre qu'il s'échauffe de nouveau.

Lorsqu'il fait beaucoup de vent, il arrive souvent que dans le côté du tas qui y est exposé, une partie de l'herbe ne prend pas part à la fermentation ; cela peut arriver aussi, si on n'a pas foulé la masse bien également. On s'en aperçoit en démontant le tas, parce que cette herbe est restée verte, tandis que le reste est devenu brun. Dans ce cas, on met à part celle qui n'a pas fermenté, parce qu'elle ne peut pas sécher aussi promptement que l'autre, et on la remet dans d'autres tas pour la faire fermenter, ou on la fait sécher de toute autre manière.

Cette méthode est sans contredit la plus prompte par laquelle on puisse faire sécher le trèfle, car dans trois jours, il peut être fauché et rentré ; mais elle est coûteuse, par le grand nombre de bras qu'elle exige, pour les divers déplacemens du foin ; elle peut être très-précieuse dans une saison pluvieuse. Le foin préparé par cette méthode est sucré au goût, et pendant la fermentation, le tas répand une forte odeur de miel ; ce fourrage plaît beaucoup aux bestiaux.

Ce que j'ai dit du trèfle dans tout cet article, pplique également aux vesces, à la luzerne, au mfoin, à la lupuline et autres plantes du même mre.

Pour la conservation du fourrage produit par diverses plantes, soit dans des greniers, soit meules, on peut consulter ce que j'ai dit dans rticle précédent, sur le foin des prairies, et qui ut s'appliquer également à tous ces fourrages. pendant le foin préparé par la méthode de *Klap-yer* n'a plus de fermentation à subir dans la sse; ainsi on peut le rentrer sans inconvénient, rfaitement sec.

Tonte des Moutons.

Dans beaucoup de pays, l'usage est de laver la ne à dos, avant la tonte. Il serait à désirer qu'on nudonnât cette coutume, qui n'est pas sans in~ véniens pour la santé des animaux, et qui est ne peu profitable à l'acheteur, car un lavage ssi imparfait que celui qu'on peut exécuter ainsi, minuant plus ou moins le poids de la laine, se- le plus ou moins de soins qu'on y a mis, on ne t pas ce qu'on achète; d'ailleurs le suint dont enlève une partie par ce lavage, est nécessaire ur faciliter les lavages subséquens; aussi les p s lavées à dos sont-elles plus difficiles à laver uite complètement, que celles qui ne l'ont pas Cependant les cultivateurs peuvent être forcés continuer cette pratique, dans les cantons où

les acheteurs refuseraient de prendre la laine au
trement ; elle est d'ailleurs à peu près nécessai
dans les bergeries mal soignées , où la toison d
animaux est souvent extrêmement sale.

Le lavage à dos doit toujours s'exécuter quelqu
jours avant la tonte ; afin que la transpiration, q
a pu être arrêtée par cette opération, ait le tem
de se rétablir.

Presque partout, ce lavage s'exécute d'une ma
nière fort incommode pour les ouvriers qui le fon
et qui, par cette raison, y donnent peu de soin
On peut l'exécuter très-commodément de la ma
nière suivante : on creuse et élargit le lit d'u
ruisseau sur la longueur d'une vingtaine de pied
et en lui donnant sept à huit pieds de largeu
on pave cette partie, et on ferme les deux riv
par de petits murs qu'on garnit de claies, si ce
est nécessaire, pour empêcher les moutons de sort
de cette espèce de canal. Au milieu de sa longueu
on place, près de chacune des deux rives, un ton
neau défoncé ou cuvier fixé au fond de l'eau ;
homme se plaçant dans chacun de ces cuvier
saisit les moutons, à mesure qu'ils passent en
les deux, et les lave ainsi fort à son aise, et
pieds au sec. Entre les deux ouvriers, le canal
barré par une porte que ces hommes ouvrent
ferment à volonté ; le canal se trouve ainsi div
en deux parties ; la première, par où les mouto
entrent par une pente douce qui se trouve à l'ext
mité, doit être assez profonde pour que l'eau pas

peu au-dessus du dos des moutons, et on les
fait entrer quelques minutes avant de les faire
passer entre les mains des laveurs, afin que les
flures de leur toison se détrempent. A mesure
qu'ils sont lavés, ils s'échappent par l'autre extrémité du canal, en traversant la seconde partie, qui
doit être assez profonde pour qu'ils y nagent. A
l'extrémité se trouve un parc, ou un pâturage bien
sec, où les animaux se ressuient au soleil.

Dans la tonte, la laine doit être coupée très-
près de la peau, et le plus également possible,
sans laisser des raies sur le corps de l'animal,
comme cela ne se voit que trop souvent; on perd
ainsi une quantité assez considérable de laine, et
l'on nuit à la recrue de la nouvelle. On ne doit pas
hésiter à payer plus cher un tondeur habile; les
animaux en souffrent moins, et on regagne bien le
prix sur la quantité de laine. Au reste, une bonne
tonte dépend beaucoup aussi de la bonne construction des ciseaux ou forces, avec lesquels elle s'exécute.

Semer le Sarrasin (Polygonum fago-pyrum).

Le sarrasin est une récolte précieuse pour les
sols pauvres, montagneux et froids; dans plusieurs
cantons de cette espèce, c'est la récolte principale.
Il présente aussi des avantages qui peuvent le faire
admettre dans des sols de meilleure qualité; son
grain a autant de valeur que l'orge pour la nour-

riture et l'engraissement des cochons ; il vaut
mieux que l'avoine pour les chevaux. Cette plante
est regardée par plusieurs personnes comme un
excellent fourrage, soit en vert, soit en sec, en la
fauchant lorsqu'elle est en fleur. J'ai toujours vu
les vaches, et même les chevaux, la manger avec
plaisir lorsqu'ils y sont habitués ; cependant j'ai
entendu dire quelquefois que le bétail refusait d'en
manger. C'est une des meilleures récoltes qu'on
connaisse pour former un engrais végétal, en
l'enterrant à la charrue lorsqu'elle est en fleur.

Le sarrasin craint excessivement le froid; la moindre gelée le détruit; il ne doit donc pas être semé
avant le 15 mai ; le plus souvent c'est en juin qu'on
le sème, et quelquefois même dans le commence-
cement de juillet. On peut le semer encore plus
tard, lorsqu'on veut le faucher pour fourrage. En
général, deux mois et demi ou trois mois, à dater
de la semaille, lui suffisent pour mûrir ses graines;
on peut donc facilement le semer en seconde récolte, après du seigle, du colza, des vesces, etc.,
et même après du blé ; c'est là la place la plus
convenable, dans les bons sols.

Peu de récoltes craignent autant que le sarrasin
une semaille trop épaisse ; on ne doit pas mettre
plus d'un hectolitre de semence par hectare. Elle
demande d'être enterrée très-peu profondément.

Il y a une espèce qui craint moins le froid, mais
dont le grain est de qualité inférieure ; c'est le
sarrasin de Tartarie.

Prairies artificielles dans le Sarrasin.

Le trèfle, la luzerne, le sainfoin, et probablement aussi les autres espèces de prairies artificielles, réussissent parfaitement bien dans le sarrasin, peut-être même mieux que dans toute autre
espèce de récolte. Ce motif seul devrait suffire pour
engager à cultiver cette plante, même dans les
bons sols. Lorsqu'on tient beaucoup à la réussite d'une semaille de trèfle ou de luzerne, on ne
peut mieux faire que de la semer avec du sarrasin.

Semer les Cardères (Dipsacus fullonum).

Les *cardères*, *chardons à foulons*, *chardons à
bonnetier*, qu'on destine à être transplantés en
septembre, doivent se semer en juin, dans un
carré de jardin, ou autre terre bien riche et bien
préparée. Ce mode de culture est infiniment préférable au semis en place. Pour des plantes qui exigent un sol riche, comme la cardère, le colza, il
est une véritable dilapidation que d'occuper pendant deux années entières, pour une seule récolte,
un sol semblable, dont on peut tirer facilement une
riche récolte par année, et même souvent deux.
Les frais de la transplantation ne sont rien, auprès
de cette perte, et même ces frais sont amplement
compensés, pour la cardère, par la plus grande
facilité de tenir le plant propre dans une pépinière, au lieu de sarcler la première année une
grande étendue de terrain.

Lorsque le plant est levé dans la pépinière, on la
sarcle proprement, et on espace les plantes à 3 pouces
environ, afin d'obtenir de gros replants ; on tient la
pépinière parfaitement propre, jusqu'au moment où
les plantes couvrent le terrain de leurs feuilles.

Bourgeonner les Cardères.

Lorsque les cardères plantées en automne montrent cinq ou six têtes, il est bon de supprimer
celle de la tige principale, qui prend ordinairement
plus de grosseur que les autres ; le reste en sera
plus beau et d'une qualité plus égale. Plus tard,
lorsque le nombre de têtes qu'on veut conserver
sur chaque pied se sera développé, on supprimera
toutes celles qui se montrent encore. Le nombre
qu'on doit en conserver dépend du but qu'on se
propose, de l'état de la terre et de la distance des
pieds. Pour l'usage des bonnetiers, on doit chercher à avoir de grosses têtes, qu'ils paient ordinairement à un bon prix ; mais pour l'apprêt des
draps, les têtes moyennes ont à peu près autant de
valeur que les grosses. Moins on en laissera sur
chaque pied, plus elles deviendront grosses. Dans
un sol argileux, mais meuble et extrêmement riche, j'ai obtenu par mille pieds, plus de dix mille
têtes, toutes fort belles, et dont plus de moitié
étaient propres à l'usage des bonnetiers ; les plants
étaient espacés de 18 pouces en tous sens. Dans
un terrain moins riche, ou si les pieds étaient plus

approchés, on ne devrait laisser que quatre ou
six têtes sur chaque pied.

Quinze jours ou trois semaines après ce premier
bourgeonnage, il est ordinairement nécessaire d'y
repasser encore, pour couper les têtes qui ont repoussé.

Couper les sommités des Féverolles.

Dans les jardins, on coupe ordinairement les
sommités des fèves de marais, lorsque les plantes
sont en fleur; cette opération est aussi utile aux féverolles; non-seulement il noue plus le fruit, et les siliques se nourrissent mieux et mûrissent plutôt, parce
que la sève se porte en plus grande abondance vers
cette partie, mais c'est un excellent préservatif contre
les ravages du puceron, qui est le plus dangereux
ennemi de cette récolte. Cette opération n'est guère
praticable sur les féverolles semées à la volée, à
moins qu'on n'en ait qu'une petite quantité; mais
lorsqu'elles sont semées en lignes, on peut l'exécuter assez promptement. Un homme, en passant
entre deux lignes, peut pincer de ses deux mains
les sommités à droite et à gauche, mais il ira beaucoup plus vite en se servant adroitement d'une faucille ou d'une serpe légère, avec laquelle il abat les
sommités. Le moment le plus favorable à cette opération, est celui où les premières siliques sont déjà
nouées; car si on la fait plutôt, il poussera de
nouveaux jets; cependant on ne doit pas la retarder, sitôt qu'on s'aperçoit de l'apparition du pu-

6*

ceron. Après s'être montrés seulement sur les pousses tendres des sommités, la multiplication de ces insectes est extrêmement rapide, et en peu de jours toutes les plantes en sont infestées. Les insectes qu'on fait tomber avec les sommités qu'on abat, périssent, et ordinairement la récolte est garantie ; on doit donc, à cette époque, visiter exactement tous les jours les champs de féverolles, car il n'est pas rare que les ravages de ces insectes réduisent la récolte des trois quarts.

JUILLET.

Récolte du Colza et de la Navette.

C'est ordinairement dans le commencement de juillet, et quelquefois même dès la fin de juin, que la navette et le colza d'hiver arrivent à maturité, la navette presque toujours 8 ou 10 jours avant le colza. Comme ces plantes s'égrainent avec beaucoup de facilité, il est nécessaire de les couper avant leur complète maturité. Le moment le plus convenable est celui où un tiers environ des siliques commencent à jaunir et à devenir transparentes, et où les grains qu'elles contiennent sont d'un brun foncé, quoiqu'encore très - tendres. Quoique les grains de toutes les autres siliques soient encore verts, le plus grand nombre arrive à une parfaite maturité pendant le javelage. Si la maturité est un peu trop avancée au moment où on les faucille, on

doit couper que le soir ou le matin, à la rosée,
pendant la nuit, s'il fait clair de lune. Les plantes
coupées se mettent en grosses javelles, et doivent
rester ainsi au moins pendant huit ou dix jours,
pour que la maturité s'achève complètement; il
n'y a aucun inconvénient à les laisser pendant
quinze jours, et il est bon qu'elles reçoivent quelques pluies, le grain en est mieux nourri.

Lorsqu'on ne cultive qu'une petite quantité de
ces plantes, on les rentre ordinairement pour les
battre à la grange; il est nécessaire de les transporter au chariot dans des draps, et que le chariot lui-même soit garni de toile, sans quoi on
perdrait beaucoup de graine.

Mais partout où on cultive de grandes quantités
de colza ou de navette, le battage se fait dans le
champ même, sur de grandes *bâches*, en forte toile
de chanvre, et par les pieds des chevaux. Après
avoir égalisé la place et en avoir ôté toutes les
pierres, on y étend une *bâche* de 40 ou 50 pieds
au carré, sur laquelle on apporte le colza dans des
draps; pour que ce service se fasse lestement, il
faut de se servir de traîneaux, ayant à chacun de
leurs quatre angles un montant de bois de 3 ou 4
pieds de hauteur; les traîneaux sont garnis de
draps, et on y dépose les javelles le plus doucement qu'on le peut; lorsqu'ils sont pleins, on
renverse toute la charge sur la *bâche*. Lorsqu'elle
est couverte de colza réparti bien également à 2
pieds d'épaisseur environ, et déjà foulé aux pieds

des ouvriers qui l'arrangent , on fait entrer sur l[a]
bâche trois chevaux déferrés, ou trois poulains d[e]
deux ans, qu'on fait trotter circulairement autou[r]
d'un homme qui occupe le centre, et qui les tien[t]
par une longe. Lorsqu'ils ont fait quelques tours[,]
on retourne le colza avec des fourches, et on [y]
ramène encore les chevaux. Le battage se fait d[e]
cette manière très-promptement. Si on avait un[e]
récolte très-considérable, il serait bon d'établi[r]
deux *bâches*, afin que l'une se chargeât, pendan[t]
qu'on bat et décharge l'autre.

Lorsque le colza est suffisamment battu, on l[e]
secoue avec des fourches, et on achève d'enleve[r]
la paille avec des rateaux ; on amasse les graine[s]
mêlées aux siliques qui se trouvent sur la bâche[,]
et on peut les transporter ainsi à la maison. Si o[n]
veut éviter l'encombrement sur les greniers, o[n]
peut nettoyer grossièrement le grain sur place, a[u]
moyen de cribles qui le laissent passer et retienne[nt]
la menue paille formée des siliques brisées.

Lorsque la graine est transportée sur les greniers[,]
on doit l'étendre en couches minces, et la remue[r]
fréquemment pendant les premiers temps, car ell[e]
est sujette à s'échauffer, et alors elle perd beaucoup de sa valeur. Il est bon de ne la nettoyer complètement, que lorsqu'elle est parfaitement sèch[e]
ou même lorsqu'on veut la vendre, parce qu'ell[e]
se conserve mieux, lorsqu'elle est mêlée d'un pe[u]
de menue paille.

J'ai eu des récoltes qui ont produit jusqu'à 4[0]
hectolitres par hectare; mais on doit considére[r]

à 25 hectolitres, comme formant déjà une belle
récolte, qu'on obtiendra cependant très-souvent
dans un bon sol, et avec une bonne culture.

Semer le Colza (Brassica oleracea campestris).

Un sol riche, meuble, frais, bien amendé, et
réparé par plusieurs cultures, est absolument
nécessaire au colza; il ne craint pas une terre un
peu argileuse, c'est même celle qui lui convient le
mieux; mais c'est à condition qu'elle soit parfaitement ameublie. Il est indispensable de plus, que
le sol où on le met, puisse, par sa position, être parfaitement égoutté pendant l'hiver; les gelées lui
sont ordinairement fatales, lorsqu'il se trouve dans
un sol qui retient l'eau.

Le colza peut se semer de trois manières : 1° en
place à la volée ; 2° en place en rayons ; 3° en
pépinières pour être repiqué ; on peut même encore semer les pépinières, soit en rayons, soit à
la volée. Le semis en place à la volée, quoiqu'il
soit fréquemment en usage, présente deux graves
inconvéniens : le premier est que les binages ne
peuvent s'y donner qu'à la houe à main, procédé
long et dispendieux ; et cependant le colza est une
des plantes qui exigent le plus impérieusement des
binages, si on veut qu'il produise des récoltes
abondantes ; l'autre inconvénient est qu'il ne peut
guère se semer ainsi que sur une jachère, et qu'il
occupe ainsi pendant deux ans un sol riche, dont

un cultivateur industrieux doit toujours tirer au
moins une récolte par année. On peut bien cependant, à la rigueur, prendre une récolte de vesces
fauchées pour fourrage, avant de semer le colza;
mais cela devient souvent embarrassant, parce
qu'on a peu de temps pour donner les labours et
conduire les engrais.

Le semis en lignes et en place est préférable,
par la facilité qu'il donne de biner à la houe à
cheval; mais il ne peut, comme le premier, être
exécuté que sur une jachère, dans la plupart des
circonstances.

Le semis en pépinières pour la transplantation,
est le seul pratiqué en *Flandre*, où on cultive de
très-grandes quantités de colza; c'est aujourd'hui
la seule méthode que je pratique, et depuis quelques années, elle a pris beaucoup d'extension parmi
les cultivateurs les plus soigneux du département
de la *Meurthe*. Je n'hésite pas à la regarder comme
la méthode la plus parfaite pour la culture de cette
plante. Comme la transplantation n'a lieu qu'en
septembre ou octobre, on a tout le temps nécessaire pour préparer et amender la terre, après une
récolte enlevée au mois de juillet ou d'août.

On doit calculer qu'un hectare de pépinière peut
fournir du plant pour trois ou quatre hectares, si
elle a été semée à la volée, ou en lignes à 9 pouces
de distance; dans ce dernier cas, on enlève une
ligne entière entre deux, au moment de la transplantation, et on éclaircit les lignes qui restent. On

de plus beau plant, en semant les pépinières en gnes à 18 pouces de distance; mais alors on ne oit pas compter qu'un hectare fournira plus de ant qu'il n'est nécessaire pour en planter trois.

Les semis en pépinière doivent se faire vers le 5 juillet, plutôt avant qu'après, parce qu'il est fort nportant d'avoir de gros replant. Par la même ison, on doit laisser le plant très-clair dans la épinière, lorsqu'on la sarclera, opération qui est resque toujours nécessaire. Lorsqu'on sème en ace, l'époque ordinaire est du 15 juillet au 15 ût.

Le semis en place à la volée exige environ 15 vres de graine par hectare; en lignes à 18 pouces e distance, 8 ou 10 livres; si on veut enlever du lant dans les lignes, on en met 12 à 15 livres. our semer une pépinière, soit à la volée, soit en gnes à 9 pouces, on met 18 à 20 livres de graine.

Le colza peut aussi se cultiver très-avantageuse-ient comme fourrage, pour le faire pâturer au iois de mars ou avril.

La puce de terre (*altise*) est un ennemi redou-ible pour le colza au moment où il lève, ainsi que our les navets, rutabagas, choux, etc.: de tous es moyens qui ont été indiqués jusqu'ici pour rrêter les ravages de cet insecte, je n'en connais ucun auquel on puisse avoir confiance; la seule anière de s'en garantir, est de semer une plus rande étendue de pépinières qu'on n'en a rigou-eusement besoin; de semer toujours sur la terre

fraîchement cultivée, et s'il est possible, lorsqu[e]
le temps est à la pluie ; d'enterrer les graines u[n]
peu profondément (deux pouces ne sont pas tr[op]
pour le colza); et enfin de ne faire ces semis qu[e]
dans des sols très-riches ou fortement amendé[s]
de manière que les jeunes plantes prennent u[n]
accroissement très-prompt, car les ravages de [la]
puce de terre ne sont ordinairement dangereu[x]
que jusqu'au moment où les plantes prennent leu[r]
troisième feuille, c'est-à-dire, la feuille qui pous[se]
entre les deux cotilédons, que les cultivateurs ap[-]
pellent ordinairement *oreilles*. J'ai cependant v[u]
quelquefois ces insectes si nombreux, qu'ils dévo[-]
raient les plantes pourvues de trois ou quatr[e]
feuilles, mais cela est extrêmement rare. En géné[-]
ral, pour toutes les plantes de cette famille, l[e]
cultivateur doit employer tous les moyens qui so[nt]
en son pouvoir, pour leur procurer une végétatio[n]
très-active dans leur jeunesse.

Récolter le Seigle.

C'est ordinairement dans ce mois que le seigl[e]
arrive à maturité. Cette récolte ne présentan[t]
rien de particulier, je renvoie ce que j'ai à dir[e]
sur les récoltes des céréales, à l'article *moisson*
qui se trouvera dans le mois d'août.

Herser les Navets.

Lorsque les navets semés en juin, ont cinq [ou]
six feuilles, un hersage leur est fort utile. Si o[n]

oit les biner ensuite, ce qui est toujours très-
antageux, on ne doit pas négliger ce hersage,
i prépare très-bien la terre pour le travail de
houe; et si le défaut de bras empêche de don-
er ces binages, le hersage y supplée, quoique
ès-imparfaitement. Les personnes qui ne sont
us habituées à cette opération, craignent ordi-
airement de faire du tort aux navets en hersant
op fortement avec la herse à dents de fer ; mais
on en détruit un petit nombre, cela est infini-
ent plus que compensé par l'activité que donne
tte opération à la végétation de la récolte. Dans
Flandre, où on en sème beaucoup, les cultivateurs
sent ordinairemenuet que *celui qui herse les na-
ts ne doit pas regarder derrière lui.*

Tout ce que je viens de dire se rapporte aux na-
ets semés à la volée ; quant à ceux qui ont été
més en lignes, on les bine à la houe à cheval, et
la surface de la terre est très-dure, la petite
erse triangulaire, qui passe entre les lignes, fait
n très-bon effet, avant ce binage.

Herser les Carottes.

Les carottes qui ont été semées dans le seigle,
ans le colza, ou dans toute autre récolte, doivent
ussi recevoir un fort hersage aussitôt que la pre-
ière récolte est enlevée. L'action de la herse leur
it encore bien moins de mal qu'aux navets, aussi
 peut la passer plusieurs fois en long et en travers,
 manière à enlever toutes les éteules, et une

grande partie des mauvaises herbes. Une huitaine de jours après, lorsque les carottes sont bien relevées, on donne un binage soigné à la houe à main, en les laissant espacées à 8 ou 9 pouces.

Semer les Navets en seconde récolte.

Après le seigle, le colza, la navette, les vesces et toute autre récolte qui s'enlève dans le courant de juillet, ou même souvent dans le commencement d'août, on peut semer des navets, si la terre est bien meuble. On doit cependant faire attention que les navets, pris ainsi en seconde récolte, épuisent beaucoup le sol; ainsi on ne doit tenter cette culture que dans une terre suffisamment riche.

Lorsqu'on veut cultiver des navets en seconde récolte, il est extrêmement important de labourer la terre immédiatement après que la première récolte est enlevée, afin de profiter de la fraîcheur que la terre conserve toujours lorsqu'elle est couverte, et qui se perd promptement après l'enlèvement de la récolte. Lorsque cela est possible, on doit même enlever la récolte à mesure qu'elle est faucillée, pour la faire sécher sur un champ voisin, et labourer immédiatement.

Les navets n'exigent pas un labour profond, et dans les sols légers, l'extirpateur peut très-bien remplacer la charrue.

Pour toutes les autres observations, on peut consulter ce que j'ai dit sur la semaille des navets

ans le mois de juin. Le hersage et les binages
eront aussi nécessaires aux navets cultivés ainsi
en seconde récolte, qu'à ceux qui sont semés en
place de jachère.

Récolter la Gaude d'automne.

Le moment le plus favorable pour récolter la
gaude, est celui où les graines sont noires dans les
capsules, à un tiers ou un quart de la hauteur
des tiges, en partant du bas, et où on cesse de voir
des fleurs à la sommité de tiges. A cette époque
les feuilles et les tiges sont encore vertes, mais par
l'exposition à l'air pendant la dessication, elles
deviennent d'un beau jaune. Les teinturiers et fabricans rebutent ordinairement la gaude qui est
restée verte ; c'est un pur préjugé, car je me suis
assuré, par des expériences nombreuses et exactes,
que la gaude qui a conservé sa couleur verte en
séchant, est tout aussi riche en teinture, et donne
d'aussi belles nuances, que celle qui est devenue
jaune. Mais enfin les cultivateurs doivent se con-
former à ce goût, quoique la couleur verte soit
l'indication la plus certaine d'une dessication parfaite, c'est-à-dire, prompte et opérée par un beau
temps. Lorsqu'on ne craint pas de pluie, le plus
simple est de déposer la gaude, à mesure qu'on
arrache, en javelles peu épaisses qui couvrent
tout le sol. Le soleil, joint à l'action des rosées, a
bientôt jauni le dessus des javelles ; alors on les
retourne, pour laisser sécher et jaunir également

le dessous. Par un beau temps, la dessication còm
plète s'opère ordinairement ainsi en cinq ou si
jours.

Lorsque le temps n'est pas au beau fixe; on n
doit pas laisser la gaude étendue sur terre, ca
une seule pluie suffirait pour la faire brunir, e
lui faire perdre presque toute sa valeur. Si o
n'en a qu'une petite quantité, on peut la dresse
contre des murs, des haies ou d'autres appuis, e
l'y laissant jusqu'à ce qu'elle soit suffisamment sè
che et jaune. Pour des cultures plus étendues, l
moyen qui m'a le mieux réussi, est le suivant : O
prend des baguettes flexibles, un peu moins grosse
que le petit doigt, et longues de trois ou quatr
pieds; on en forme des couronnes de 8 pouces en
viron de diamètre, en entrelaçant la baguette su
elle-même; on fait entrer dans chacune de ce
couronnes une poignée de gaude, qu'on dresse su
le sol, en écartant les pieds, et en plaçant la cou
ronne aux trois quarts à peu près de la hauteur de
plantes. La poignée ne doit pas être assez fort
pour être serrée dans la couronne, autrement l
dessication se ferait mal à cet endroit. La dessi
cation est un peu plus lente par cette méthode qu'e
étendant les plantes à terre; mais aussi elles ris
quent très-peu de chose du mauvais temps; le
pluies modérées accélèrent même beaucoup le jau
nissement de la gaude, et elle ne s'endommage pas
si ce n'est par des pluies longues et opiniâtres; lors
que le temps est ainsi disposé, de quelque ma

ère qu'on s'y prenne, il est presqu'impossible
e sauver cette récolte.

Lorsque la gaude est parfaitement sèche, on la
e en bottes de 10 livres : on fait cette opération
ar des draps, pour recueillir la graine qui tombe,
qui fournit une bonne huile à brûler.

Récolter le Pastel.

C'est ordinairement en juillet, qu'on fait la pre-
ière récolte du pastel destiné aux usages de la
einture. On connaît qu'il est temps de le prendre,
orsque les premières feuilles commencent à pren-
re une nuance jaune. On les coupe avec des fau-
illes par un beau temps, et on les laisse exposées
u soleil pendant une demi-journée ou une jour-
ée, en les retournant, si la récolte est très-épaisse,
fin qu'elles soient toutes bien flétries. Sans cette
récaution, elles donneraient trop de jus au
oulin, ce qui les rendrait très-difficiles à écra-
er. Lorsqu'elles sont au point convenable, on les
ansporte au moulin, qui est ordinairement formé
'une meule verticale, tournant sur une meule
orizontale, de même que ceux où on écrase les
raines à huile. On fait mouvoir la meule sur les
euilles de pastel, en les retournant continuelle-
ent, jusqu'à ce qu'elles soient réduites en pâte.
n place cette pâte sous un hangard exposé à l'air,
n en formant un monceau élevé, dont on unit la
urface en la battant avec des pelles, et on l'aban-
onne ainsi à la fermentation, pendant une dou-

zaine de jours, plus ou moins, selon la température
de l'atmosphère. Il est difficile de donner une
indication certaine sur l'époque où la fermentation
est assez avancée; quand on a fait cette opération
une seule fois, on reconnaît facilement cette
époque, à un changement total dans l'odeur qui
s'exhale du monceau. Si on a attendu trop long-
temps, il se forme bientôt des vers d'une espèce
particulière, dans la croûte du tas. On mêle ensemble toutes les parties du tas, et on en forme
des pelotes de la grosseur du poing, soit en les
pressant entre les mains, soit au moyen d'un
moule fait exprès. On place ces pelotes sur des
claies, dans un lieu où l'air circule librement;
mais à l'abri du soleil et de la pluie. Lorsqu'elles
sont parfaitement sèches, elles forment ce qu'on
appelle le *pastel en coques*. Dans les pays où on
ne cultive pas habituellement le pastel, les cultivateurs pourront éprouver beaucoup de difficultés
pour se défaire de cette marchandise. J'en avais
récolté et préparé, en 1818, une quantité assez considérable; mais aucun teinturier ne voulut en faire
usage. Un an après, un négociant se chargea de les
vendre comme pastel étranger; tous les teinturiers
en furent aussi contens que du pastel d'Albi, et si
j'en avais eu vingt fois d'avantage, je m'en serais
défait facilement.

Malgré cela, je n'ai pas repris la culture de cette
plante, parce que sa préparation est fort embarrassante, à une époque où tous les travaux pressent
dans une exploitation rurale.

On parle souvent de trois ou quatre coupes, ou
même davantage, dans une année; quant à moi,
dans les deux années que j'ai cultivé cette plante,
je n'ai pas remarqué qu'il fut possible d'en faire
plus de deux coupes; encore la dernière est-elle
très-peu considérable. Cependant elle était placée
dans un sol extrêmement riche. Je crois que c'est
seulement dans les provinces méridionales, qu'on
peut espérer d'en obtenir davantage.

Biner les récoltes sarclées.

Dans tout le courant de ce mois, on doit avoir
l'œil sur toutes les espèces de récoltes sarclées,
afin de n'y laisser croître aucune mauvaise herbe,
et de ne pas laisser la terre se durcir par les sécheresses. La houe à cheval, dans les récoltes plantées
ou semés en lignes, ou la houe à main, pour celles
qui sont semées à la volée, doivent être employées
à temps et avec diligence, pour prévenir ces deux
inconvéniens.

Semer du Sarrasin après les Vesces.

Les vesces qui ont été semées les premières, et
qui ont été fauchées pour fourrage, laissent maintenant le terrain libre, et il reste encore un espace de temps suffisant pour y faire une récolte de
sarrasin; si le terrain est destiné à recevoir à l'automne du blé ou du colza, le sarrasin devra être
fauché en vert pour la nourriture des bestiaux, ou
mieux encore, si le sol n'est pas très-riche, enterré par un seul labour, pour recevoir la semaille

ou la plantation. Cette méthode d'amender l[es]
terres par des récoltes enterrées en vert, présen[te]
une ressource très-précieuse pour des terrai[ns]
éloignés de la ferme, ou situés de manière qu[i]
serait difficile d'y conduire de l'engrais.

AOUT.

La Moisson des Blés, des Orges et de[s] Avoines.

Les conventions que font les cultivateurs avec l[es]
manouvriers, pour l'exécution des divers travau[x]
de la moisson, varient beaucoup d'un pays à l'autr[e]
je ne dirai rien ici des avantages ou des inconv[é-]
niens qu'ils peuvent présenter, parce que je crois q[ue]
c'est un article sur lequel chacun est à peu près for[cé]
de suivre les usages du pays; on risquerait trop so[u-]
vent, en voulant s'en écarter, de se trouver sa[ns]
ouvriers. Il n'y a d'exception à cette règle, q[ue]
dans les localités où les manouvriers dépende[nt]
tellement d'un cultivateur, qu'il peut les forcer [à]
consentir à des conditions qui seront peut-êt[re]
plus avantageuses pour eux, mais qu'ils rejetero[nt]
infailliblement, par le seul motif qu'ils n'y so[nt]
pas habitués, s'ils peuvent trouver de l'ouvra[ge]
ailleurs.

L'usage le plus ordinaire est de couper les c[é-]
réales à la faucille; dans quelques cantons, [on]

oupe à la faux les orges et les avoines ; et même
n étend quelquefois cette méthode au blé. Ordi-
rirement les grains coupés à la faux laissent l'é-
ule moins longue qu'à la faucille ; c'est un avan-
ge assez important, à cause de l'augmentation de
ille qui en résulte. Un ouvrier peut faire une
en plus grande étendue de terrain dans sa jour-
ée, avec la faux qu'avec la faucille ; mais aussi
es hommes forts et exercés peuvent seuls faire ce
avail, tandis que les vieillards, les femmes et
 jeunes gens peuvent manier la faucille ; aussi
prix qu'on paie ordinairement pour une étendue
nnée de terrain, dans l'une ou l'autre de ces
ux méthodes, ne présente-t-il pas une grande
fférence. Il est certain qu'un faucheur habile, avec
 instrument bien disposé, peut abattre les cé-
ales sans les égrainer plus qu'avec la faucille ;
is il faut pour cela que la récolte soit à pleine
x, un peu élevée, et nullement versée ; dans les
tres cas, l'emploi de la faucille est nécessaire.
 total, je ne trouve pas, à l'une ou à l'autre de
 deux méthodes, des avantages assez importans
ur qu'on doive s'écarter de l'usage du pays qu'on
bite. L'emploi de la faucille présente le grand
antage de donner de l'occupation à un grand
mbre d'individus ; il est certain qu'elle s'applique
eux aussi à toutes les circonstances, et qu'il faut
 grande habileté de la part des faucheurs,
ur que les épis soient disposés aussi régulière-
nt dans la gerbe, qu'ils le sont après le faucil-

lage, ce qui n'est pas sans inconvénient pour l
battage, surtout lorsqu'on emploie la machine
battre.

Plusieurs cultivateurs ont adopté l'usage d
moissonner les grains, et spécialement le fromen
quelques jours avant sa parfaite maturité; le prin
cipal avantage qu'ils y trouvent, est que le grai
conserve une couleur plus avantageuse pour l
vente. Il est certain que, lorsque la température d
l'air n'est pas trop sèche, le grain peut acheve
d'arriver à une maturité complète, après que l
plante est coupée, et lorsqu'elle est en javelles su
le sol. Le mouvement de la végétation qui, dan
cette période, porte les sucs de la plante vers l
semences, se continue aussi bien après qu'elle e
séparée du sol; mais une température humide e
absolument nécessaire pour cela, et si la dessicatio
a lieu trop promptement, le grain ne peut profite
des principes contenus dans la plante, qui devaien
l'amener à son point de perfection; il reste peti
retrait et mal nourri. C'est un danger auquel o
s'exposerait trop souvent, même dans le no
de la France, pour qu'il soit convenable de cou
per les blés avant qu'ils aient atteint leur mat
rité complète.

Je ne vois qu'un motif qui doive déterminer
couper avant leur parfaite maturité, les plant
dont on veut récolter les graines; c'est la crain
qu'elles ne s'égrainent pendant qu'elles sont encor
debout, ou au moment où on les coupe. C'est pa

e motif qu'il est ordinairement avantageux de cou-
er l'avoine un peu sur le vert, surtout certaines
ariétés, avec lesquelles on courrait risque de per-
re beaucoup de grains par l'effet des grands vents,
on les laissait mûrir parfaitement sur pied. Avec
blé, le seigle ou l'orge, on court moins de
anger de ce genre. L'avoine qui a été ainsi coupée
vant sa complète maturité, doit rester pendant
ne huitaine de jours au moins sur le sol, pour que
grain arrive à sa perfection Il est bon même
qu'elle reçoive, dans cet intervalle, une ou deux
ondées; une trop longue exposition à l'air et à la
pluie peut seule nuire au grain, et surtout à la
paille, comme on le voit dans les récoltes de presque tous les cultivateurs, qui poussent à l'extrême
pratique du javelage de l'avoine. On pourrait
croire que le gonflement que produit sur le grain,
la pluie qu'il reçoit en cet état, ne doit être que
momentané, et qu'en se desséchant, il reviendra
au même état où il était auparavant; mais on se
tromperait beaucoup; ce n'est pas de l'eau seule
qui est entrée dans le grain; les tiges rammollies
par la pluie ou les rosées, en transmettant cette
eau au grain, par l'effet d'un reste de vie qui
anime encore la plante, leur transmettent en même
temps des principes nutritifs, qui augmentent le
poids, ainsi que le volume du grain; lorsqu'une récolte est versée, on doit aussi ne pas tarder
la faire couper au premier beau temps, sans quoi
les grains courraient risque de germer.

La moisson est un des travaux rustiques qui exigent le plus d'activité et de célérité, surtout dans les années où le temps est pluvieux ou incertain. Le cultivateur qui met de la négligence ou trop peu d'activité à cette partie si importante de ses opérations, doit s'attendre à éprouver des pertes considérables. Chaque jour de beau temps doit être employé comme si on comptait avec certitude sur la pluie pour le lendemain, et même pour le soir. Celui qui a toujours ce principe devant les yeux, aura bien rarement quelque perte notable à déplorer, car il n'arrive presque jamais, même dans les saisons les moins favorables, qu'il ne se rencontre, dans le courant de la moisson, quelques journées, ou du moins quelques demi-journées de beau temps, qui, employées avec activité et intelligence, permettent de rentrer les récoltes sans accident. Mais pour cela, il est nécessaire que le cultivateur ait sous la main un grand nombre de bras; en commençant sa moisson, il doit toujours calculer qu'il peut arriver telle circonstance où il faudra, dans une demi-journée, faire la besogne ordinaire d'une ou deux journées. L'intelligence avec laquelle on distribue les ouvriers aux divers travaux, influe aussi, autant que leur nombre, sur la célérité de l'exécution; il faut à chaque *chantier*, un nombre de bras suffisant pour expédier l'ouvrage, de manière à ne pas faire attendre un autre chantier; ainsi, le nombre des ouvriers qui doivent lier les gerbes, charger

es voitures, les décharger, doit être propor-
onné, en sorte que tout marche sans confusion,
 sans que personne reste un seul instant à rien
ire. Les attelages et les chariots doivent aussi être
 nombre suffisant pour que jamais les ouvriers
 les attendent. Ce que j'ai dit à l'article de la fenai-
n, sur les moyens d'expédier le plus d'ouvrage
ossible, avec un nombre déterminé de chevaux,
applique également ici.

 De toutes les céréales, l'orge est celle qui court le
lus de danger, lorsqu'il survient de longues pluies
endant qu'elle est en javelles, parce que c'est
elle qui germe le plus facilement dans ce cas.
'est donc vers cette récolte qu'on doit diriger
es principaux soins, dans une saison semblable :
aussitôt que le dessus des javelles est ressuyé, on
oit les retourner, pour empêcher la germination
e se déclarer dans les grains qui touchent la terre.
ne méthode très-recommandée dans les années
luvieuses, est de lier l'orge, aussitôt qu'elle est
oupée, en petites gerbes, en ne faisant le lien
ue d'une longueur de paille de seigle, et de dresser
es gerbes, en écartant un peu le pied. Le lien
oit être placé près des épis, à peu près aux deux
ers de la hauteur des tiges; pour ne pas le serrer
rop fortement, l'ouvrier qui lie la gerbe ne la
resse pas de son genou comme on le fait commu-
ément, mais la serre seulement entre ses bras. Des
erbes faites ainsi et dressées sur le sol, peuvent
 rester long-temps sans souffrir des plus mauvais

temps. Cette méthode s'applique également au blé

Quant à l'avoine, c'est le grain qui a le moins à souffrir de l'humidité de la saison, à moins que la récolte ne soit excessivement tardive, comme je l'ai vu en 1817. Les avoines n'ayant pu être coupées cette année, pour la plus grande partie, qu'en octobre, et même en novembre, des pluies continuelles, et ensuite des neiges qui sont survenues, ont entraîné des pertes immenses. Dans un cas semblable, la conduite qu'on doit tenir est fort embarrassante; mais je crois qu'on aurait pu en sauver une grande quantité, en la mettant en petites gerbes comme je viens de le dire. Ce n'est au reste qu'une présomption, car j'ai perdu mes avoines cette année-là, comme le plus grand nombre des cultivateurs du nord-est de la France.

Dans beaucoup de pays, on conserve les grains en gerbes dans des granges; dans d'autres on en fait des meules exposées à l'air. Cette dernière méthode présente des avantages qui devraient la faire adopter partout. Lorsqu'une meule est bien faite, le grain est entièrement à l'abri des ravages des souris, qui font tant de dégâts dans les granges; il s'y conserve sain pendant beaucoup plus longtemps, et peut sans inconvénient y rester pendant deux années; il court aussi beaucoup moins de risque de s'altérer, lorsque la récolte a été rentrée sans être parfaitement sèche. L'usage de loger les gerbes dans les granges, présente cependant l'avantage de les avoir plus sous la main pour le batage, et évite la main-d'œuvre nécessaire pour transporter les gerbes à la grange pour les battre, ce qui ne peut se faire par les mauvais temps ; mais aussi la dépense qu'il entraîne pour la construction des bâtimens, est très-considérable. Si on pèse exactement les avantages et les inconvéniens de chacune des deux méthodes, on trouvera que la balance penche beaucoup en faveur des meules. Depuis quelques années, on élève en Angleterre, la plate-forme en bois sur laquelle repose la meule, sur six piliers en fonte ; de cette manière, le grain est entièrement à l'abri des souris.

Tout cultivateur qui aime à se rendre compte à lui-même des résultats de ses opérations, doit tenir une note exacte du nombre de gerbes qu'il a récoltées pour chaque espèce de grain, en faisant en sorte que les gerbes soient aussi égales entr'elles qu'il est possible. Par ce moyen, dès qu'il a commencé à faire battre, il peut déjà se faire une idée approximative assez exacte du produit de ses récoltes, ce qui peut lui être fort utile pour diriger sa conduite.

Il est quelques cantons où on charge l'orge et l'avoine sans les lier en gerbes, mais c'est un usage qu'on doit laisser aux négligens.

Semer la Navette (Brassica napus sylvestris).

La navette est moins exigeante que le colza sur la richesse du sol où on la place ; elle s'accommode

mieux aussi d'un sol léger, sablonneux ou calcaire:
Dans un terrain qui n'est pas très-riche, sa réussite est donc plus assurée que celle du colza ; mais
dans un très-bon sol, son produit est toujours
moindre. Comme on peut la semer plus tard que
le colza, c'est-à-dire, pendant tout le courant du
mois d'août, et même jusqu'au 15 septembre, on
a plus de temps pour préparer la terre qu'on lui
destine, que pour le colza, lorsqu'on sème celui-ci
en place.

La terre qu'on destine à la navette, doit être
préparée par deux ou trois labours, et fumée, si
elle n'est pas assez riche. On sème à la volée,
douze à quinze livres de graine par hectare, et on
l'enterre, soit à la herse, soit par un trait d'extirpateur, en prenant 2 pouces environ de profondeur. On peut aussi la semer en rayons à 18 pouces
de distance ; alors la moitié ou les deux tiers de
cette quantité de graine sont suffisans. La semaille
à la volée n'a pas autant d'inconvénient pour cette
plante que pour le colza, parce qu'elle peut mieux
se passer de binages , qui lui sont cependant fort
utiles.

Semer l'Escourgeon, ou Orge d'hiver.

On ne sème ordinairement l'escourgeon qu'en
septembre ; mais j'ai remarqué que les semailles
les plus hâtives sont celles dont le produit est le
plus assuré et le plus considérable ; je crois qu'on
ne devrait jamais passer la fin d'août.

Cette plante exige un terrain beaucoup plus riche que l'orge de printemps ; mais aussi, dans un sol de cette espèce, elle donne un produit plus considérable. Son grain est petit et de médiocre qualité. C'est surtout comme plante à fourrage que l'escourgeon est précieux ; car sous le rapport du grain, quoique la récolte soit beaucoup plus abondante que celle du blé, elle lui est inférieure en valeur dans la plupart des circonstances ; et un terrain qui peut produire une belle récolte d'escourgeon, peut aussi sans doute produire une belle récolte de blé, à quelques exceptions près. Cette plante est d'ailleurs beaucoup plus facilement détruite par les gelées d'hiver que, le blé.

Au printemps, elle offre une ressource très-précieuse pour la nourriture des bestiaux au vert, parce qu'elle est toujours bonne à couper une quinzaine de jours avant le trèfle, et qu'elle forme une excellente nourriture pour toute espèce de bétail. Elle est fauchée d'assez bonne heure pour que le terrain puisse être employé à la plantation des pommes de terre, ou à d'autres récoltes ; de sorte qu'elle occupe le terrain, dans beaucoup de cas, que pendant un temps où il n'aurait rien produit.

On sème à la volée 225 à 250 litres par hectare.

Semer le Trèfle incarnat.

Cette plante est facilement détruite par les gelées de l'hiver, lorsqu'elle n'a pas pris encore assez d'accroissement. Au moment où j'écris ceci (no-

7*

vembre 1820), j'en ai une pièce qui a été semée en septembre, dans un très-bon terrain , et qui est déjà détruite en partie par les premières gelées. Je crois que cette plante ne doit pas être semée, dans le nord de la France, après le 15 août, pour les semailles d'automne.

Pour les autres observations, voyez ce que j'en ai dit dans le mois de mars.

Récolter le Lin.

Le moment de récolter le lin , est celui où les feuilles jaunissent le long de la tige ; on l'arrache alors , on le lie par poignées qu'on réunit, par paquets de trois , par un seul lien placé près des têtes, et on dresse les paquets sur le sol, en écartant les poignées par le pied. J'ai trouvé cette méthode beaucoup préférable à celle de laisser le lin en javelles sur le sol, parce que lorsqu'il survient des pluies, une partie des tiges éprouve déjà une espèce de rouissage, qui fait que, lorsqu'on fait rouir le tout, l'opération marche fort inégalement ; en sorte qu'une partie est déjà trop avancée, lorsqu'une autre n'est pas encore assez rouie.

Au moment où on arrache le lin, les graines sont encore vertes et tendres dans les capsules ; lorsqu'elles sont bien sèches, ce qui arrive ordinairement au bout de huit ou dix jours, on les sépare, soit en battant la tête de chaque poignée sur un billot, avec un morceau de bois un peu pesant, soit en la faisant passer entre les dents d'un

eigne de bois. La première méthode est beaucoup
référable, pour les variétés de lin dont les cap-
ules ne s'ouvrent pas facilement, parce que le
eigne détache beaucoup de capsules entières, qui
onnent ensuite beaucoup de travail pour les sé-
arer des graines et les briser.

Après la séparation des graines, le lin est propre
passer au rouissage.

Récolter le Chanvre.

Dans quelques pays, on arrache le chanvre mâle
femelle avant la maturité des graines, qu'on sa-
rifie ainsi pour obtenir une filasse de meilleure
qualité. Dans d'autres, on les arrache aussi ensem-
e, mais seulement après la maturité des graines;
filasse est alors de qualité bien inférieure. Enfin,
ns beaucoup de cantons, on arrache brin à brin
chanvre mâle, aussitôt que la floraison est pas-
e, et on laisse sur pied la femelle jusqu'à la ma-
rité des graines. Chacune de ces méthodes pré-
nte des avantages et des inconvéniens; on doit
diriger selon le but principal qu'on a en vue,
it pour recueillir la graine, soit pour obtenir
e filasse de bonne qualité. Par la dernière des
éthodes que j'ai indiquée, on ne sacrifie la qua-
é de la filasse que sur une moitié de la récolte,
on obtient peut-être une plus grande quantité
graine, que si on eut laissé tous les brins sur
ed; mais aussi elle exige beaucoup de main-
œuvre. Elle convient spécialement aux personnes

qui ne cultivent qu'une petite quantité de chanvre, et qui exécutent les travaux eux-mêmes.

Semer la Spergule.

Dans les sols sablonneux et frais, la spergule
est une des plantes les plus précieuses pour fournir
une récolte de fourrage, après une récolte de grains.
Elle peut se semer en août, et procurer à l'automne un excellent pâturage pour les bêtes à cornes, et même quelquefois une récolte propre à être
fauchée. Aussitôt que la récolte de grains est enlevée, on donne un léger labour ou une culture
à l'extirpateur, et on sème la spergule comme je
l'ai indiqué au mois de mars.

Récolter les Cardères.

Chaque tête de cardère ne montre pas ses fleurs
toutes à la fois ; celles du sommet sont les premières qui se développent ; ensuite il s'en montre
une couronne immédiatement au-dessous, et ainsi
successivement jusqu'au bas de la tête. Lorsque la
dernière couronne est tombée, les têtes ne tar-
dent pas à prendre une teinte blanchâtre ; c'est là
l'instant le plus favorable pour les couper. La récolte se fait odinairement en deux ou trois fois, à
mesure que les têtes mûrissent. On les coupe en leur
laissant une tige d'environ un pied de longueur,
qui sert à les lier en paquets de 25 ou 50, qu'on suspend à l'ombre dans un lieu très-aéré, pour les
faire sécher. Cependant il paraît que dans le midi

de la France, on ne leur laisse pas une tige aussi longue, car les têtes en arrivent ordinairement emballées dans des tonneaux, et avec des tiges de 2 ou 3 pouces seulement de longueur. Je ne sais pas si c'est seulement après la dessication qu'on les coupe à cette longueur, pour la facilité de l'emballage.

Les têtes les plus estimées des bonnetiers et des fabricans de drap, sont celles dont la forme est cilindrique, ou plutôt légèrement cônique et bien proportionnée, et dont les crochets sont roides, fins et rapprochés. Les bonnetiers, en particulier, recherchent les plus grosses têtes.

On ne doit jamais employer pour semence, les graines qui tombent des têtes qui ont été recueillies pour l'usage, parce que leur maturité n'est pas assez avancée. Les personnes qui désirent s'assurer de beaux produits, doivent réserver pour graine, les pieds qui portent les têtes les mieux formées, et surtout dont les crochets sont les plus fins; on les laisse mûrir complètement sur pied.

Récolter la Moutarde noire.

Il n'y a peut-être aucune récolte qui exige aussi impérieusement que celle-ci, l'attention la plus exacte pour la couper dans l'instant le plus convenable. Aussitôt qu'on s'aperçoit que les tiges, quoiqu'encore vertes, commencent à prendre une teinte jaunâtre, et que les graines contenues dans les siliques du bas de la plante, commencent à brunir, il est temps d'y mettre la faucille. Si la maturité est un peu trop avancée, on ne doit y toucher qu'à la rosée, et on ne doit pas négliger d'utiliser le temps de la nuit, si le clair de lune le permet. A mesure que les plantes sont coupées, on les dépose, le plus doucement qu'il est possible, en grosses javelles, ou mieux encore en forme de monceaux côniques de 5 ou 6 pieds de hauteur, en plaçant au centre le sommet des tiges, et les racines à l'extérieur. On couvre le tout d'une espèce de chapeau en paille, pour empêcher les fortes pluies d'orage de pénétrer le tas, et surtout pour empêcher les dégâts des oiseaux, qui sont très-friands de cette graine. Les plantes ainsi placées, mûrissent très-bien leurs graines dans l'espace de 15 jours ou trois semaines, et elles ne courent aucun danger. Celles qui sont en javelles sont ordinairement bonnes à battre, 6 ou 8 jours après qu'elles ont été coupées : on doit saisir avec soin ce moment, les battre dans le champ même, et ne les transporter que dans des draps. Malgré toutes ces précautions, il s'échappera toujours beaucoup de graines, qui pourront empoisonner le terrain pour long-temps, surtout s'il survient un grand vent pendant que les plantes sont en javelles. Les siliques ont tant de disposition à s'ouvrir, que lorsqu'elles se dessèchent au soleil après avoir été mouillées par la pluie ou par la rosée, elles laissent échapper beaucoup de graines, même sans qu'on les touche, et par le temps le plus calme. Ce sont ces motifs qui me font préférer l'usage des monceaux.

Récolter les Pavots.

On n'éprouve nul embarras pour récolter les pavots blancs, dont les têtes restent fermées après la maturité; mais les pavots gris, dont la tête s'ouvre à cette époque, exigent beaucoup de précaution, et doivent être coupés aussitôt que les têtes sont jaunes, parce qu'un grand vent pourrait en faire perdre beaucoup. A mesure qu'on récolte les têtes des uns ou des autres, on les met dans des sacs pour les transporter sur un grenier dont le plancher soit bien joint; on les met en couche le plus mince possible, et on les remue de temps en temps, jusqu'à entière dessication.

L'usage le plus ordinaire dans les campagnes, est l'égrainer les têtes des pavots une à une, en les secouant sur un linge, après avoir coupé avec un couteau la sommité des têtes de la variété qui ne s'ouvre pas naturellement. C'est un moyen d'occupation pour toute la famille, dans les longues soirées de l'hiver. Cependant on peut très-bien briser les têtes au fléau, et la graine se sépare facilement par le ventement; cette méthode est la seule qui convienne, lorsqu'on a une récolte un peu considérable.

Semer la Gaude.

La gaude destinée à être récoltée dans le mois

de juin suivant, doit être semée en août ; plus tard, elle se trouverait trop petite pour passer l'hiver, et serait facilement déracinée par les gelées. Comme il n'est pas nécessaire, pour la réussite de cette plante, que le sol soit fraîchement labouré, on peut la semer avec beaucoup d'avantage dans une récolte sur pied, au moment où on lui donne le dernier binage, pourvu que cette récolte n'exige pas qu'on fouille le terrain pour l'enlever ; par exemple, dans des haricots ou du maïs. On sème à la volée, à raison de 15 livres de graine par hectare.

La gaude semée en cette saison, exige beaucoup moins de main-d'œuvre de sarclages, que celle qu'on sème au printemps ; les mauvaises herbes poussant avec bien moins de vigueur en automne, on peut, pourvu que la terre soit un peu propre, se dispenser de sarcler jusqu'au printemps, et alors les plantes étant déjà fortes, le sarclage est bien moins dispendieux, que lorsqu'on est forcé de l'exécuter dans un moment où on voit à peine les jeunes plantes de gaude, ce qui arrive pour celle qui est semée au printemps.

SEPTEMBRE.

Semer le Froment (Triticum hibernum).

C'est ordinairement dans ce mois, qu'on comence les semailles du froment; on les continue en octobre et même en novembre, et quelquefois encore plus tard. Il y a peu de pratiques en agriulture qui présentent moins de certitude, que les vantages des semailles hâtives ou tardives pour le blé. Quelquefois, et c'est en général le cas le plus fréquent, les semailles hâtives ont l'avantage; mais, dans d'autres années, c'est le contraire. Cependant un cultivateur actif ne doit jamais négliger de mettre à profit les beaux jours du mois de septembre, parce qu'on a souvent beaucoup de peine ensuite de retrouver des temps favorables.

Le froment exige un sol qui ait un peu de consistance, sa réussite est plus assurée et son produit plus considérable dans les terres argileuses; cependant il y a peu de sols qu'on ne puisse rendre propres à sa culture, en y cultivant auparavant, pendant plusieurs années, des prairies artificielles qui, par l'humus qu'elles laissent dans le terrain, si donnent un certain degré de consistance.

Dans l'ancien système de culture, c'est toujours sur la jachère qu'on sème le blé, et après trois labours au moins; dans les terres fortes et

argileuses, on ne peut, sans négligence, se dispenser de donner à la jachère ce nombre de labours.
Depuis qu'on a admis dans la grande culture une
plus grande variété de récoltes, on a trouvé que
dans la plupart des cas, il est plus économique
de semer le blé, soit sur un trèfle rompu par un seul
labour, soit après une récolte de féverolles sarclée, qui n'exige aussi qu'un labour. Lorsqu'on sème sur un trèfle, il est entendu que
le trèfle n'était pas empoisonné de chiendent, ou
d'autres plantes à racines vivaces. C'est pour cela
que, dans un bon système de culture, le trèfle
ne doit subsister qu'un an ; car à la seconde année, ordinairement le trèfle s'éclaircit, et le chiendent, ou les autres plantes à racines vivaces, s'em-
parent du terrain. Beaucoup d'excellens cultivateurs
trouvent qu'une récolte de féverolles est la meilleure de toutes les préparations pour le blé, et
qu'après un trèfle, l'avoine est plus profitable.

Dans ces systèmes de culture, le terrain n'est
jamais fumé immédiatement pour le blé ; mais
lorsqu'il succède à des féverolles, le sol doit avoir
été fumé pour cette récolte. Si le trèfle a été semé
dans une récolte d'orge ou d'avoine succédant
immédiatement à une récolte sarclée et fumée,
on peut presque toujours être assuré d'une belle
récolte de blé. Dans ces deux cas, on a rarement
à craindre un excès de richesse dans le sol, qui
donne au blé une disposition à verser ; mais lorsqu'on sème sur une jachère fumée, il y aurait

beaucoup d'inconvéniens à donner une trop grande
quantité de fumier; l'excès en ce genre peut être
aussi nuisible que le défaut contraire.

Pour la semaille du blé, on ne doit pas chercher à pulvériser complètement la surface du sol,
comme on le fait pour les semailles de printemps;
il est avantageux, au contraire, que la surface soit
couverte de mottes, pourvu toutefois qu'il y ait assez
de terre meuble pour couvrir les grains et assurer
leur germination. Les mottes qui se trouvent à la
surface sont utiles sous plusieurs rapports : elles
empêchent que la neige soit enlevée en totalité
par les vents, de la partie supérieure des billons;
et on remarque fréquemment, par cette raison,
que les champs dont la surface était très-unie, souffrent beaucoup plus des gelées de l'hiver, que ceux
dont la surface était couverte de mottes. D'ailleurs
les mottes, en se fondant par l'effet des gelées, procurent une espèce de buttage aux plantes, surtout
on a soin de faciliter cette opération par un hersage donné au printemps.

Aussitôt qu'une pièce de terre est semée en blé,
on doit relever exactement les sillons ou raies d'é-
coulement; c'est une opération extrêmement essentielle, surtout dans les sols argileux et sujets à
retenir l'eau.

Tous les cultivateurs connaissent aujourd'hui
l'importance de la préparation qu'on donne aux
semences du froment, pour préserver les récoltes
de la *carie*. Le plus souvent, c'est la chaux qu'on

emploie à cet effet ; quelquefois on lui associe d'autres substances, mais elles ne sont nullement nécessaires ; la chaux seule détruit infailliblement les germes de cette maladie, lorsqu'elle est employée convenablement. Les méthodes employées par les cultivateurs de divers cantons pour le *chaulage* du blé, varient considérablement ; il est fort essentiel d'employer une assez grande quantité de chaux, et que son action soit prolongée pendant un temps suffisant. En employant une quantité de chaux égale en poids au vingtième de celui du blé, on peut être assuré qu'il y en a plus qu'il n'en faut ; mais dans quelques cantons on en emploie une beaucoup trop petite quantité. Quelquefois on fait tremper le grain dans l'eau dans laquelle on a fait dissoudre la chaux, et de manière que l'eau surnage le grain de quelques pouces ; c'est la méthode la plus sûre, pourvu qu'on laisse séjourner le grain dans l'eau pendant 24 heures au moins, et mieux encore pendant 36 heures, en agitant la masse, de manière que le tout soit bien mélangé. Après ce temps on tire le grain du cuvier, et on le met en monceau pour qu'il s'égoutte, en ayant soin de le remuer fréquemment, de peur qu'il ne s'échauffe.

Dans d'autres cantons, on se contente de réduire la chaux en bouillie claire, dont on arrose le tas de blé, en le remuant à la pelle. Ce moyen peut réussir, pourvu qu'on ait soin qu'il n'y ait pas un seul grain qui ne soit couvert de chaux sur toute sa surface, et qu'on laisse agir la chaux pendant

4 heures au moins; mais le premier moyen est
eaucoup plus certain.

On a recommandé, à diverses époques, quel-
ues substances qui produisent le même effet que
 chaux, et en les employant en bien moins
rande quantité; mais ordinairement ces subs-
nces sont de violens poisons; tels sont l'*arsénic*
 le *sulfate de cuivre* ou *vitriol bleu*; c'est la base
 quelques poudres dont on fait des secrets, et
 'on propose souvent aux cultivateurs. Les effets
 ces substances, pour la destruction de la *carie*
 blé, ne sont pas douteux; mais leur emploi est
aucoup trop dangereux pour qu'on puisse les
commander aux cultivateurs, d'autant plus qu'on
ut avec autant de certitude, employer la chaux,
 'on peut se procurer partout à bas prix.

L'utilité du changement des semences pour le blé,
 une question qui est loin d'être résolue. Des
ltivateurs très-expérimentés, qui sont dans
sage de semer toujours le blé de leur propre
olte, mais en apportant un grand soin à choisir
plus beau et le plus net, regardent comme un
 préjugé, les avantages qu'on prétend trouver
hanger de semence; et ils appuient leur opi-
n sur une longue expérience, et sur la beauté
 récoltes qu'ils obtiennent. L'opinion contraire
 plus généralement répandue; mais il n'est pas
 ma connaissance qu'elle ait jamais été appuyée
 des faits bien positifs. Il y a deux circonstances
 peuvent exercer une influence évidente sur les

résultats des changemens de semence : d'abord, lorsqu'un cultivateur cherche ses semences hors de chez lui, il choisit toujours ce qu'il y a de plus beau ; tandis que, dans le cas contraire, il ne peut semer que ce qu'il a, et qu'il est par conséquent beaucoup plus limité dans son choix ; ensuite, chaque espèce de sol favorisant particulièrement la croissance de certaines mauvaises herbes, il est certain que les graines qui peuvent se trouver mêlées dans le blé, doivent moins prospérer lorsqu'on le sème dans un sol différent de celui dans lequel il a cru. Je suis porté à penser que c'est principalement à ces deux causes, qu'on doit attribuer les avantages qu'on trouve à changer les semences. Dans ce cas, il n'y aurait aucun avantage à les changer, pour le cultivateur qui aurait chez lui du blé bien nourri, et exempt de mauvaises semences.

On cultive plusieurs variétés de froment, avec ou sans barbes, à tiges pleines ou creuses, et à grains de diverses nuances. Je n'ai pas de raison de croire que l'une de ces variétés soit, d'une manière générale, et pour toutes les localités, préférable aux autres. Il ne faut pas non plus que chaque cultivateur regarde comme certain que celle qu'on cultive dans son canton est celle qui y convient le mieux. Ce n'est que par des essais faits en petit, sur les variétés auxquelles on donne la préférence dans d'autres cantons, qu'il pourra connaître les avantages que chacune d'elles présente. Ces essais

nt peu coûteux, et n'exigent qu'un peu de soin.
eurs résultats peuvent être très-importans, car
ns augmentation de frais, il est souvent pos-
ple d'augmenter assez considérablement les ré-
ltes, en adoptant une variété de blé qui convient
eux au sol.

On sème ordinairement à la volée, environ 200
res par hectare, et en lignes, à 9 pouces de dis-
nce, la moitié de cette quantité. Un des plus
biles agriculteurs anglais, M. *Coke d'Holkham*,
i est dans l'usage de semer toujours les céréales
lignes au semoir, a cependant émis récemment
pinion qu'on ne doit pas penser à diminuer la
antité de semence; il en emploie constamment
même quantité que s'il semait à la volée. Au reste,
plus grand nombre des cultivateurs de la même
tion, ne partagent pas cette opinion, et en gé-
ral, on ne sème guère, dans toute l'Angleterre,
s de 100 litres de blé par hectare, pour les
mailles en lignes.

Le blé demande d'être recouvert d'un pouce de
re au moins, deux pouces valent mieux, et si le sol
léger, trois ou même quatre pouces ne sont pas
p.

Semer le Seigle.

Le seigle supporte moins que le blé les semailles
dives; aussi on ne sème ordinairement le blé
e lorsque la semaille du seigle est terminée.
st surtout dans les sols trop légers ou trop
fertiles pour le blé, qu'on cultive le seigle.

Dans les bonnes terres à blé, on ne sème ordinai
rement du seigle que pour sa paille, qui sert à fair
des liens pour les gerbes de blé, pour empaillé
les chaises, pour faire des paillassons, lier la vigne
et pour quelques autres usages. On prépare ordi
nairement la terre par deux ou trois labours, et o
sème à la volée 150 à 200 litres par hectare. L
semis en ligne lui convient aussi bien qu'au blé
on ne met alors que moitié de la quantité de se
mence qu'on emploie à la volée.

Le seigle présente un ressource précieuse pou
la nourriture des bestiaux au vert, parce c'est l
premier fourrage qu'on peut faucher au printemps
et comme la terre se trouve débarrassée de très
bonne heure, cette récolte ne coûte que la semenc
qu'on y emploie.

On cultive dans quelques cantons, sous le no
de *seigle de la Saint-Jean*, une variété qu'on sèm
dans le mois de juin, pour le couper en fourrag
vert à l'automne, ou le faire pâturer pendan
l'hiver; ensuite on le laisse monter à graine, e
on en obtient de bonnes récoltes. Il est probabl
que le seigle commun pourrait être traité de mêm
J'ai fait plusieurs fois faucher en vert, au moment o
les épis se montraient, du seigle commun semé
l'automne; il a repoussé ensuite, et a donné de
récoltes de grain peu inférieures à celles de
champs voisins, qui n'avaient pas été coupés. Dan
de bons sols, je crois qu'on trouverait plus d'a
vantages à cultiver le seigle, qu'on ne le cro

mmunément ; dans les bons sols , les récoltes de
igle sont beaucoup plus considérables que celles
blé ; et dans beaucoup de cantons , la paille
seigle a une valeur qui rend cette récolte im-
rtante.

Récolter les Féverolles.

La récolte des féverolles se fait rarement avant
mois de septembre ; il est bon de les faire cou-
r avant la maturité complète des semences , parce
e la paille est ainsi de meilleure qualité pour le
tail. C'est une considération fort importante dans
culture de la féverolle ; car cette paille lorsqu'elle
bien récoltée, forme un excellent fourrage pour
chevaux , les vaches et les moutons. Lorsque la
colte était épaisse , le bétail mange presque toutes
tiges ; si elle était plus claire , il laisse les plus
tes, et n'y trouve pas moins une nourriture abon-
te , et peu inférieure en qualité au foin des
iries naturelles.

Les tiges des fèves ont besoin de rester assez
g-temps sur la terre, pour se dessécher com-
ement ; lorsqu'on veut faire succéder du blé à
te récolte, il est bon , lorsqu'on le peut , de
nsporter les fèves, aussitôt qu'elles sont cou-
s, sur un champ ou sur un pré voisin , afin de
voir labourer de suite le terrain.

Les féverolles forment une excellente nourriture
ir tous les bestiaux ; mais dans la plupart des
, on ne doit les faire consommer qu'après les

avoir détrempées dans l'eau, ou les avoir concas-
sées. Ainsi administrées, elles augmentent beaucoup le lait des vaches, et engraissent parfaitement
le bétail à cornes. Elles sont bonnes aussi pour
l'engraissement des cochons, quoiqu'inférieures
sous ce rapport, aux pois et au maïs. Pour les
bêtes à laine, c'est une des meilleures provendes
qu'on puisse leur donner pendant l'hiver. Elles
remplacent parfaitement bien l'avoine pour les
chevaux, en les faisant concasser et les mêlant avec
de la paille hachée.

Planter les Cardères.

Le mois de septembre est l'époque la plus convenable pour la transplantation des cardères; celles
qui sont plantées plus tard courent beaucoup plus
de risque pendant l'hiver. Un sol riche, profond,
fortement amendé, préparé par plusieurs bonnes
cultures, et surtout parfaitement égoutté, est celui qui convient à cette plante. Le procédé le plus
expéditif est de tracer au rayonneur, sur le terrain
bien hersé, des lignes à 18 pouces de distance; on
plante ensuite avec le plantoir ordinaire des jardiniers, en espaçant également les plants à 9
pouces dans la ligne. Les plants doivent être
moins de la grosseur du petit doigt.

Semer les Vesces d'hiver.

C'est une plante fort précieuse pour la nourriture en vert du bétail à l'étable: elle peut se faucher ordinairement avant le trèfle.

Elle se sème en septembre, avec la même pré-
ration du sol, et les mêmes précautions qui ont
té indiquées pour les vesces de printemps. Les
ivers très-rigoureux lui font souvent beaucoup de
rt, surtout lorsqu'elle a été semée trop tard.

Faire les Regains.

C'est ordinairement dans ce mois, qu'on coupe
s regains des prairies naturelles. Le mode de
essication est le même que pour le foin de-pre-
ière coupe; mais elle est plus lente, parce que la
ison est plus avancée, et que l'herbe est plus
ueuse. Il y a beaucoup plus d'inconvénient aussi
ur le regain que pour le foin, de le rentrer avant
ne dessication complète, parce qu'il est beaucoup
lus sujet à s'échauffer dans la masse. Il est bon, par
e motif, de ne le rentrer, quoique bien sec, qu'a-
rès l'avoir laissé pendant quelque temps en gros
s sur le pré. Dans le pays que j'habite, il est
sez commun que les cultivateurs fassent le regain
moitié avec les faucheurs ; c'est-à-dire, que les
ucheurs sont chargés de tout le travail de cette
maison, jusqu'à la mise en tas, inclusivement, et
u'ils reçoivent, pour leur salaire, la moitié de la
colte, le propriétaire prenant sur le pré la moitié
es tas à son choix. Cette méthode est ordinaire-
ent avantageuse aux deux parties : il est rare que
propriétaire n'ait pas pour sa moitié, autant de
urrage qu'il en aurait eu s'il eut fait faucher à la
che ; car, surtout lorsque le regain est court, le

faucheur peut facilement en perdre la moitié par
sa négligence. Les soins que celui-ci donne à ce
travail et aux autres opérations de la récolte, se
trouvent d'un autre côté richement payés pour
lui.

On fauche souvent encore en septembre une
dernière coupe de trèfle, ou des vesces tardives,
et presque toujours une coupe de luzerne. Les
observations que j'ai faites sur la dessication du
regain s'appliquent également ici. On peut déjà
avoir de la paille de seigle, de blé, ou même d'a-
voine hâtive; c'est une excellente opération que
d'en mêler, couche par couche, avec les dernières
coupes de légumineuses, qu'on peut, par ce moyen,
rentrer sans inconvénient, avant une parfaite dessication; ces couches doivent êtres tassées fortement et également, et la masse tenue le plus
possible à l'abri du contact de l'air. La paille qu'on
emploie ainsi, acquiert une saveur et une qualité
nutritive qui la rendent très-précieuse pour le bétail.

Récolter la Graine de Trèfle.

C'est toujours sur une seconde coupe de trèfle
qu'on récolte la graine. Il est bon de faire la première coupe de bonne heure dans la saison, afin
que la graine n'arrive pas trop tard à maturité.
Lorsqu'on s'aperçoit que la plupart des têtes sont
mûres, on fauche, et si le temps est beau, on
laisse le trèfle se sécher en andains, en les retournant une fois. Dans les temps pluvieux, il est bon

e lier le trèfle en petites bottes, qu'on dresse pour
es faire sécher. Au reste, la dessication est bien
lus prompte alors, que lorsqu'on le fauche lors-
u'il est en fleur. Dans plusieurs cantons de la
landre, on est dans l'usage de cueillir les têtes
la main, pour les transporter à la maison dans des
acs; c'est du moins un moyen de sauver la récolte
ans une saison très-peu favorable. On fauche
nsuite la paille.

Lorsqu'on rentre les têtes avec la paille, on bat
ussitôt le tout au fléau, pour séparer les têtes
ont on extrait ensuite la graine à loisir. Cette
ernière opération est la plus difficile de toutes,
t ne peut s'exécuter que lorsque les têtes ont été
omplètement desséchées, soit par l'exposition à
n grand soleil sur des draps, soit pendant les
ortes gelées d'hiver, soit en les mettant dans un
our modérément chauffé. Cette dernière méthode,
silée souvent dans le pays que j'habite, est fort
angereuse, parce que, si le degré de chaleur est
n peu trop considérable, les graines, ou au moins
ne bonne partie, perdent leur faculté germina-
ive. Avec un peu d'habitude, on distingue assez
acilement la graine qui est dans ce cas, à sa
uance terne et tirant un peu sur le brun.

Lorsque les têtes ont été parfaitement desséchées
ar l'un ou l'autre de ces procédés, on peut faire
ortir la graine en les battant au fléau; mais c'est
ue opération longue et coûteuse. Lorsqu'on en a
ne grande quantité, on emploie pour cela, soit

un moulin à bocard, soit une meule de pierre verticale, comme celles dont se servent les huiliers pour écraser les graines oléagineuses. La graine de trèfle étant fort dure et très-glissante, ne s'écrase pas ; et les capsules se réduisent en poussière.

Planter le Colza.

Souvent on ne transplante le colza qu'en octobre ; cependant, lorsqu'on le peut, il est préférable de le faire en septembre, parce que le plant ayant déjà formé de bonnes racines avant l'hiver, est bien moins en danger d'être déraciné par les gelées.

On ne doit placer cette récolte que dans un terrain consistant, très-riche ou abondamment fumé, et préparé par plusieurs bons labours. Les terres argileuses, pourvu qu'elles soient bien ameublies par la culture, sont celles où la réussite de cette plante est le plus assurée, et où elle donne les produits les plus considérables. Elle réussit bien aussi sur un trèfle rompu par un seul labour, pourvu que le sol soit bien riche.

Après avoir bien hersé la terre, on trace au rayonneur, des lignes espacées de 18 pouces, et on place le plant dans ces lignes, à 8 ou 9 pouces de distance. On se sert du plantoir ordinaire des jardiniers. Il est fort important de n'employer que de gros replants.

On ne doit jamais négliger de tirer des raies d'écoulement en grand nombre, aussitôt que la

antation est finie, et de les entretenir bien nettes
endant tout l'hiver; le colza ne craint rien davan-
ge qu'un sol pénétré d'eau, lorsque les gelées
rviennent.

Semer l'Epeautre (Triticum spelta).

L'épeautre est la récolte principale, dans quel-
es cantons froids, montagneux et peu fertiles.
est beaucoup plus rustique que le froment, et
aint moins les terrains humides pendant l'hiver.
se sème en même temps que le froment, et
la quantité d'environ 400 litres par hectare,
arce que les bales qui sont adhérentes aux grains,
ugmentent beaucoup leur volume.

On peut aussi le semer pour être fauché en
ert; et il convient parfaitement pour cet usage,
cause de sa rusticité, et aussi parce que son
nage est très-touffu; il est même préférable au
igle, parce qu'on peut le faucher plus long-
mps, les épis ne se développant pas aussi vite;
ais il est un peu moins hâtif.

Récolte et conservation des Pommes de terre.

La récolte des pommes de terre est une des
érations les plus coûteuses de leur culture;
ne peut guère ici remplacer le travail des mains.
n a bien proposé de les arracher à la char-
e; mais il est très-difficile de le faire sans
perdre une très-grande quantité. Les frais de

l'arrachage à la main varient considérablement, selon que la terre est plus ou moins meuble ou argileuse, selon qu'il est fait par un beau ou par un mauvais temps, dans une saison plus ou moins avancée, selon que la récolte est plus ou moins abondante, les tubercules plus ou moins gros. J'ai vu quelquefois six à sept hectolitres de pommes de terre arrachés, triés, nettoyés et chargés par chaque journée de femme. Dans d'autres circonstances, elles ne faisaient pas la moitié de cette quantité. Il est fort important d'expédier cette besogne le plus lestement qu'il est possible, aussitôt que les pommes de terre sont parvenues à leur maturité, pour ne pas se laisser surprendre par les pluies. Comme elle se rencontre ordinairement avec la semaille des blés, il faut que le cultivateur développe en ce moment tous ses moyens d'action et toute son activité. S'il peut faire exécuter cet arrachage à *la tâche*, il y trouvera beaucoup d'avantages ; mais il est nécessaire alors d'exercer une grande surveillance sur les ouvriers, pour qu'ils ne laissent pas de tubercules en terre ; car ils peuvent en arracher une bien plus grande quantité dans la journée, s'ils négligent de rechercher les tubercules qui n'ont pas été amenés par le premier coup d'instrument. Si la terre est labourée immédiatement après l'arrachage, on peut retrouver une partie de ces tubercules, en faisant suivre la charrue par un enfant muni d'un panier, qui les amasse à mesure que la charrue les découvre.

Le crochet plat à deux pointes, est le meilleur instrument pour cet arrachage. Un homme ramène à la surface les tubercules de chaque touffe, et des hommes qui suivent, les démêlent, les nettoyent, et les mettent dans des paniers, et ensuite dans des sacs, ou sur des voitures disposées pour cela. Si la terre est humide, il est bon de laisser pendant quelques heures les pommes de terre sur le sol, avant de les amasser; elles s'y ressuient, et se conservent beaucoup mieux.

Lorsqu'on peut loger la récolte de pommes de terre dans des caves, des celliers, ou d'autres lieux à l'abri de la gelée, c'est le moyen d'en disposer le plus commodément pour la consommation; mais lorsqu'on a une récolte un peu considérable, on est forcé de les conserver dans des fosses, qui se font de la manière suivante : on ouvre une tranchée d'un pied de profondeur sur 5 pieds de largeur environ, et d'une longueur indéterminée, à peu près comme si on voulait faire une couche de jardin. On amoncèle les pommes de terre dans cette fosse, à la hauteur de 4 pieds environ, en disposant les deux côtés en talus, ou en forme de toit; on les couvre ensuite avec la terre qu'on a tirée de la fosse. On ouvre, des deux côtés de la fosse, dans sa longueur, et à 18 pouces environ du pied du tas de pommes de terre, deux fossés de 18 pouces de profondeur, sur deux ou trois pieds de largeur, et dont on rejette encore la terre sur le tas, de manière que les pommes de terre en soient recouvertes

8*

partout de 18 pouces de terre au moins. On unit la terre sur les deux côtés du talus, et on la bat avec des pelles. On ménage d'espace en espace, sur la crète du tas, des ouvertures ou espèces de soupiraux, qu'on ne ferme que lorsque les fortes gelées commencent.

Le tas étant ainsi disposé, il n'est pas possible que l'eau séjourne jamais dans la fosse, puisque les fossés extérieurs sont plus profonds que la fosse; quelle que soit la nature du sol dans lequel elle est placée, les pommes de terre se conserveront bien, pourvu que les fossés aient un écoulement suffisant pour que l'eau ne puisse s'y arrêter.

Ordinairement on couvre les pommes de terre d'un lit de paille avant d'y mettre la terre, afin de les garantir plus sûrement de la gelée; je n'en ai jamais employé, et je n'ai jamais eu de pommes de terre gelées, même par les froids excessifs de 1819 à 1820, qui ont détruit une grande partie des blés de nos campagnes, et cependant, dans plusieurs endroits, les tas étaient à peine couverts de 18 pouces de terre. Il est vrai cependant que j'ai perdu cette année une assez grande quantité de pommes de terre; mais c'était par une tout autre cause que la gelée : le mois d'octobre 1819 a été tellement pluvieux, que mes pommes de terre, plantées en terre argileuse, n'ont pu être rentrées que dans un état qui me faisait désespérer de leur conservation; elles étaient comme empâtées d'une boue tenace; dans cet état, elles n'auraient pas pu se conserver

ieux entassées dans des caves, que dans les fosses
ù je les ai mises. Malgré cela, elles se sont assez
ien conservées dans les fosses qui n'étaient pas
rop larges, et elles ont fini par s'y ressuyer com-
lètement. Mais, dans une fosse qui avait 8 pieds
e largeur, la pourriture s'y est manifestée à tel
oint, que dans le mois de janvier, je me suis aperçu
ne la terre qui couvrait le monceau, prenait de
affaissement; il gelait trop rigoureusement pour
u'on pût ouvrir la fosse, et la totalité de ce tas a
té perdue. Lorsqu'on rentre des pommes de terre
ans cet état, le plus prudent est de ne faire les
osses que de 4 pieds de largeur. Au reste, on ne
oit négliger aucun soin pour ne rentrer les pommes
e terre que bien sèches, car autrement on ne peut
ière compter sur leur conservation, de quelque
anière qu'on les loge.

Arrachage et Conservation des Betteraves et des Carottes.

Ces deux espèces de racines sont moins sensibles
la gelée que les pommes de terre; ainsi c'est tou-
urs par cette dernière récolte qu'on doit comen-
cer les arrachages; cependant on doit prendre
s mesures pour que les autres soient encore ar-
chées en bonne saison, quand ce ne serait que
our éviter les journées courtes et froides, dans les-
elles les ouvriers font peu de besogne.

Ces racines se conservent très-bien par la même
éthode que j'ai indiquée pour les pommes de terre.

Quelques personnes donnent aux vaches les feuilles de betteraves, mais, d'après mes expériences, ainsi que celles d'autres agriculteurs, c'est un aliment si peu nutritif, qu'elles ne valent guère la peine de les recueillir. Il me paraît plus convenable de les laisser sur le sol, en forme d'engrais. On doit encore bien moins conseiller d'effeuiller les betteraves pendant leur croissance, pour en nourrir les bestiaux; c'est un chétif profit, qui entraîne une perte considérable sur le volume des racines. J'ai trouvé qu'un effeuillage, même modéré diminue la récolte dans une proportion très-considérable.

Récolter le Maïs.

Le maïs est ordinairement mûr en septembre. Après avoir détaché les épis, la meilleure méthode dans les climats humides, est de replier en arrière les feuilles qui les recouvrent, afin de mettre les grains à nu, et, réunissant cinq ou six épis ensemble, de les lier par leurs feuilles, pour les suspendre dans un lieu aéré, à l'abri de la pluie.

Récolter la Gaude de printemps.

Les précautions que j'ai indiquées dans le mois de juin, pour favoriser la dessication de la gaude d'automne, sont plus nécessaires encore pour la gaude de printemps, qui mûrit ordinairement en septembre.

Récolter la Navette d'été, la Caméline et la Moutarde blanche.

C'est ordinairement en ce mois qu'arrive la maturité de ces plantes; ce que j'ai dit de la récolte du colza s'applique à celles-ci, à peu de chose près; cependant il est rare qu'on les batte dans le champ, de même que le colza. La moutarde blanche, en particulier, se battrait difficilement aux pieds des chevaux, parce qu'elle ne s'égraine pas facilement.

Récolter le Sarrasin.

Le sarrasin, dont les fleurs se développent pendant long-temps et successivement, ne mûrit pas non plus toutes ses graines à la fois. On doit saisir, pour le couper, l'époque où la plus grande partie de ses graines est mûre. Si on attendait trop long-temps, on en perdrait une grande quantité, parce que les graines tombent très-facilement.

Distillation des Pommes de terre.

On peut déjà commencer en septembre la distillation des pommes de terre. C'est une opération agricole peu pratiquée encore en France, et qui est cependant d'une très-grande importance pour les cultivateurs. Dans plusieurs parties de l'Allemagne, et dans quelques cantons des départemens du nord-est du royaume, elle est considérée comme une des bases de l'agriculture; partout où on

l'essayera, on en aura bientôt la même opinion.
En effet, on ne peut pas appliquer les pommes de
terre à la nourriture des bestiaux d'une manière
plus profitable, qu'en les soumettant préalablement aux procédés de la distillation, et on en tire
ainsi un produit important en eau-de-vie, en même
temps qu'on procure au bétail à cornes et aux
cochons une nourriture excellente, qui produit une
masse très-considérable d'engrais. Les campagnes de
la Lorraine-Allemande ont entièrement changé de
face depuis une vingtaine d'années, que cet usage y
a été introduit; le nombre des bestiaux y a doublé; les récoltes de toute espèce se sont multipliées;
la valeur des terres a considérablement augmentée, et on a vu se répandre, parmi les cultivateurs,
une aisance qu'ils ne connaissaient pas jusque-là.
Dans ces cantons, chaque cultivateur a chez lui
un ou plusieurs alambics, pour la fabrication de la
quantité de pommes de terre que ses bestiaux
peuvent consommer chaque jour. C'est là la base
de leur nourriture, depuis octobre jusqu'en avril.

Il serait beaucoup trop long de donner ici la
description des procédés de cette distillation; je
les ai fait connaître, d'après mon expérience, dans
une instruction publiée par Mme *Huzard*, à Paris.

OCTOBRE.

Nourriture d'hiver des Bestiaux.

Les dernières coupes du trèfle et de la luzerne, sarrasin, les vesces, la spergule, etc., peuvent ordinairement entretenir les bestiaux jusque dans courant de ce mois. Dès ce moment, les racines doivent former une partie essentielle de la nourriture du bétail à cornes, ainsi que des bêtes à laine. Les bœufs et les vaches peuvent très-bien passer l'hiver en recevant par jour 5 livres de foin, et le reste de la nourriture en racines, telles que betteraves, pommes de terre, carottes, raves, navets de Suède ou topinambours. Parmi ces racines, les plus nutritives sont les carottes et les pommes de terre ; on peut calculer qu'elles équivalent à moitié de leur poids de foin sec ; ainsi, au lieu de 20 livres de foin par tête de bétail, on donnera 40 livres de carottes ou de pommes de terre. Les carottes sont sans contredit préférables aux pommes de terre pour la santé du bétail, et peut-être même ont-elles l'avantage, poids égal, sous le rapport de la faculté nutritive ; pendant les pommes de terre ne pourraient présenter de l'inconvénient pour la santé des bestiaux, d'autant qu'on les donnerait crues en trop grande quantité. Les panais peuvent être assimilés aux carottes. Les betteraves et les rutabagas jouissent de facultés nutritives à peu près égales ; 3 à 400 livres de ces racines, équivalent à peu près à 100 livres de foin. Les raves ou navets sont beaucoup moins nutritifs ; il en faut 500 livres environ pour former l'équivalant de 100 livres de foin. Les feuilles de choux sont encore moins nutritives que ces derniers.

Quant aux chevaux, je ne puis trop recommander, d'après mon expérience, l'emploi des carottes pour leur nourriture ; 20 livres de ces racines, avec 20 livres de foin, nourrissent parfaitement un cheval de très-grande taille, sans aucune addition d'avoine ; sous le rapport de l'embonpoint que ce régime lui procure, de même que sous celui de la vigueur, il ne pourrait pas être mieux nourri avec une très-forte ration d'avoine. J'ai lieu de croire que les panais produiraient le même effet. Quant aux pommes de terre, il n'en est pas tout à fait de même ; si on les donne crues, il y aurait de l'inconvient à en donner plus de 10 livres par jour ; en les faisant cuire, cet inconvénient n'existe plus ; mais elles procurent plus d'embonpoint que de vigueur. Lorsqu'on donne des pommes de terre aux chevaux, je pense qu'on doit leur conserver la moitié de leur ration d'avoine. Les betteraves forment aussi une bonne nourriture pour les chevaux, et dont on fait un grand usage dans le Palatinat du Rhin ; mais j'ai remarqué qu'ils ne les mangent pas tous volontiers.

Toutes les racines dont j'ai parlé, conviennent
arfaitement aux bêtes à laine, avec le soin de
onner toujours une portion de la nourriture en
ic.

Paille et Foin hachés.

L'usage de hacher la paille qu'on fait consom-
er aux bestiaux, est très-général dans quelques
ys. Peut-être en a-t-on porté trop loin les avan-
ges ; cependant il en présente de réels dans quel-
es circonstances. Il est certain que la paille des
réales, quoique peu nutritive par elle-même, est
aliment fort sain pour tous les bestiaux, et
l'ils la mangent volontiers dans une certaine
oportion, sans qu'il soit nécessaire de la faire
cher ; aussi, lorsque des chevaux sont nourris,
r exemple, avec du foin, de la paille et de l'avoine,
ne pense pas qu'il soit avantageux de les forcer
manger une plus grande quantité de paille, en
leur présentant hachée. Mais il n'en est pas de
me si, en place d'avoine, on veut leur faire
nsommer des grains beaucoup plus nutritifs,
s que des féverolles, de l'orge, du seigle, etc. ;
ns ce cas, après avoir fait concasser ces grains,
est très-avantageux de les mêler à de la paille
chée. Il est très-probable que la principale cause
ur laquelle l'avoine est une nourriture si con-
able aux chevaux, est que, sous un volume
nné, elle ne contient pas une trop grande quan-
é de principes nutritifs, ce qui la met en rapport

avec les facultés digestives de ces animaux ; on ne peut, sans inconvénient, leur donner des grains qui, sous un volume égal, contiennent une bien plus grande quantité de parties nutritives ; mais ces inconvéniens disparaissent, si on mêle ces grains concassés à une substance qui, comme la paille hachée, en augmente beaucoup le volume, sans y apporter une grande quantité de principes nutritifs. Dans ce cas, il est bon d'humecter le mélange; sans cela les chevaux, en soufflant dans la mangeoire, séparent souvent la paille hachée, qui est beaucoup plus légère, et mangent presque le grain pur.

La paille hachée présente aussi de grands avantages, lorsqu'on l'associe à des alimens très-aqueux par eux-mêmes, tels que les résidus de la distillation des pommes de terre ou des grains, de même que des racines très-aqueuses. On peut, par ce moyen, augmenter sans inconvénient la quantité de ces substances, qu'on fait consommer aux bestiaux.

Dans plusieurs cantons, en hache aussi le foin qu'on fait consommer aux bestiaux, soit pour le mêlanger à de la paille hachée, qu'on leur fait ainsi manger en plus grande quantité, soit pour en préparer des espèces de *soupes*, destinées principalement aux vaches laitières ou aux bœufs à l'engrais. C'est ainsi qu'en Flandre, après avoir fait détremper dans l'eau des tourteaux d'huile, ou de la farine de céréales, de féverolles, etc., on y ajoute du foin haché, et on présente le tout aux

aches dans un état liquide. Il y a de fortes rai-
ons de croire qu'on augmente la faculté nutritive
es alimens, en les donnant sous cette forme.

Racines coupées.

Les racines qu'on donne crues aux bestiaux, doi-
ent, dans presque tous les cas, être coupées par
orceaux ou par tranches; le plus souvent on se
rt, pour les découper, d'un couteau en forme
S; mais cette méthode est très-longue et très-
nible. On a imaginé depuis peu plusieurs ins-
umens qui atteignent le même but, avec beau-
up moins de travail. Je crois pouvoir recom-
ander, d'après mon expérience, une machine peu
ûteuse construite par M. *Burette*, mécanicien à
ris, et qui est décrite et figurée dans le bulletin
la société d'encouragement pour l'industrie na-
ale. Je l'ai fait construire d'après ces dessins,
j'ai trouvé qu'elle atteint parfaitement son but.

onner au Bétail à cornes les Pommes de terre cuites ou crues.

D'après mes expériences, faites sur des vaches
ières, les pommes de terre cuites favorisent l'en-
issement du bétail plus que les pommes de terre
es; et ces dernières donnent plus de lait aux
hes que les pommes de terre cuites. D'un autre
é on ne peut donner aux bêtes à cornes, sans
nvénient pour leur santé, une aussi grande
ntité de pommes de terre crues que cuites; ces

dernières peuvent sans aucun inconvénient forme[r]
la plus grande partie de la nourriture du bétail ;
mais si on les donne crues en trop grande proportion, il peut en résulter des diarrhées et d'autre[s]
accidens graves, qui, dans mes expériences, n'on[t]
cependant pas eu de suites funestes, et qui on[t]
cédé au seul changement de régime.

Botteler le Foin.

L'usage le plus commun dans les campagnes, e[st]
de faire consommer le foin aux bestiaux, en [le]
prenant dans la masse, et par conséquent de laiss[er]
au hasard ou à la négligence des domestiques, [la]
détermination de la ration qu'on donne au bétai[l.]
J'ai même souvent entendu dire à un grand nom[-]
bre de cultivateurs, que le foin bottelé *fait moi[ns]
de profit*, que lorsqu'on le tire de la masse pour [le]
mettre dans le râtelier. Cela peut être vrai, s[i il]
est question de foin bottelé au moment de la récolte ; il est facile de croire que, dans ce cas, [la]
fermentation s'établit moins régulièrement da[ns]
la masse, ce qui peut influer sur la qualité du foi[n ;]
mais la paresse seule peut alléguer un tel prétext[e]
pour refuser de faire botteler le foin, lorsque [la]
fermentation est terminée, c'est-à-dire, lorsqu'[on]
met le bétail à la nourriture d'hiver. Dans u[ne]
exploitation bien réglée, c'est un soin qu'on [ne]
doit jamais négliger. Par ce moyen, non-seul[e-]
ment on acquiert la facilité de rationner le bét[ail]
en lui assignant, sans dilapidation, la quantité [de]

fourrage qui lui convient , mais on prend une connaissance exacte de la provision de fourrage dont on peut disposer, ce qui permet de diriger en conséquence la consommation.

Labours préparatoires.

Lorsque la semaille des blés est terminée, on ne doit pas perdre de temps pour donner un labour aux terres destinées aux semailles de printemps , qui doivent le recevoir avant l'hiver. Cette précaution est surtout essentielle dans les sols argileux , parce qu'il arrive souvent que, plus tard, la saison trop pluvieuse empêche d'exécuter ces labours.

Lorsqu'on fait usage de l'extirpateur , les terres ainsi labourées d'automne peuvent , avec les plus grands avantages , se passer d'un labour à la charrue au printemps, si elles doivent être ensemencées en février ou mars. Alors une simple culture à l'extirpateur, qui ne coûte pas la moitié d'un labour à la charrue, met les terres dans un bien meilleur état, que si on les labourait dans cette saison. Ce mode de culture convient parfaitement aux terres fortes et argileuses, aussi bien qu'aux sols légers et sablonneux.

NOVEMBRE.

Battage des Grains.

C'est ordinairement dans ce mois qu'on commence à battre les grains ; comme le bétail mange toujours plus volontiers la paille fraîche, il est bon de ne battre qu'à mesure de la consommation les grains dont on veut leur faire manger la paille.

Au reste, dans une exploitation bien réglée, on doit s'attacher à faire manger par le bétail la plus petite quantité de paille qu'il est possible, car celle qui est consommée de cette manière, non seulement nourrit peu les bestiaux, mais ne produit qu'une petite quantité de fumier. C'est en nourrissant le bétail avec des alimens plus nutritifs, et en employant la plus grande partie de la paille comme litière, qu'on peut faire une grande abondance de fumier. On ne doit cependant pas négliger de mettre à profit les parties nutritives et sapides qui peuvent se trouver dans la paille, en présentant devant le bétail, celle qui doit lui servir de litière.

Conservation des Navets et Rutabagas.

Les navets, surtout lorsqu'ils ne sont pas trop avancés dans leur végétation, résistent bien aux gelées modérées ; cependant, lorsqu'on les emploie

sla nourriture d'hiver du bétail, il est nécessaire
en arracher au moins une partie, pour en avoir
sous la main dans les temps de fortes gelées, où il
ne serait pas possible de les arracher, ainsi que
dans les temps très-humides, où on ne pourrait entrer dans les terres avec des voitures. On ne doit
pas se dissimuler même que ceux qu'on laisse dans
les champs courent de grands dangers, si l'hiver
devient rigoureux.

On peut bien, à la rigueur, les conserver par la
méthode que j'ai indiquée pour les pommes de
terre, betteraves, etc., surtout si les fosses sont
assez-étroites; mais leur conservation y est beaucoup moins assurée que celle de ces autres racines, et ils courent beaucoup plus de danger de
pourriture. La meilleure méthode pour les conserver, est de les placer sur terre, après en
avoir ôté les feuilles, en les rangeant les uns auprès des autres, sans les empiler, dans un terrain
voisin de la ferme. La moindre couverture de
grande paille suffit ainsi, pour les garantir des
dangers de la gelée.

Quant aux rutabagas, ils résistent beaucoup
mieux aux gelées que les navets; cependant les
mêmes motifs que je viens d'indiquer, doivent
engager à en arracher une partie avant l'hiver.
Ils se pourrissent aussi facilement que les navets, si on les empile; et la meilleure manière de
les conserver, est celle que je viens d'indiquer pour

ces derniers ; seulement la couverture de pailli
est moins nécessaire.

Si on peut disposer d'une grange ou d'un autil
local couvert un peu vaste, mais sec, pour déposiz
ces deux espèces de racines, sans trop les entassejs
c'est sans contredit un moyen plus certain.

Saigner les Sols humides.

C'est ordinairement dans cette saison, qu'on exix
cute les opérations nécessaires pour saigner
assainir les terrains naturellement humides ; c'es'
une amélioration qui, dans beaucoup de cas, augm
mente considérablement la valeur et les produil
de certains sols. Les saignées couvertes, assez prop
fondes pour ne pas gêner le travail de la charruou
présentent le meilleur moyen d'atteindre ce buu
On peut les faire, soit sous forme de canaux couu
verts, si on peut se procurer économiquement dob
pierres plates propres à leur construction, soo
par des tranchées, au fond desquelles on place dob
pierrailles, qu'on recouvre d'un lit de mousse ou db
paille, et ensuite d'une épaisseur de 10 a 12 pouceo
de terre. Lorsqu'on manque des matériaux nécesse
saires, on peut même se contenter de remplir I
fond de la tranchée de fagotage, de paille ou db
chaume, et achever de la remplir avec de la terror
Lorsque le fond du sol est ferme, c'est-à-direo
formé d'une terre argileuse, ces dernières espèceo
de tranchées se conservent fort long-temps, pourvvv
qu'elles soient assez profondes, et elles restent ouo

...erte long-temps même après que la paille ou les
...ranchages qu'on y a mis sont pourris.

... On fait souvent aussi des saignées de cette
...spèce, en employant des gazons au lieu de pierres.
...n forme les deux côtés du canal avec des ga-
...zons posés *de champ*, en sorte que le canal, pro-
...nd de 8 ou 10 pouces, soit beaucoup plus large à
... partie supérieure, qu'au fond. Ainsi, en lui
...donnant 2 pouces de largeur seulement au fond,
...n lui donnera 5 ou 6 pouces dans sa partie supé-
...rieure, et on le recouvrira d'un gazon épais, la
...surface tournée vers le bas ; on recouvrira le tout
...e 10 à 12 pouces de terre.

...Les saignées de ces diverses espèces auront
...leur écoulement dans un fossé qu'on curera avec
...soin, de manière que les eaux aient toujours leur
...écoulement.

Entretenir les Sillons d'écoulement.

...Dans toutes les terres qui ont été plantées ou
...semées en automne, ainsi que dans celles qui ont
...été labourées pour être ensemencées au printemps,
...même dans celles qui n'ont pas été labourées,
...mais qui doivent l'être de bonne heure après
...l'hiver, si le sol est argileux et propre à retenir
...les eaux, il est très-essentiel de faire en automne
...ces sillons d'écoulement, qui ne permettent pas à
...l'eau d'y séjourner. Je suppose que cette opération
...a été faite dans chaque pièce, à mesure qu'elle a
...été ensemencée ou labourée. Dans ce mois, on

doit visiter exactement et fréquemment les sillons
de toutes les pièces, afin que rien n'obstrue jamais
le cours des eaux.

Semailles tardives de Blé.

Quelquefois on sème encore des blés en novembre; on y est forcé assez souvent en particulier, par la difficulté de labourer les trèfles dans
certaines terres argileuses, tant que la terre n'a pas
été pénétrée par les pluies. C'est là le plus grand
inconvénient du mode de culture dans lequel on
sème le blé sur le trèfle. Au reste, cet inconvénient
ne se rencontre que dans des terres d'une nature particulière, et après un été très – sec.
Cette méthode présente d'ailleurs de si grands
avantages, que ce motif n'est pas suffisant
pour la faire rejeter. On n'a pas à craindre non
plus que les pluies les plus abondantes de l'automne
empêchent la semaille du blé sur un trèfle; car on
peut le labourer par les temps les plus humides;
et lorsqu'il serait impossible de mettre la charrue
dans des terres qui ont reçu une jachère d'été.

Dans tous les cas, on doit augmenter la quantité de semence qu'on emploie pour le blé, à proportion que la semaille est plus tardive. La quantité de 200 litres par hectare, que j'ai indiquée en
septembre, pour les semailles à la volée, doit être
considérée comme une proportion moyenne. Elle
serait ordinairement trop considérable pour les
premières semailles, et ne le serait pas assez pour
les semailles très-tardives.

DÉCEMBRE.

Entretien des Sillons d'écoulement.

L'ENTRETIEN des sillons d'écoulement doit être un des principaux soins du cultivateur pendant tout l'hiver. Je répète cette recommandation à chaque mois, parce que c'est un objet qu'on est trop souvent disposé à négliger, attendu qu'on ne l'a pas sous les yeux, dans une saison où on s'occupe principalement des travaux intérieurs de l'exploitation, et qui est cependant de la plus grande importance. Dans les temps de pluie ou de fonte de neige, on doit visiter exactement et fréquemment tous les champs semés en blé, en colza, ou en autres plantes invernales, pour procurer toujours un écoulement facile aux eaux. On ne doit pas négliger le même soin dans les terres argileuses qui doivent être cultivées ou ensemencées de bonne heure au printemps; car si l'eau y séjourne pendant l'hiver, cela retardera peut-être de 15 jours ou même davantage, l'époque où la terre se trouvera en bon état de culture.

Comptabilité, Inventaire.

Dans toute exploitation agricole un peu considérable, une comptabilité régulière est une con-

dition sans laquelle on ne peut espérer de tirer de
la culture, tout le profit qu'on peut en attendre.

C'est une question assez importante que de dé--
terminer à quelle époque il est le plus convenable
de fixer l'*inventaire*, ou la clôture de la compta--
bilité de chaque année. Il est certain que cette
époque doit varier selon les bases principales de
l'exploitation ; par exemple, si l'engraissement des
bestiaux formait une partie importante de la spé--
culation agricole, il serait convenable de prendre
pour l'époque de l'inventaire, celle de la vente
des bestiaux, parce que c'est alors qu'il est le plus
facile de déterminer le profit ou la perte qu'à en--
traîné l'exploitation.

Dans les fermes où la culture des grains forme
la branche la plus importante de l'exploitation
le 1er de janvier me parait être le moment le plus
convenable, parce que le cultivateur peut s'occu--
per de préparer son inventaire, dans une saison
qui ordinairement lui laisse du loisir pour cela. A
cette époque, une partie des grains est déjà battue
et si on n'a pas négligé de tenir compte, à la mois--
son, du nombre de gerbes rentrées, on peut alors
se faire une idée assez exacte de la quantité de
grains qui sera le produit de la récolte. Il en est
de même des fourrages, si on a eu soin de les faire
botteler, ce qui est toujours nécessaire, soit qu'on
les destine à la vente, soit qu'on les fasse consommer
dans l'exploitation. Pour les fourrages qu'on conserve en meules, on ne peut cependant les faire

botteler qu'à mesure de la consommation ; dans
ce cas, on ne peut se rendre un compte exact de
leur quantité, qu'en ayant soin de peser chaque
voiture à mesure qu'on les rentre, et en tenant
note du poids contenu dans chaque meule. Une
balance ou romaine convenable pour peser ainsi
les voitures de fourrage vert ou sec, de fumier,
etc., ainsi que le gros bétail en vie, est un meuble
très-utile dans une exploitation considérable, où
on désire se rendre un compte exact du résultat
des opérations. Faute d'un instrument semblable,
on est forcé de se borner à une évaluation approximative du poids de chaque voiture de fourrage.

En faisant l'inventaire, on peut, ou laisser ou-
vert le compte de l'année précédente, en y intro-
duisant un compte de *denrées en magasin*, pour
porter à son crédit la valeur des produits qui
existent encore en nature, à mesure de leur vente
ou de leur consommation ; ou bien on peut, en
faisant l'évaluation, aux cours du jour, des denrées qui se trouvent en nature, les porter aussitôt
au débit de l'année suivante, et clore ainsi le
compte de l'année écoulée. Cette dernière méthode me paraît préférable, parce qu'elle évite
d'avoir, ouverts à la fois, les comptes de deux ou
même de trois années. En effet, il peut arriver
souvent qu'un motif quelconque empêche de vendre pendant un ou deux ans, quelqu'un des produits d'une récolte ; il y aurait beaucoup d'inconvéniens de retarder aussi long-temps la clôture

des comptes d'une année. Je suppose qu'on ait
récolté en 1821, 100 hectolitres de colza qui,
au 1er janvier 1822, ne vaut que 20 francs l'hectolitre ; le cultivateur aime mieux attendre, que
de vendre à ce prix ; cependant la récolte comp-
tée à ce prix, est le seul produit réel de sa culture
de 1821 ; si, en conservant la denrée, elle acquiert
une plus haute valeur, ce n'est plus le bénéfice de
la culture, mais celui de la spéculation. Il est
donc naturel qu'il porte au crédit de son compte
de *colza*, en 1821, la valeur de sa récolte, au taux
du jour, en portant la même somme au débit d'un
compte de *colza en magasin*, qu'il ouvrira dans sa
comptabilité de 1822. Il en fera de même pour
tous les produits quelconques des récoltes de 1821,
qui existeront en nature au moment de l'inventaire.

Quant aux blés semés dans l'automne précédent,
ainsi qu'aux autres cultures hivernales, le plus
convenable est de les faire figurer au débit de leurs
comptes respectifs dans l'année qui commence,
pour une somme égale aux frais qu'ils ont occasionnés, selon les comptes qu'on a dû leur ouvrir
dans l'année précédente. Il est bien vrai qu'il est
possible qu'à l'époque de l'inventaire, quelqu'une
de ces cultures, représente, par l'effet des chances
des saisons, une valeur supérieure ou inférieure
aux frais qu'elle a occasionnés ; mais il me semble
qu'il ne serait pas convenable de faire figurer cette
différence sur le compte de l'année écoulée ; car
quoique les cultures aient été faites dans cette

année, c'était réellement pour le compte de l'année suivante.

Un point assez embarrassant dans une comptabilité agricole dans laquelle on a pour but d'obtenir la plus grande régularité possible, est de partager les frais d'amendement des terres, entre les diverses années sur lesquelles cet amendement doit avoir de l'influence. Ici on sent qu'il est absolument impossible d'obtenir une exactitude rigoureuse, puisque quand nous connaîtrions exactément la faculté épuisante absolue de chaque espèce de récolte, les variations des saisons y apporteraient toujours des différences considérables. Sans tendre à un degré de précision qu'il est impossible d'atteindre dans cette matière, l'essentiel est de se faire une méthode d'une application facile dans la pratique, et qui s'accorde le mieux possible avec l'observation des faits. On sent bien que cette méthode doit varier pour chaque cultivateur, selon l'assolement qu'il a adopté, et selon la nature de ses terres. Je supposerai, dans un sol de consistance moyenne, un assolement de quatre ans : 1° pommes de terre fumées ; 2° orge, 3° trèfle ; 4° blé. Je crois que le plus convenable est de charger les pommes de terre de la moitié des frais d'engrais, l'orge d'un quart, et le blé de l'autre quart ; le trèfle ne doit pas en supporter, parce qu'il est améliorant par lui-même. Ainsi on chargera la première année, le compte de *pommes de terre*, de tous les frais d'engrais, c'est-à-dire, de la valeur qu'on aura assignée au fumier, frais de transport, main-d'œuvre pour charger, décharger et étendre, etc. A l'inventaire de la première année, on déchargera le compte de *pommes de terre* d'une somme égale à la moitié de ces frais qu'on portera au débit du compte de l'*orge* de l'année suivante. A l'inventaire de la deuxième année, on prendra encore moitié de cette dernière somme, dont on déchargera le compte d'*orge* pour en charger le compte de *trèfle*. A la troisième année, on déchargera le compte de *trèfle*, de toute cette somme, pour la porter au débit du compte de *blé*. De cette manière, les frais d'engrais se trouveront répartis sur toute la durée de l'assolement. On conçoit que la marche que je viens d'indiquer est nécessaire, parce qu'il faut que la totalité des frais figure constamment sur les comptes.

Le compte d'*instrumens d'agriculture* se trouvera chargé de toutes les dépenses d'achat ou de construction de tous les instrumens qui existent dans l'exploitation. A chaque inventaire, on les reportera dans les comptes de l'année suivante, pour une somme égale. Il est bien vrai que les instrumens n'étant plus neufs, n'ont plus réellement la même valeur vénale que lorsqu'on les a achetés. Cependant il est juste d'agir ainsi, parce que ces instrumens n'ayant été achetés que pour l'usage, ont toujours, sous ce rapport, la même valeur pour celui qui s'en sert. Il est entendu que tous les

frais de réparations ou d'achats de nouveaux instrumens, pour remplacer ceux qui sont usés, seront
portés sur un compte particulier *d'entretien des
instrumens d'agriculture*, de manière que ces
frais restent à la charge de chaque année de culture.

Quant au bétail, comme la valeur de celui qui
existe dans une exploitation, est susceptible de varier considérablement, soit par des différences dans
le nombre des bestiaux qu'on entretient chaque
année, soit par des variations dans les prix courans
du pays, on doit, à chaque inventaire, faire une
estimation, espèce par espèce, de tous les bestiaux
qu'on possède, au taux des prix actuels, pour les
porter au crédit des comptes de l'année écoulée,
et au débit de l'année qui commence.

J'ai indiqué le premier janvier comme l'époque
la plus convenable pour l'inventaire des cultivateurs; je crois en effet que c'est celle qu'il leur
convient le mieux de choisir dans la plupart des
circonstances, principalement à cause du loisir
qu'ils ont dans cette saison, pour s'occuper d'une
opération aussi importante. Cependant cette époque
a l'inconvénient d'être peu en rapport avec celle
de l'entrée en jouissance, d'après l'usage suivi pour
les baux, dans la plus grande partie de la France.
Si, par exemple, un cultivateur entre en jouissance de son exploitation au mois d'avril, il faut
qu'il tienne un compte intercalaire, jusqu'au premier janvier suivant. Cet inconvénient disparaîtrait

en fixant l'époque des inventaires, à celle de l'entrée en jouissance, par exemple, au 23 avril ; cette époque présenterait même de plus quelques autres avantages. Mais c'est une saison de l'année où les cultivateurs ont tant d'occupations au-dehors, qu'il serait trop à craindre que le travail de l'inventaire fut négligé. Cependant dans une exploitation considérable, où on aurait un commis chargé spécialement de la tenue de la comptabilité, cette dernière époque serait , je crois, la plus convenable dans la plupart des circonstances. Il pourra paraître singulier à la plupart des cultivateurs, d'entendre parler d'un commis chargé de tenir la comptabilité d'une ferme ; cependant j'ai l'intime conviction qu'il n'y a pas une exploitation de 5 ou 6,000 francs de fermage annuel, où la tenue d'une comptabilité régulière ne présentât des avantages infiniment supérieurs à la dépense qu'entraînerait l'entretien d'un commis , quelque cher qu'on pût le payer , et quoique dans une ferme semblable tout le travail de la comptabilité ne put l'occuper qu'une heure tout au plus par jour, excepté à l'époque de l'inventaire.

On sent bien que je n'ai pas prétendu donner ici un traité de comptabilité agricole , ce qui exigerait un travail fort étendu. Je n'a voulu présenter qu'un petit nombre d'observations sur quelques points qui pourraient embarrasser, au moment de la confection de l'inventaire, les personnes mêmes qui connaissent les principes de la comptabilité.

J'ajouterai seulement, pour ceux qui désireraient adopter la méthode d'une tenue de comptes régulière, dans une exploitation rurale, que je les engage à s'arrêter, sans hésitation, au mode de comptabilité appelée *comptabilité en parties doubles*. Ce genre de comptabilité, adopté aujourd'hui dans toutes les branches de l'administration des revenus de l'état, et qui s'étend tous les jours davantage dans la tenue des livres des commerçans et des manufacturiers, s'applique, sans aucune difficulté, aux comptes d'une exploitation rurale, de quelque genre qu'elle soit. Il ne présente pas plus de difficultés ni plus de travail qu'aucun autre; et c'est le seul qui offre un tableau fidèle de l'ensemble et de tous les détails d'une exploitation. Si je le recommande aux personnes qui dirigent elles-mêmes leur exploitation et leur comptabilité, je le regarde comme bien plus nécessaire encore pour celles qui confient cette direction à des agens responsables; une comptabilité régulière en parties doubles, est dans ce cas, la plus puissante garantie qu'elles puissent se donner, de l'ordre et de la fidélité de leurs agens.

SECONDE PARTIE.

—

PIÈCES DÉTACHÉES.

DES INSTRUMENS PERFECTIONNÉS D'AGRICULTURE.

—

Les arts de l'industrie se perfectionnent tous les jours ; lorsqu'on a introduit, dans la culture des terres la charrue en place de la bêche, la herse en place du râteau, le chariot en place du traîneau ; c'étaient là des nouveautés qui ont inspiré sans doute d'abord beaucoup de défiance, et même de la répugnance chez les hommes qui tiennent à leurs anciennes habitudes ; mais l'utilité de ces instrumens a fini par en faire adopter généralement l'usage. Aujourd'hui que les arts de la mécanique ont fait de très-grands progrès, on a imaginé de nouveaux instrumens, qui paraissent tout aussi extraordinaires à la plupart des hommes, que le chariot l'a paru à celui qui l'a vu pour la première fois ; est-ce une raison pour refuser de faire usage d'un instrument qui peut exécuter, avec plus d'é-

nonomie, ou avec plus de perfection , les principales opérations de la culture des terres ?
Il y a encore des cantons en Europe, où l'usage
des chariots est inconnu dans les travaux des
champs ; tous les transports se font à dos de cheval , ou sur des traîneaux. Regarderait-on comme
un homme raisonnable l'habitant de ces cantons
qui refuserait de faire usage d'un chariot , parce
que ce n'est pas la coutume du pays ? Il en est
absolument de même pour plusieurs nouveaux instrumens , qui sont en usage déjà depuis vingt ou
trente ans dans plusieurs parties de l'Europe, où
on trouve dans leur emploi une économie immense
de main-d'œuvre, ou l'avantage d'exécuter les
travaux de la culture avec plus de perfection.
Je vais faire connaître l'usage d'un petit nombre
de ces instrumens, choisis parmi ceux dont l'utilité a
été constatée par l'expérience, de la manière la plus
certaine. Je le ferai avec d'autant plus de confiance,
que je les emploie moi-même , depuis long-temps,
dans des terres d'une nature fort argileuse, où ,
en général , l'usage de ces instrumens présente plus
de difficulté que dans des terres meubles.
Il ne peut entrer dans le plan de cet ouvrage,
de donner de ces instrumens , des descriptions qui
seraient nécessairement beaucoup trop courtes
pour mettre les lecteurs en état de les faire exécuter eux-mêmes ; je veux seulement indiquer
leur usage, ainsi que les avantages qu'ils présentent,
dans telles ou telles circonstances, aux personnes

qui seraient disposées à s'en procurer dans les can
tons où on les emploie ; l'orsqu'on en aura un mo
dèle, chacun les fera facilement exécuter chez soo

De l'Extirpateur.

L'extirpateur est un instrument qui présente 5
7 ou 9 socs ou pieds disposés sur deux rangs, l'un
derrière l'autre, et qui sert à ameublir la surfaor
du sol, à la profondeur de 2, 4 ou 5 pouces. C'ee
un des instrumens le plus utiles dont on puisse faini
usage dans quelque sol que ce soit, excepté dans lel
terres excessivement argileuses et tenaces, qu'on
ne peut pas, par des labours répétés, amener à un
degré d'ameublissement suffisant pour que l'extirai
pateur puisse y pénétrer.

On en fait de plusieures genres, qui diffèrens
principalement par la forme des pieds ou soco
Celui que j'emploie depuis 9 ans, est celui de M
de Fellenberg ; les pieds sont en bois, inclinés eo
avant, et garnis en fer. Il est peu coûteux, trèsé
solide, et il convient presque partout. Un extirpase
teur de cette espèce, avec 7 dents, n'exige que ll
tirage des deux chevaux ou deux bœufs; il cultiwi
sur une largeur de 27 pouces, et fait l'ouvrage de 9
charrues, de sorte que son travail est très-peso
coûteux. On l'emploie avec beaucoup de succès
dans plusieurs circonstances.

Lorsque la terre est empoisonnée de chiendent, n
d'avoine à chapelet, ou d'autres plantes vivaces e
après avoir bien ameubli le sol par deux ou troitio

dbours, si c'est une terre argileuse, ou par un seul, dans un terrain meuble, on passe l'extirpateur à la profondeur de 4 à 5 pouces; si on ne peut pas pénétrer à cette profondeur du premier trait, on y arrive du second; cette opération ramène à la surface toutes les racines de mauvaises herbes, et en plus complètement que ne pourraient le faire des ouvriers avec des crochets; de temps en temps, le conducteur soulevera l'instrument, pour le débarrasser des racines qu'il entraîne avec lui, et qui se trouvent ainsi placées par tas, qu'il ne s'agit plus que d'amasser et de brûler. Toutes les personnes qui sont témoins de cette opération, ne peuvent qu'admirer la perfection et la facilité avec laquelle elle s'exécute.

L'extirpateur convient beaucoup mieux que la herse pour enterrer les semences des céréales, des pois, vesces, et autres plantes qui demandent à être un peu fortement couvertes de terre; on sème à la volée, et on passe ensuite l'instrument à la profondeur de 2 ou 3 pouces, ce qui détruit en même temps toutes les mauvaises herbes qui ont germé depuis le dernier labour, et donne une bonne culture à la terre.

Le même instrument remplace parfaitement la charrue pour les deuxième et troisième labours, lorsque la terre est suffisamment ameublie. Par exemple, pour semer le blé, lorsqu'on a donné un ou deux labours en août, selon la nature du sol, on passe l'extirpateur quinze jours ou trois se-

nes avant la semaille, à deux ou trois pouces de
profondeur, ce qui détruit toutes les mauvaises
graines qui ont germé ; lorsqu'on a semé, on enterre encore la semence par un trait d'extirpateur.
Cette méthode présente le grand avantage de ne
pas ramener de nouvelles graines nuisibles à la
surface, comme on le ferait par un labour à la
charrue, et aussi le blé est bien moins sujet à être
déchaussé par l'hiver, lorsque le fonds de la terre
est ferme, comme il l'est lorsqu'il n'a pas été retourné depuis quelques temps, tandis que la surface reste parfaitement meuble, pour favoriser la
germination du blé.

Pour les semailles de printemps, lorsque la terre
a reçu un bon labour d'automne ou d'hiver, le
travail de l'extirpateur est bien préférable à celui
de la charrue pour la semaille. Pour l'avoine, les
vesces, etc., qui se sèment en février ou mars, on
sème sur le vieux labour, et on couvre à l'extirpateur. Pour l'orge et les autres plantes qui se sèment plus tard, on donne un trait d'extirpateur ou
même deux en mars, à quinze jours de distance, et
ensuite on enterre la semence avec le même instrument.

Cette manière de traiter les semailles de printemps, est peut-être une des plus importantes
améliorations qui aient été apportées depuis vingt
ans, à l'art de cultiver les terres. Non-seulement le
travail est moins coûteux, et peut bien plus facilement être exécuté promptement et en temps conve-

dable, puisque l'extirpateur fait le travail de trois
charrues, mais les récoltes qui sont semées ainsi,
sont bien moins casuelles et plus productives que
celles qui ont reçu un labour de printemps. La
raison de ce fait est facile à concevoir : ce qu'ont le
plus à craindre les semailles de printemps, c'est la
sécheresse des mois d'avril et mai ; or, l'humidité
de l'hiver se conserve bien mieux dans un sol qui
n'a été remué qu'à sa surface, que dans celui qui
a été retourné dans toute sa profondeur, à la veille
des hâles desséchans du printemps. D'un autre
côté, tous les cultivateurs savent qu'après l'hiver,
les terres les plus argileuses, ameublies par les gelées, présentent une couche superficielle douce
comme des cendres ; les mottes que le labour d'automne avait laissées à la surface, se réduisent en
poussière au moindre contact. Si, dans cet état,
on laboure la terre à la charrue, on perd pour la
semaille, tout le bénéfice de cet ameublissement,
on renferme sous la raie cette couche meuble qui
eut été si précieuse pour faciliter la germination
de la semence, et on ramène à la surface, des
mottes, qu'on peut bien briser et diviser avec
beaucoup de travail, par des hersages répétés,
mais qu'on ne peut jamais réduire à cet état pulvé-
rulent, qui est le plus avantageux pour la germination des graines.

   L'extirpateur présente aussi un usage fort important dans la culture des pommes de terre. Après
les avoir plantées à la charrue, on est dans l'u-

sage , dans beaucoup de cantons, de leur donner un fort hersage, au moment où elles lèvent : cette opération est excellente, mais elle est exécutée avec encore bien plus de perfection par l'extirpateur. Aussitôt qu'on aperçoit quelques plantes qui sortent de terre , on passe cet instrument sur toute la surface du champ, à 2 pouces environ de profondeur ; cela détruit parfaitement toutes les mauvaises herbes qui ont germé depuis la plantation; et d'une autre part, cela ameublit la surface du sol et le prépare le mieux possible pour le travail des houes et du buttoir. Quand même il y aurait déjà un quart des pommes de terre levées, il ne faudrait pas craindre que le travail de l'extirpateur leur nuisît; il ne peut faire aucun mal , pourvu que l'instrument ne pénètre pas aussi bas qu'on a placé les tubercules.

Du Rayonneur.

Cet instrument ressemble beaucoup à l'extirpateur; la seule différence est qu'il n'a qu'un rang de pieds, qui sont espacés à des distances égales , et qu'on peut varier à volonté. Sa *haie*, ainsi que celle de l'extirpateur, se fixe sur un avant-train ordinaire de charrue, et permet de donner à cet instrument plus ou moins d'*entrure*. Celui-ci sert à tracer , le long des sillons, des lignes bien parallèles pour la plantation ou la semaille des plantes qu'on veut cultiver en rayons. Pour la plantation des betteraves, des choux, des rutabagas, etc.

uffit que le rayonneur marque, sur le terrain,
il lignes dans lesquelles les planteurs placent le
nnt. Pour les semailles, il faut que les rayons
il trace soient de la profondeur la plus conve-
ole pour chaque espèce de graine, qui y est en-
te déposée, soit à la main, soit par le petit se-
iir à brouette.

Pour les plantations, on peut même, dans les
rains labourés à plat, passer le rayonneur dans
x directions croisées à angle droit; en plaçant
plante à chaque point où deux lignes se croi-
t, elles se trouvent disposées très-régulière-
nt en échiquier, ce qui permet de faire travail-
l la houe à cheval entre les lignes, dans les deux
ections.

a distance la plus convenable à mettre entre
lignes, est de 18 pouces pour les betteraves,
ets, rutabagas, colzas, ou autres plantes à
lle, carottes et haricots. Pour le blé, l'orge et
oine, 9 pouces sont suffisans; pour les choux,
8 à 30 pouces, et même davantage, selon la
sseur de l'espèce.

Un cheval suffit pour conduire le rayonneur.

La petite Herse triangulaire.

et instrument, vanté depuis long-temps par
Yvart, et figuré dans le *Nouveau Cours com-
d'agriculture*, est très-précieux pour la cul-
des plantes en lignes. On peut le garnir de
ts plus ou moins fortes, selon la nature du sol,

et même d'espèces de coutres tranchans ; on peu
aussi le construire de manière qu'il s'ouvre et
ferme à volonté, selon la distance des lignes db
plantes.

On n'a pas à craindre, avec cet instrument,
couvrir de terre les plantes encore très-jeunes,
on peut par conséquent l'employer bien plutôt qp
la houe à cheval. On peut aussi, sans faire de to
aux plantes, donner la culture bien plus près d
lignes. Dans les sols sujets à former une croûte
leur surface par les sécheresses, la petite hen
produit d'excellens effets en brisant cette croûti
ou même en en émiettant la surface, dans
circonstances où l'emploi de la houe à cheval ser
impossible. Les personnes qui cultivent des plan
en lignes, ne peuvent pas se passer de cet instr
ment très-simple, très-léger, et très-peu coo
teux.

Du Rouleau.

L'usage du rouleau est déjà répandu dans beass
coup de cantons ; mais en général, les rouleass
qu'on emploie sont trop longs et trop légers ;
rouleau de bois de 18 pouces de diamètre et de
ou 6 pieds de longueur ne produit absolument a
cun effet sur les terres fortes, et fait peu de che
sur les terres légères. Les rouleaux de pierre so
les meilleurs ; en leur donnant 10 pouces de dib
mètre sur 3 pieds de longueur, un cheval p
très-bien les conduire, et leur effet est beaucoo
plus égal que celui d'un rouleau plus long.

Dans les terres argileuses, le rouleau convient
très-bien pour briser les mottes et ameublir le
terrain, mais il est nécessaire que cette opération
soit faite par un temps suffisamment sec : si la
terre s'attache au rouleau, ou si celui-ci ne
fait qu'applatir les mottes trop humides, on fait
plus de mal que de bien. Labourer, herser, rouler, herser, forment une opération qui ameublit
souvent beaucoup mieux ces sortes de terre, que
deux ou trois labours suivis de hersages, sans l'emploi du rouleau ; les mottes sont, par ce moyen,
divisées en très-petits morceaux, qui se laissent
facilement pénétrer par la première pluie, qui
n'aurait produit aucun effet sur de grosses mottes.
Un hersage donné alors à temps, après la pluie
met la terre dans un état très-satisfaisant. Le travail des jachères, dans les terres fortes, ne se fait
jamais mieux qu'en alternant les labours, les rou-
lages et les hersages, le tout exécuté dans l'instant
le plus convenable ; condition de rigueur et qui
exige la plus grande attention dans ces sortes de
terres. Le rouleau doit, dans tous les cas, être
suivi immédiatement de la herse. C'est beaucoup
d'ouvrages et de soins, sans doute ; mais les sols
de cette espèce ne peuvent bien se cultiver qu'avec
beaucoup de travail.

Dans les sols légers, sablonneux ou calcaires,
l'action du rouleau sur la semaille est toujours
excellente, et indispensable pour les graines fines
qui demandent à être enterrées très-peu profon-

dément ; non-seulement cela facilite leur germination , en pressant la terre contre la graine, mais
cela contribue puissamment à entretenir l'humidité
du sol ; si , après une sécheresse de quelque durée
au mois d'avril ou de mai, on examine compara-
tivement des champs qui ont été roulés , avec ceux
qui ne l'ont pas été , on verra que les premiers conservent de l'humidité à une légère profondeur ; le
matin on voit la surface humectée par la rosée ;
dans les autres, au contraire , la terre est desséchée
à une grande profondeur ; si les plantes n'ont encore que de faibles racines, elles s'y dessèchent et
périssent, tandis qu'elles ne souffrent pas dans les
premiers ; ce sont des effets que j'ai eu occasion
d'observer bien souvent.

Dans les terres argileuses, ou dans les terres
blanches, l'emploi du rouleau sur les semailles
exige beaucoup de circonspection : tant que la
sécheresse dure après la semaille, les plantes qui ont
reçu l'action du rouleau, conservent l'avantage sur
celles qui ne l'ont pas reçue; mais s'il survient une
averse, la surface du sol, tassée par le rouleau, forme
ensuite une croûte dure, qui étrangle les plantes et
arrête entièrement leur croissance. Il n'y a guère
de remède à ce mal, parce que, même pour les
plantes qui, dans une autre circonstance, admet-
traient l'emploi de la herse après leur levée, si l'on
veut en faire usage ici, la herse, en soulevant la
croûte par plaques, arrache et détruit tout. Il
général, j'ai eu bien plus souvent lieu de me repentir que de m'applaudir d'avoir employé le

...leau sur la semaille, dans des terres de cette
...èce, ce qui n'empêche pas que cette pratique
...soit une opération excellente et très-importante
...ns les sols légers, sablonneux ou graveleux.

Du Semoir.

...Tous les cultivateurs savent bien qu'en semant
...a volée, ils mettent bien plus de semence qu'il
...e serait nécessaire pour garnir le terrain ; mais
...e partie se trouve enterrée trop profondément,
...e autre ne l'est pas assez, plusieurs graines se
...uvent trop rapprochées pour pouvoir prospérer,
...a sorte que, si on ne mettait que la quantité de
...mence réellement nécessaire pour garnir le sol,
...ne se trouverait pas assez garni.
...'après ces motifs, on a essayé, dans quelques
...tions, de planter le blé à la main ; quelque mi-
...tieuse que soit cette opération, elle a été exé-
...ée pendant long-temps avec succès sur de très-
...ndes étendues de terrain, et elle est encore en
...ge dans quelques endroits : Un homme portant
...chaque main un plantoir à deux branches, che-
...ne à reculons, en faisant des trous ronds le long
...chaque bande de terre retournée par la char-
...; des femmes ou des enfans qui le suivent,
...ttent le grain dans les trous, et il est ensuite
...couvert par la herse. Lorsque cette opération est
...tiquée avec intelligence, elle est assez expéditive,
...'épargne de la semence, qui est d'environ moitié
...celle qu'on emploie à la volée, suffit, lorsque le

prix du grain n'est pas trop bas, pour payer le
frais de plantation. On a de plus des récoltes bie
plus égales, et qui produisent plus, tant en grai
qu'en paille.

On a cherché à produire le même effet, d'un
manière plus économique, au moyen d'instru
mens qui répandent la sumence également, et q
l'enterrent à une profondeur régulière, et qu'o
appelle *semoirs*. On en construit de plusieurs es
pèces, qui exécutent très-bien cette opération. L
uns sont conduits par un cheval et deux homme
et sèment en lignes également espacées, sur un
largeur de 4 pieds et même davantage. Les mei.i
leurs de ce genre paraissent être celui de M
Ducket, qui est un des plus estimés en Anglo
terre, et dont on trouvera une description très
détaillée dans la *Description des nouveaux instru*
mens d'agriculture les plus utiles, par M. *Thae*
dont j'ai donné une traduction en français, et celui
M. *de Fellenberg*, qu'on peut se procurer chez lu
à *Hofwil*, près *Berne*, en Suisse. Ces instrume
exigent, pour les conduire, un homme adroit,
exercé, sans quoi on court le risque qu'une
plusieurs lignes soient mal semées, ou mêri
restent sans semence. Ils coûtent de 3 à 500 fi
mais dans une exploitation un peu considéabl
on peut payer le prix du semoir par l'économn
sur la semence, dans une seule année. Ils n'em
ploient que la moitié de la quantité de semen
qu'on sème à la volée, et les récoltes sont pl

selles. Je n'ai pas fait usage moi-même de cette espèce de semoirs, mais je connais plusieurs personnes qui les emploient, et qui en sont très-contentes; d'ailleurs ils sont aujourd'hui généralement en usage en Angleterre et dans quelques parties de l'Allemagne.

L'autre espèce de semoir est celle qu'on appelle *semoir à brouette*, parce qu'un homme seul le conduit comme une brouette, et ne sème qu'une ligne à la fois, dans des rayons tracés auparavant par le rayonneur. J'emploie cette espèce de semoirs depuis long-temps, et je les recommande avec confiance, parce qu'ils sont très-simples, peu coûteux, faciles à conduire, et bien moins sujets aux inconvéniens de la mal-adresse de l'ouvrier, qui voit facilement la graine qu'il répand. Je crois que les personnes qui veulent commencer à faire usage du semoir, feront bien s'employer d'abord celui-ci; lorsque leurs ouvriers seront familiarisés avec cet instrument et qu'ils se seront convaincus de ses avantages, ils seront plus disposés à faire la dépense d'un instrument plus compliqué. Les petits semoirs sont d'ailleurs les seuls qui conviennent pour les semailles qui se font en lignes, à 18 pouces de distance, ou davantage, parce qu'un semoir avec un cheval et deux hommes ne pourrait semer que 3 ou 4 lignes au plus, et qu'il est plus économique, dans ce cas, de faire semer une ligne seule par un homme.

Un homme, avec un semoir à brouette, peut

semer environ un hectare et demi dans sa journée, lorsque les lignes sont à 18 pouces, ou moitié, si elles ne sont qu'à 9 pouces. Ce travail n'est pas du tout fatigant.

Il y a de ces semoirs pour les graines fines, comme le colza, les navets, les rutabagas, etc.; il y en a d'autres pour le blé, l'orge ou l'avoine, d'autres pour les féverolles, haricots, pois, lentilles, maïs, etc. On pourra trouver, dans la *description*, etc., de M. *Thaer*, la description des semoirs de ce genre qui conviennent parfaitement pour les graines fines et les grosses semences ; quant aux céréales, il n'en décrit pas de cette espèce, mais il est très-facile d'adapter à un semoir brouette, le mécanisme qu'il décrit pour la semaille des céréales, dans les grands semoirs ; il n'y a d'autre différence, si ce n'est qu'on ne mettra à l'arbre qu'une seule *lanterne*, au lieu de 5 ou 6 qui existent dans le semoir à cheval.

La distance la plus convenable à mettre entre les lignes, dans les semailles au semoir, est de 9 pouces pour le blé, l'orge et l'avoine ; d'un pied pour les pois et les lentilles, de 18 pouces pour le colza et les autres graines à huile, pour les féverolles, haricots, betteraves, rutabagas, navets, etc.; de 11 à 30 pouces pour les choux, selon la grosseur des espèces. Au reste, cela peut varier selon la nature des terrains ; dans un sol très-riche, il y a presque toujours plus d'avantages à espacer davantage les lignes, que dans les terrains pauvres.

Le plus grand avantage de la culture au semoir, n'est pas seulement l'économie de la semence, c'est la facilité de donner des binages entre les lignes, avec la houe à cheval; et même, pour les binages à la main, ils sont bien plus faciles, moins coûteux et plus parfaits dans des récoltes semées en lignes, que dans celles qui le sont à la volée; aussi les récoltes cultivées en lignes sont en général plus productives.

Une terre meuble par sa nature, ou bien ameublie par de bonnes cultures préparatoires, est nécessaire à l'action de tous les semoirs.

De la Houe à cheval.

Tous les jardiniers savent quelle activité les binages donnent à la végétation des plantes qu'ils cultivent, et quelle augmentation il en résulte dans leurs produits. Il n'y a aucun doute que les plantes qu'on cultive dans les champs, ne puissent en tirer le même avantage; mais la dépense qu'entraîne cette opération, l'avait, pour ainsi dire, bannie de la grande culture. Ce n'est pas que les frais d'un binage à la main, donné au blé en avril, ne soient richement payés par l'augmentation de la récolte, sans compter l'avantage de la propreté du terrain pour les récoltes suivantes; mais, dans beaucoup de cas, on ne pourrait se procurer des bras en suffisance, pour exécuter cette opération dans une vaste exploitation.

Les houes à cheval servent à donner cette cul-

ture d'une manière fort expéditive et fort économique, entre les lignes des plantes semées au
semoir, ou plantées au rayonneur, ou enfin cultivées en lignes également espacées, par quelque
méthode que ce soit.

On en construit de plusieurs espèces ; les unes
destinées à cultiver les récoltes semées en lignes
très-rapprochées, comme les céréales, sont composées de plusieurs socs ou pieds, qui binent plusieurs lignes à la fois. Les autres ne prennent qu'une
seule ligne, et conviennent particulièrement aux
cultures dont les lignes sont espacées de 18 pouces
au moins, comme les pommes de terre, le colza,
les féverolles, les carottes, etc. L'action de ces
instrumens, dans l'intervalle des lignes, est beaucoup plus énergique que celle de la houe à main,
parce qu'ils pénètrent plus profondément.

Lorsqu'on veut nettoyer entièrement la terre de
toutes les mauvaises herbes, comme cela est nécessaire dans la culture des *récoltes jachères*, telles
que les pommes de terre, betteraves, etc., il faut
achever l'ouvrage à la main entre les plantes, dans
les lignes, mais c'est un ouvrage très-peu considérable. On peut compter qu'une houe à cheval,
employée à cultiver des pommes de terre dans un
sol bien préparé, remplace le travail de 20 à 30
ouvriers.

On trouvera, dans l'ouvrage de M. *Thaer*, que
j'ai déjà cité, des descriptions très-détaillées de
houes à cheval de diverses espèces, qui convien-

sent, soit pour les binages, soit pour les buttages.
Les houes à cheval s'attèlent toujours d'un cheval, et sont conduites par deux hommes. Cependant si le cheval est bien dressé à cette opération,
et habitué à marcher régulièrement entre les
lignes, le même homme qui tient le manche de
l'instrument, peut très-bien conduire le cheval.
La conduite de cet instrument ne présente aucune
difficulté ; j'y ai toujours employé les premiers ouvriers venus, et dans moins d'une demi-journée,
ils ont été en état de le conduire d'une manière
satisfaisante.

De la Charrue à deux versoirs.

Cet instrument, qui est employé dans beaucoup
de cantons, n'est pas assez généralement connu ;
il est très-commode pour faire les sillons d'écoulement, opération si importante pour toutes les
semailles, et surtout dans les terres argileuses.

Je l'emploie aussi fréquemment, d'une manière
très-avantageuse, pour mettre en planches de 6 ou
7 pieds de largeur, en automne, les terres argileuses qui doivent être semées an printemps : pour
cela, on laboure chaque planche à la charrue
simple, en laissant entre deux une bande non labourée, de 18 pouces environ de largeur ; quand
toute la pièce est labourée ainsi, on refend toutes
ces bandes de terre qu'on a laissées, avec la charrue
à deux versoirs, qui en rejette la moitié sur chacune des deux planches voisines, et qui laisse ainsi

une raie parfaitement bien ouverte. Les terres traitées ainsi, quelque argileuses qu'elles soient, pourvu qu'elles aient un peu de pente, sont toujours parfaitement bien égouttées pendant tout l'hiver, et ordinairement on peut les semer dès le mois de février, tandis que souvent on ne pourrait y entrer, sans ce mode de labour, avant le mois d'avril. On peut sans doute disposer le terrain de cette manière, sans l'aide de la charrue à deux versoirs, mais elle facilite et abrège beaucoup cette opération.

Dans ce cas, cette charrue, sans avant-train, exige deux chevaux ; mais lorsqu'il n'est question que de relever des raies qui ont été obstruées par le hersage ou des pluies, un cheval suffit.

De la Machine à battre les grains.

Je ne puis rien dire sur cette machine d'après mon expérience, attendu que je ne l'ai jamais employée ; cependant j'ai cru devoir en parler ici, parce qu'elle est considérée par tous les agriculteurs anglais, comme une des plus importantes améliorations qu'on ait apportées depuis long-temps, dans les travaux de l'agriculture.

Le battage au fléau est sujet à de très-grands inconvéniens : il est très-coûteux, il laisse presque toujours du grain dans la paille, et si on n'exerce pas une surveillance très-exacte sur les batteurs, la quantité de grains qu'on perd ainsi, peut être très-considérable ; il expose d'ailleurs propriétaire à de grands dangers d'incendie, et des abus de confiance, qu'il est souvent fort difficile d'éviter; enfin, c'est peut-être le plus pénible de tous les travaux de l'agriculture.

Après beaucoup de tâtonnemens infructueux, de la part de plusieurs mécaniciens, un Écossais nommé *Meikle*, a inventé, il y a environ 30 ans, une machine qui exécute cette opération par le moyen de la force des chevaux, ou d'un courant d'eau, ou du vent, etc. Cette machine s'est bientôt répandue, et aujourd'hui il y a très-peu de fermes de quelque importance, en Angleterre, où on n'en fasse pas usage.

Les avantages qu'on trouve à cette machine sont : 1° qu'elle tire une plus grande quantité de grains de la paille, que le fléau; cette différence est ordinairement d'un vingtième, pour les pailles battues avec soin au fléau, mais elle est beaucoup plus considérable, si les batteurs y mettent de la négligence; avec la machine, au contraire, cette négligence n'est pas possible; 2° que les frais sont beaucoup moins considérables. On compte communément que le battage et le vannage par la machine, ne coûtent pas plus que le vannage seul du grain battu au fléau. Cela est facile à concevoir, puisque la machine, conduite par deux chevaux et servie par trois personnes, fait autant d'ouvrage que 20 ou 30 batteurs; 3° que l'ouvrage se faisant en très-peu de temps, la surveillance est bien plus facile, et qu'on évite ainsi les dangers d'incendie

pendant la nuit, et de pillage de la part des batteurs ; 4° que la paille, mieux brisée par la machine, plaît davantage aux bestiaux. Tous ces
avantages sont garantis par une expérience assez
longue et assez multipliée, pour qu'on n'en conserve aucun doute.

Depuis un petit nombre d'années, on a introduit en France quelques-unes de ces machines;
il y en a une, entre autres, dans les domaines de
M. le maréchal *Saint-Cyr*. Une autre est établie
chez M. le duc *de Raguse*, à Châtillon-sur-Seine.
Il n'y a pas de doute qu'elles ne se multiplient
promptement dans les grandes exploitations rurales. Une machine à deux chevaux coûte environ
2000 francs.

Conservation des Instrumens d'Agricul-\ture.

On met en général trop peu de soin, dans la
plupart des exploitations rurales, à la conservation
des instrumens d'agriculture ; presque partout
on voit les charrues, chariots, etc., exposés à
l'air, souvent pendant toute l'année. La dépense
d'un hangar, pour les mettre à couvert, est bien
peu de chose, en comparaison de l'économie qui
en résulte, sur les dépenses d'entretien et de re-
nouvellement des instrumens. Ils ne devraient
jamais rester exposés aux injures de l'air, toutes
les fois qu'on n'en fait pas usage.

Il y a aussi une précaution qui contribue infini-

ment à leur conservation, c'est de les faire couvrir
d'une peinture à l'huile solide; cette dépense
est presque rien, et dans presque tous les cas,
ne double la durée de l'instrument. Lorsqu'un
cultivateur est éloigné des villes où il peut faire
exécuter cette peinture, il devrait avoir toujours
chez lui un pot de couleur, qu'on trouve presque
partout à acheter toute broyée; alors le premier
homme venu peut exécuter cette opération, soit
sur les instrumens neufs, soit sur ceux où la peinture devient trop vieille. On devrait toujours
prendre ce soin pour tous les instrumens quelconques qui se trouvent exposés à l'air, et même
pour les chariots, charrettes, etc.; on y trouverait,
sur leur entretien, une économie fort importante.

Instruction sur la conduite de l'Araire ou Charrue simple.

L'araire, ou *charrue simple*, ou *sans avant-train*,
fut seul employé à tous les labours dans un grand
nombre de contrées; dans d'autres, au contraire,
il est entièrement inconnu, et la plupart des cultivateurs de ces cantons ont peine à croire qu'une
charrue puisse marcher régulièrement sans avant-
train. Depuis quelques années, la charrue simple
a été introduite dans plusieurs parties des mieux
cultivées de l'Europe, et on a reconnu partout
qu'elle donnait un labour aussi bon ou meilleur
que les charrues à avant-train, et qu'elle exigeait
beaucoup moins de force de tirage.

10*

Partout où elle est en usage depuis long-temps, on n'y attèle jamais que deux chevaux ou deux bœufs, pour les labours ordinaires, même dans les terres les plus fortes et les plus argileuses, et il n'est pas nécessaire, pour cela, que les chevaux soient plus forts que ceux qu'on emploie généralement à la culture ; cependant, il ne faudrait pas, pour une terre forte, employer deux chevaux faibles ou mal entretenus. Dans les terres très-légères, un seul cheval, un seul bœuf, ou même souvent une vache, labourent fort bien avec une de ces charrues.

Dans les cantons où on a l'habitude d'employer 4 ou 6 chevaux, ou même davantage, attelés à une charrue à avant-train, et où on a essayé la charrue simple, on a reconnu généralement que le même attelage de deux bêtes suffit, dans quelque terre que ce soit, pour donner un excellent labour, et faire autant d'ouvrage qu'avec une charrue à avant-train, avec un nombreux attelage; Aussi, partout où on a fait ces essais, on s'est empressé d'adopter l'usage de cette charrue, et elle se répand tous les jours dans les cantons cultivés avec le plus de soin.

La charrue simple exige beaucoup moins de réparations que la charrue à avant-train ; lorsqu'elle est solidement construite, le *rechaussage* du soc et du coutre, sont les seules réparations qu'elle demande pendant plusieurs années, à moins d'une mal-adresse extraordinaire qui peut la rompre.

Elle n'exige qu'un homme pour la conduire; il est même nécessaire, pour que les sillons soient bien droits, que l'homme qui tient le manche de la charrue conduise aussi les deux chevaux, ce qui est fort facile; de cette manière, les sillons sont bien plus droits qu'on ne peut les faire avec une charrue à avant-train, et un conducteur marchant à côté des chevaux.

La charrue simple peut labourer par des temps très-humides, tandis que les roues de la charrue à avant-train s'embarrassent de terre, et que le grand nombre de chevaux qui y est attelé, piétine la terre de la manière la plus fâcheuse, surtout dans les terres fortes. Elle peut aussi labourer par de grandes sécheresses, où il serait impossible à la charrue à avant-train de *piquer* en terre.

Elle fait des *tournées* beaucoup plus courtes, et laboure les deux extrémités du sillon aussi bien et aussi profondément que tout le reste, ce qu'il est impossible d'obtenir avec la charrue à avant-train, pour peu que la terre soit dure.

N'employant pas, depuis 4 ans, d'autres charrues que des charrues simples, dans un sol fort argileux, et dans un canton où on est dans l'usage d'atteler communément six chevaux à la charrue à avant-train, je puis annoncer, avec confiance, ces avantages, sans craindre d'être contredit par aucun cultivateur possédant une bonne charrue simple, et sachant bien la manier.

La charrue simple présente cependant un inconvénient qu'il ne faut pas dissimuler : elle est beaucoup plus difficile à construire que la charrue à
avant-train , et exige bien plus de précision et
d'exactitude dans la construction de toutes ses
parties. Une charrue à avant-train, un peu mieux
ou un peu plus mal construite, va plus ou moins
bien ; mais elle va, et exige seulement, si elle est
vicieuse, un ou deux chevaux de plus, ou quelquefois davantage ; mais, avec une charrue simple
mal construite, il est impossible d'exécuter un
labour passable. C'est, sans doute, cette nécessité d'une plus grande précision dans la construction de cette espèce de charrue, qui a empêché son
emploi dans les cantons où la mal-adresse ou l'ignorance des constructeurs, les empêche de s'assujétir
à des règles invariables, et à une construction parfaitement uniforme.

Il y a un genre de labour pour lequel la charrue
simple convient réellement moins que la charrue à
avant-train : lorsqu'en rompant un pré, on ne veut
écroûter le gazon qu'à un ou deux pouces d'épaisseur, comme cela est préférable pour quelques opérations particulières, par exemple, pour l'*écobuage*,
il est fort difficile de maintenir l'égalité du labour à
une aussi petite profondeur, avec la charrue simple.
Dans tous les autres labours, même pour rompre
un pré, pourvu qu'on veuille prendre au moins trois
ou quatre pouces de profondeur, la charrue
simple se conduit avec beaucoup de facilité.

Je laisserai chaque cultivateur faire le calcul de l'économie qu'il peut trouver à faire usage des charrues de cette espèce, et je vais donner ici quelques directions aux personnes qui, ne connaissant pas leur marche, voudraient en faire l'essai.

La charrue simple est bien plus facile à conduire que la charrue à avant-train ; elle exige beaucoup moins d'efforts de la part du laboureur, mais elle demande aussi un peu plus d'adresse et d'attention.

Les divers mouvemens qu'elle exige sont entièrement différens de ceux qu'exige la charrue à avant-train : en effet, lorsqu'on veut faire piquer la charrue simple, on doit soulever le manche, au lieu d'appuyer ; pour faire sortir la charrue de terre, ou prendre moins de profondeur, on doit appuyer sur le manche au lieu de le soulever ; pour prendre plus de largeur de raie, on doit porter le manche à droite, et à gauche pour en prendre moins. On voit que ces mouvemens sont tout-à-fait l'opposé de ceux que demande la charrue à avant-train.

Lorsqu'on veut faire usage d'une charrue simple, la première chose à faire est de la bien *ajuster*. On pourra éprouver quelque difficulté pour les premières fois ; mais aussitôt qu'on en aura quelqu'habitude, on verra qu'il n'y a rien de plus facile ; on ne peut apporter trop de soin à cet ajustage, car c'est de sa précision que dépend la facilité de la conduite, et la régularité du labour.

Si la charrue n'est pas bien ajustée, c'est-à-dire, si elle a de la disposition à prendre trop ou trop

peu de profondeur , trop ou trop peu de largeur
de raie, le conducteur s'en aperçoit bientôt, parce
qu'alors il est obligé de faire continuellement, ou au
moins fréquemment, le même mouvement de la main,
soit en haut , soit en bas , soit de côté , pour la remettre dans sa direction. On s'en aperçoit bien
mieux encore, en laissant aller la charrue seule,
et sans toucher le manche : si elle est mal ajustée,
elle s'enfoncera trop, ou elle sortira de terre ; la
largeur de la raie s'augmentera ou diminuera ;
mais si la charrue est bien ajustée, elle filera régulièrement seule , sans changer de direction, l'espace
de 20, 50, et même souvent de plusieurs cen-
taines de pas, lorsque le sol est net de pierres et
de racines. Elle conservera alors constamment la
profondeur pour laquelle on l'a ajustée ; car on
peut, au moyen du régulateur, ajuster la charrue
pour un labour de 3 à 4 pouces de profondeur,
aussi bien que pour un labour de 8 à 9 pouces.

C'est ce point de régularité dans la marche de
la charrue, qu'il est important de chercher à obtenir par le moyen du régulateur; tant qu'on ne
l'a pas trouvé, le conducteur se fatigue beaucoup,
la force de tirage est considérablement augmentée,
et on ne peut faire qu'un détestable labour ; mais
lorsqu'on l'a atteint, l'attelage se fatigue beaucoup
moins, et le conducteur n'a presque plus rien à
faire, pour exécuter un labour parfaitement régulier; un léger mouvement de la main suffit pour remettre la charrue dans sa direction, lorsqu'une

pierre, une racine, ou une veine de terre d'une nature
différente, tendent à l'en écarter. On a bientôt acquis le tact qui rend sensibles à la main, tous les obstacles que l'instrument peut rencontrer dans sa
marche, et qui apprend à y remédier sur-le-champ,
et avant même que sa direction en soit altérée. Au
reste, il faut bien s'habituer à ne pas faire d'efforts
inutiles, c'est-à-dire, à n'en faire aucun, tant que
l'instrument suit sa direction, à ne faire qu'un mouvement très-modéré, et d'un seul instant, lorsque
cela est nécessaire pour la lui faire reprendre.

Le plus difficile, pour les personnes qui sont
accoutumées à labourer avec la charrue à avant-
train, est de se déshabituer des efforts qu'on est
forcé de faire pour la conduire; ici, au contraire, si on veut faire des efforts semblables, il
est impossible qu'on laboure; il ne faut, pour.
ainsi dire, que laisser aller la charrue seule,
et la remettre dans sa direction, lorsque cela
est nécessaire, par de très-légers mouvemens.
Aussi, les personnes qui n'ont jamais conduit de
charrue, réussissent en général plus promptement
à conduire la charrue simple. Un jeune homme de
15 ou 16 ans, pourvu qu'il soit intelligent et *de*
bonne volonté, est ordinairement préférable pour
cela, à un vieux laboureur, dont les bras se sont en-
gourdis à conduire la charrue à avant-train, et pour
qui les efforts qu'il est habitué à faire sont devenus
une espèce de besoin. Il est toutefois nécessaire que
celui qui conduit la charrue sans avant-train, soit

habitué à la conduite des chevaux , et qu'il en soit
bien maître. Au reste , la bonne volonté et le désir
de réussir sont toujours la qualité la plus essentielle dans l'homme auquel on confie, pour la première fois, un instrument de ce genre; sans cela on
ne peut espérer aucun succès.

Il est nécessaire aussi d'y employer des chevaux
sages et dressés à ce travail, c'est-à-dire , habitués à suivre la raie; un écart d'un cheval entraîne
une *manque* plus grave avec la charrue simple
qu'avec une autre charrue.

On ajuste la charrue au moyen du *régulateur*,
pièce ordinairement en fer , qui est adaptée à
l'extrémité de l'*age* ou *haie*. Cette pièce se construit de diverses formes, mais toujours de manière
à permettre d'accrocher la volée des chevaux plus
haut ou plus bas, plus à droite ou plus à gauche;
c'est au moyen de ces divers changemens qu'on
donne à la charrue plus ou moins d'*entrure*, plus
ou moins de *largeur de raie*. En règle générale,
lorsqu'on élève le *point de tirage*, c'est-à-dire,
le point où est accrochée la volée, on donne plus
d'*entrure* à la charrue, et au contraire, lorsqu'on
abaisse ce point, on *diminue l'entrure*. Lorsqu'on porte le point de tirage à droite ou à gauche,
on augmente ou on diminue la *largeur de raie*;
on l'augmente en le portant à droite, et on la
diminue en le portant à gauche.

Au moyen de ces seules règles , il sera facile à
chacun de faire usage de toute espèce de régula-

ur. On doit bien s'attendre qu'il faudra s'as-
ieindre à quelques tâtonnemens pour la première
ans; mais dès qu'on en aura quelque habitude, on
rra que cette manœuvre est aussi facile que celle
ui est nécessaire pour régler *l'entrure* et *la raie*
une charrue à avant-train. Je dois répéter encore
u'on ne peut apporter trop d'attention, surtout
ans les commencemens, à bien *ajuster* la charrue;
est dans cet ajustage que consiste presque toute
difficulté qu'on peut éprouver dans l'usage de
charrue simple, et il est impossible qu'elle
arche, même médiocrement bien, tant qu'elle
est pas bien ajustée.

Cette charrue ne doit presque jamais s'atteler de
us de deux chevaux, pour les labours de moins de
pouces de profondeur; ils doivent toujours être
telés de front et conduits par la même personne
i tient le manche de la charrue; de cette manière,
a peut labourer bien plus régulièrement, et tra-
r des sillons bien plus droits, que lorsque les
evaux sont conduits par une seconde personne;
ans un sol très-meuble, un cheval est suffisant
our exécuter un labour peu profond.

Si, pour un labour très-difficile, comme pour
fricher profondément une luzerne ou un sain-
in, on était forcé d'atteler un troisième cheval,
a devrait le mettre dans la raie, devant le cheval
droite, et attelé sur le collier de ce dernier, et
on à un palonnier particulier. Cela s'exécute fa-
lement, au moyen d'une volée de la longueur

d'une volée ordinaire à deux chevaux, dont les deux
côtés sont d'inégale longueur. Au lieu de placer
la *lamette* qui tient l'anneau, au milieu, comme
dans la volée à deux chevaux, on la place au tiers
juste, entre les deux lamettes des extrêmités, de
sorte que l'une des deux branches de la volée a une
longueur double de l'autre; on attèle le cheval de
droite à la branche courte, et celui de gauche à
la branche longue; comme deux chevaux de file
tirent ainsi sur la branche courte, la force est parfaitement égalisée. Ces trois chevaux sont facilement conduits par un seul homme, de même que
s'il n'y en avait que deux.

Dans quelques cantons, on attèle, dans ce cas,
les trois chevaux de front; la méthode que j'indique ici et que j'ai adoptée depuis quelque temps
m'a semblé beaucoup plus commode, parce que
lorsqu'on met trois chevaux de front, si on place
celui du milieu dans la raie, celui de droite marche
sur la terre labourée, ce qui, dans beaucoup de
cas, fait un détestable ouvrage; et si on place
celui de droite dans la raie, celui de gauche se
trouve très-gêné dans sa marche, pour les dernières raies du billon, étant forcé alors de marcher
sur le billon voisin, lorsqu'on *endosse*, ou suit
la terre labourée du même billon, lorsqu'on *fend*;
ce cheval est disposé alors à se presser contre son
voisin, ce qui dérange souvent la charrue.

Lorsqu'on laboure sur un revers, il est absolument nécessaire de tenir la charrue bien d'aplomb; d

on la laisse s'incliner à gauche, selon la pente
du terrain, l'oreille ne rejetera pas bien la terre
du haut, et une partie retombera dans la raie. Si on
tenu la charrue inclinée pour une raie, on aura
même de la peine de bien relever la raie suivante.

Le laboureur ne doit pas avoir, en conduisant
cette charrue, le corps incliné en avant, comme
en maniant une charrue à avant-train; il doit
marcher dans le sillon, le corps droit, tenant le
manche de la main gauche, et conservant la droite
libre pour manier les guides ou le fouet; il peut,
dans certains cas, quitter momentanément le
manche, pour employer ses deux mains à la conduite des chevaux.

On ne doit pas saisir le manche, en mettant la
paume de la main en-dessus, comme pour les
charrues à avant-train, mais sur le côté, et le
pouce en-dessus, de manière à pouvoir faire aussi
facilement le mouvement de lever le manche, que
de l'abaisser.

La dernière raie d'un billon, soit qu'on le *fende*,
soit qu'on l'*endosse*, est celle qu'il est le plus difficile
à faire correctement avec la charrue simple, pour
les personnes qui n'y sont pas habituées. Il est clair
que si l'avant-dernière raie, qui est à la gauche
du laboureur lorsqu'il trace la dernière, en fen-
dant un billon, ou si la dernière raie du billon
voisin, lorsqu'on endosse, sont aussi profondes que
celle qu'on ouvre, le sep de la charrue glissera
dans cette raie voisine, malgré tous les efforts du

laboureur, et la dernière se trouvera très-m[al]
renversée.

Pour éviter cet inconvénient, il suffit de don[ner] à la dernière raie un peu plus de profonde[ur] qu'à la voisine, ce qu'on a dû déjà prévoir [en] traçant celle-ci ; le sep trouve ainsi un appui s[ur] sa gauche, et cette dernière raie, qui est la pl[us] essentielle pour un bon labour, se fait aussi faci[le]ment et aussi correctement que toutes les autr[es.]

La pointe du coutre ne doit pas être rejelée [à] gauche, comme dans les charrues où le coutre e[st] placé en avant du soc ; mais elle doit toujours êt[re] fixée au-dessus de l'angle du soc, et dans le pl[an] de la face gauche, ou de la *muraille* du corps [de] la charrue.

Pour transporter la charrue aux champs, on [la] place sur un petit traîneau fait exprès pour cel[a,] de sorte qu'elle ne s'use pas, comme cela arri[ve] pour les charrues à avant-train.

La plupart des charrues simples n'ont qu'[un] mancheron ; cette disposition déplaît d'abord [à] presque toutes les personnes qui ne sont pas hab[i]tuées à les conduire ; mais dès qu'on en a pr[is] quelque habitude, on s'aperçoit que le secon[d] mancheron serait entièrement inutile, si ce n'é[st] peut-être lorsqu'on laboure en travers sur u[n] revers rapide, ou dans un sol qui contient u[ne] grande quantité de grosses pierres ; dans tous l[es] autres cas, un seul mancheron suffit parfaiteme[nt] et lorsqu'on en met deux, cela favorise l'habitu[de]

sont les laboureurs accoutumés à la charrue à
avant-train, d'appuyer le poids de leur corps sur
la charrue, ce qui augmente beaucoup la difficulté
qu'ils éprouvent à faire usage de la charrue simple,
parce qu'il est impossible de la conduire, tant
qu'on n'a pas perdu cette habitude.

Le plus grand nombre des charrues simples perfectionnées, ne retournent pas la tranche de terre
de la même manière que le font ordinairement les
charrues à avant-train; au lieu de la retourner à
plat, elles l'appuient contre la bande précédente,
en laissant une de ses arrêtes en-dessus.

Beaucoup de bons cultivateurs ont regardé, au
premier coup-d'œil, ce labour comme imparfait,
et ne l'ont pas trouvé aussi *propre* que celui où les
tranches de terre sont retournées à plat; cependant, ils ont bientôt senti les motifs qui rendent
ce labours préférables; en effet, dans les terres
fortes, la herse exerce une action bien plus énergique, soit pour ameublir la terre, soit pour enterrer la semence, sur un labour qui présente à
la surface un angle de chaque tranche de terre,
que lorsque ses dents ne font que gratter le côté
plat de la tranche. D'un autre côté, ce labour
expose bien mieux toute la terre labourée à l'influence de l'air, des pluies et des gelées, qu'un
labour plat. Il est vrai que lorsqu'on rompt une
prairie, un trèfle, etc., on aperçoit ordinairement, après le labour, quelques herbes entre
les tranches, dans le fond des sillons ou canne-

lures que laisse le labour à la surface de la terre
mais un trait de herse les recouvre entièremen
lorsque cela est nécessaire, en abattant les arrêt
des tranches. Dans tous les cantons où on a appor
quelque attention à ce sujet, on a reconnu, pe
expérience, que ce mode de labour est celui qu
est le plus parfait dans toutes les terres et dan
presque toutes les circonstances.

De l'introduction des nouveaux Instrumens d'Agriculture, dans une Exploitation rurale.

Je crois utile de présenter ici quelques réflexio
générales sur l'emploi des instrumens d'agricul
ture perfectionnés, et sur leur introduction das
une exploitation rurale.

Lorsque je me suis déterminé à essayer quel
ques-uns de ces instrumens, c'était avec une certaii
défiance. Depuis long-temps, déjà, on citait plu
sieurs cantons en Angleterre, en Allemagne, e
Suisse, où ces instrumens étaient employés,
on vantait les avantages qu'on en retirait; les de
criptions et les figures de ces instrumens ne mar
quaient pas, quoique le plus grand nombre
ces descriptions fussent très-imparfaites. Cepe
dant leur usage s'étendait peu; en France,

imient restés, à un très-petit nombre d'exceptions près, dans le domaine de la théorie. J'avais
peine à concevoir que leur propagation fût si lente,
s'ils offraient de si grands avantages. J'étais disposé à présumer qu'il se présentait, soit dans leur
construction, soit dans leur emploi, quelques difficultés ou quelques inconvéniens, qui en avaient
circonscrit l'usage.

Dès mes premiers essais, je fus réellement surpris de la facilité avec laquelle je réussis ; parmi
les instrumens que j'ai fait construire, il n'en est
aucun qui ait exigé de longs tâtonnemens pour parvenir à une construction satisfaisante. Leur maniement n'a pas présenté plus de difficulté ; tous les
ouvriers auxquels je les ai confiés, ont appris dans
peu d'heures à les conduire, quoiqu'aucun d'eux
n'en eût jamais vu ni manié de semblables ; et
je quoique, sous le rapport de l'ignorance et de
l'esprit de routine, les ouvriers du pays que j'habite ne le cèdent en rien à ceux de quelque pays
que ce soit. J'ai cependant été forcé d'y employer
à peu près les premiers venus, et en assez grand
nombre, car j'ai eu fréquemment en activité pendant plusieurs années, trois rayonneurs, et six houes
à cheval, sans compter plusieurs autres instrumens
nouveaux. Je n'ai jamais remarqué, parmi mes ouvriers, la moindre trace de cette mauvaise volonté
ni de ces préventions, dont se plaignent plusieurs
agriculteurs qui ont voulu faire des essais semblables.

Il ne sera pas, je crois, hors de propos, d'indiquer ici à quoi j'attribue cette circonstance,
en présentant mon opinion sur la marche qui
convient de suivre dans un cas semblable. Ce que
je vais dire pourra paraître minutieux à quelques
personnes, mais ce ne sera pas, j'en suis sûr, à
celles qui ont eu l'occasion d'observer la puis-
sance de cette résistance passive, que les ouvriers
opposent souvent aux innovations agricoles.

Lorsqu'un cultivateur est habitué à mettre lui-
même la main à l'œuvre, et à conduire ses instrumens, il ne doit éprouver aucune difficulté pour
introduire dans son exploitation, ceux dont il a
reconnu les avantages. Il fera lui-même les essais
nécessaires, et lorsqu'il maniera bien un instrument
vraiment bon et utile, il pourra compter sur la
docilité et la bonne volonté des ouvriers auxquels
il le confiera ensuite.

Dans les exploitations où les travaux manuels
sont exclusivement réservés à des hommes à gages,
cela exige plus de circonspection ; si une fois on
a laissé s'introduire parmi les ouvriers l'opinion
que tel instrument ne vaut rien, que cela n'est bon
que dans les livres, que cela ne peut convenir qu'à
une autre qualité de terre, etc., on éprouvera ensuite des difficultés, que la persévérance et la volonté la plus ferme ne pourront peut-être surmon-
ter. Des préventions semblables naissent facilement dans l'esprit des ouvriers; et on ne doit jamais
oublier que la force de l'autorité ne peut rien pour

es détruire. Si on met brusquement entre leurs mains un instrument peut-être imparfaitement construit, ou qu'ils ne savent pas *ajuster* ni manœuvrer, avec l'ordre de l'employer, on doit s'attendre que, lorsqu'ils ne pourront vaincre les difficultés qu'ils rencontreront, dans des essais tentés sans aucun désir de réussir, l'innovation sera réprouvée ; et comme ils ne voudront pas se déclarer mal-adroits, leur amour-propre mettra de très-bonne foi, à la charge de l'instrument, les obstacles qui n'existent que dans leur inexpérience. C'est précisément cet amour-propre, le plus puissant ressort peut-être, qui puisse agir sur le cœur de l'homme, qu'il faut au contraire appeler à son secours ; c'est sur lui qu'on doit fonder l'espoir du succès ; mais il faut que ce soit sans affectation, et sans laisser apercevoir les moyens qu'on emploie pour le diriger ; car l'amour-propre des hommes de cette classe, est plus délicat qu'on ne serait tenté de le croire.

Il est toujours imprudent de vanter à l'avance un instrument qu'on veut introduire, et d'annoncer la résolution de l'adopter, en s'appuyant sur l'usage avantageux qu'on en fait ailleurs ; car c'est débuter par choquer cet amour-propre, qui dispose tous les hommes en faveur de ce qu'ils savent et de ce qu'ils sont accoutumés à faire. Il vaut bien mieux, en parlant de l'instrument qu'on doit essayer, prendre le ton du doute et même de l'incrédulité sur les avantages qu'il peut présenter, quand

même on en serait convaincu, et paraître y attacher peu d'importance ; les ouvriers verront alors
ces essais avec indifférence, et c'est la disposition
la plus favorable qu'on puisse espérer d'eux. Qu'on
choisisse parmi eux un homme intelligent et adroit
s'il est possible, mais surtout d'un caractère facile
à diriger, et qui inspire de la confiance aux autres
ouvriers ; cet homme sera chargé de manier l'instrument dans les premiers essais, *sous les yeux du
maître :* qu'on lui fasse sentir que c'est à son
adresse, qu'il doit la *faveur* de ce choix. On se gar-
dera bien de faire ces essais avec éclat, en appelant
les gens de l'exploitation, encore bien moins des
étrangers ; autrement, il est à peu près certain
que l'arrêt de condamnation sera prononcé, avant
qu'on ait pu arriver à un résultat heureux, qu'on
ne peut espérer d'obtenir qu'aprèsquelques tâtonnemens. Les premières impressions seront défavorables, et l'effet des premières impressions sur des
hommes peu éclairés, ne peut se calculer.

Dans les premiers essais, l'ouvrier qui doit conduire l'instrument, accompagné du maître seul
ne manquera pas de dire son avis, sur la manière
qui lui paraît la plus avantageuse de l'ajuster, de
le conduire, etc. ; on l'écoutera avec déférence, on
applaudira à ses observations.

Il faudra qu'on s'y prenne bien mal-adroite-
ment, s'il se décourage par les premières difficultés
et si, dès la première ou seconde séance, cet homme
n'est pas persuadé que c'est à ses efforts et à son

slent, qu'on doit la plus grande partie du succès de
snstrument. Dès qu'on est parvenu à ce point, le
o'ocès est gagné. On peut s'en rapporter à lui du
siin de faire parade, devant les autres ouvriers, de
sm adresse à manier l'instrument, et de vanter la
sorfection de la culture qu'il exécute, et la célérité
su travail. Au retour de l'instrument dans la cour
s ferme, on les verra se grouper autour de lui,
sexaminer, et celui-ci leur démontrer l'usage de
snaque pièce, la manière de s'en servir, etc. Bientôt
sersonne ne voudra être assez mal-adroit pour ne
souvoir le manier, et tous brigueront la permission
s le conduire.

I Lorsqu'on a adopté avec succès, dans une exploi-
ftion, un instrument nouveau, c'est à-dire, lors-
sme tout le monde y est bien convaincu de ses
srantages, on éprouve infiniment plus de facilité
sour y en introduire d'autres ; quelques succès de
s genre détruisent entièrement la prévention ex-
susive qu'ont en général les ouvriers, pour les ins-
sumens du pays. J'ai même remarqué fréquemment
su'ils prennent beaucoup de goût à ces sortes d'es-
siis ; il n'était question que de changer la direction
s leur amour-propre.

Au reste, on ne doit pas s'attendre que la pro-
smgation des nouveaux instrumens d'agriculture
ioit jamais bien prompte ; j'ai reconnu par expé-
sence qu'on se trompe fortement, lorsqu'on tire de
sette lenteur, des inductions contre l'utilité de ces
snstrumens, ou contre la facilité de leur usage. Les

instrumens que j'emploie depuis plusieurs années
ont attiré l'attention de tous les cultivateurs de
mon voisinage ; ils sont venus fréquemment observer leur travail ; tous ont applaudi à la perfectio
des cultures, et aux moyens par lesquels on supplée
à un grand nombre de bras ; il n'est pas à ma connaissance qu'aucun d'eux ait élevé une objection grav
contre l'emploi de ces instrumens ; plusieurs d'entr'eux m'ont quelquefois demandé à les emprunter
pour s'en servir momentanément, et en ont été très
contens ; mais aucun, dans la classe des cultivateur
de profession, ne s'est jusqu'ici déterminé à s'en
procurer de semblables. C'est un fait de plus à
ajouter à ceux qui montrent avec quelle lenteur
se propagent les améliorations en agriculture. Cependant, avec le temps, il est impossible qu'un
procédé *véritablement utile* ne se répande pas.

DES IRRIGATIONS.

D_E toutes les améliorations par le moyen desquelles on peut augmenter, d'une manière durable
les produits du sol, il n'y en a peu-être aucune
plus importante que l'irrigation ; et cependant, c'es
une pratique qui est jusqu'aujourd'hui confinée
dans un petit nombre de départemens de la France
Ailleurs, on rencontre, à chaque pas, des prairies
situées, soit le long d'une rivière, soit à proximité
d'un ruisseau, qui, presque sans aucune dépense,
pourrait en doubler les produits, et les proprié-

ières ne paraissent pas même soupçonner l'utilité qu'ils pourraient en tirer. Il n'y a peut-être pas d'exemple plus frappant que celui-là, de la lenteur avec laquelle se propagent les pratiques agricoles les plus évidemment utiles.

Il est certain aussi que, parmi tous les procédés de l'agriculture, il n'en est aucun sur lequel il soit plus difficile de donner, par écrit, des préceptes applicables à la pratique, que les irrigations. Dans mille cas qui se présentent, il ne s'en trouve pas deux de semblables; et, seulement pour offrir les principes généraux, avec quelques détails, deux volumes comme celui-ci, seraient à peine suffisans. Je vais cependant m'efforcer de présenter, avec le plus de clarté possible, les principales considérations qui se rapportent à ce sujet. Je n'ai nullement la prétention de mettre les personnes qui me liront, en état former des irrigations, sans crainte de se tromper; mais j'ai lieu de croire qu'au moyen des indications suivantes, un homme intelligent, *et qui a du loisir*, pourra faire lui-même son apprentissage, sans avoir à craindre de commencer par des fautes trop graves.

Quant aux personnes qui désireraient étendre promptement cette amélioration sur de vastes terrains, ou qui ne pourraient consacrer beaucoup de temps à *pratiquer et à observer*, je n'hésite pas à leur conseiller de faire venir, des pays où l'irrigation est un usage général, un homme exercé et habile, qui levera bientôt une foule de difficultés.

Formation des Irrigations.

On a rarement à choisir l'eau qu'on destine aux irrigations ; cependant les diverses eaux présenten t à cet égard, de grandes différences dans leurs effets. Les eaux de certains ruisseaux, ou de certaines rivières, qui charient une matière limoneuse procurent toujours une grande fertilité au sol sur lequel on les emploie. Les eaux de source, quoique très-limpides, contiennent toujours une certaine quantité de terre calcaire en dissolution, lorsqu'elles sortent d'un côteau formé de pierres calcaires ou de marne ; ces eaux sont excellentes, et d'autant meilleures qu'on les emploie plus près de leur source. Les moins bonnes de toutes les eaux sont celles qui sortent immédiatement des montagnes composées de grès, de granits, ou d'autres pierres de ce genre, qui ne contiennent pas de chaux. Au reste, ces eaux même, lorsqu'elles ont coulé quelque temps à la surface du sol, conviennent très-bien aux irrigations.

Avant d'entreprendre aucune opération relative à l'irrigation, le premier pas à faire, est de procéder à un nivellement exact du terrain qu'on présume pouvoir y être soumis. Ce nivellement doit commencer au point le plus élevé où on peut prendre l'eau, dans la rivière ou ruisseau qui doit la fournir ; de-là, avec un bon niveau, on trace, en s'écartant de la rive, la ligne de *parfait niveau*, et ensuite, à côté de celle-ci, et en ménageant une

pente suffisante, la ligne le long de laquelle on peut
ouvrir le *canal de dérivation.* Cette ligne ne sera
presque jamais droite, mais devra suivre toutes
ses sinuosités du terrain, de manière à conserver
toujours son niveau. Une pente de deux à quatre
pouces par 100 toises de longueur, est suffisante
pour faire mouvoir l'eau, pourvu que le canal ait
une largeur et une profondeur suffisante. On
doit, dans l'opération, planter des piquets solides,
de distance en distance, le long de ces deux lignes,
et il est bon de vérifier toujours son opération,
en faisant un second nivellement, en revenant du
point le plus bas de la ligne qu'on a tracée, jusqu'à
la *prise d'eau.*

Tout le terrain qui se trouve au-dessous de la
ligne ainsi tracée, peut être soumis à l'irrigation;
et on s'apercevra presque toujours, par cette première opération, qu'on peut conduire l'eau, en
supposant qu'on en ait un volume suffisant, jusqu'à des terrains où on n'aurait pas supposé, à la
simple inspection, qu'on pût le faire.

Après avoir tracé ainsi la ligne du canal principal, jusqu'au point où on peut ou veut conduire
l'eau, on peut déjà se former une idée approximative de la dépense qu'entraînera l'opération.
Pour de très-petits cours d'eau, et lorsque le
terrain qu'on veut arroser se trouve près de leurs
rives, la dépense n'est presque rien. Mais lorsqu'il est question de construire des vannes en

travers d'un cours d'eau considérable, pour le
maintenir à un niveau constant, ou en élever le
niveau ; ou seulement d'établir des écluses, comme
cela est presque toujours nécessaire à la *prise
d'eau*, à moins qu'il ne soit question d'un très-
petit ruisseau ; de construire un canal de dérivation d'une étendue considérable, alors les dépenses peuvent facilement dépasser les limites que
s'était tracées celui qui veut faire l'entreprise ; et
quelque importante que doive être l'amélioration,
on ne doit l'entreprendre qu'avec beaucoup de
circonspection. Je ne parle ici que des cas où on
peut conduire l'eau sur le terrain, sans avoir recours à des machines, quoique cela puisse devenir
profitable dans beaucoup de cas.

Lorsqu'on connaît le point le plus élevé d'une
pièce de terre, auquel on puisse amener l'eau, on
doit chercher à connaître avec exactitude toutes
ses pentes, et déterminer le point le plus bas par
lequel on pourra donner issue aux eaux après l'irrigation. On ne doit jamais perdre de vue qu'il est
tout aussi important, dans ces sortes d'opérations,
de procurer aux eaux un écoulement prompt et facile, que de les conduire sur le terrain. L'irrigateur
doit être, dans tous les instans, maître absolu de
l'eau ; il doit pouvoir la conduire à volonté dans
chaque partie du terrain, et l'évacuer promptement, et pour ainsi dire, instantanément, de sorte
qu'à son commandement, il ne reste pas d'eau
stagnante dans aucune partie de la pièce. Sans

Jette précaution, on peut faire plus de mal que de bien, en amenant de l'eau sur le sol.

L'eau, après avoir produit son effet dans une pièce de terre, pourra peut-être encore être conduite dans une autre située au-dessous. Si la pente est considérable, on pourra employer l'eau à une nouvelle irrigation, immédiatement à son issue de la première pièce; mais si le sol est presque plat, il faudra la conduire à quelque distance, afin de gagner une pente suffisante, pour que l'irrigation de la seconde pièce, n'empêche pas le dessèchement complet de la première.

Dans la conduite des eaux pour l'irrigation, on doit avoir toujours pour principe, de ménager autant que possible la pente, en maintenant toujours l'eau à la plus grande hauteur qu'on le peut. Pour cela, on ne donne, à tous les canaux dans lesquels on la fait circuler, que la pente nécessaire pour la faire arriver au but. C'est là que se rencontre la plus grande difficulté, pour l'homme qui n'a pas une longue habitude de ces opérations. On doit aussi ménager l'eau autant que possible, en n'en employant chaque fois, que la quantité nécessaire pour baigner, mais abondamment, la partie du terrain où on la verse.

Lorsqu'on a la possibilité, près d'un grand cours d'eau, d'arroser une grande étendue de terrains, dans lequel il se rencontre des sols de diverses natures, la première question est de savoir par quel terrain on commencera l'améliora-

tion Je suppose ici qu'il n'est question que d[e]
prairies, ou de terrains qu'on veut mettre e[n]
prairies, parce que c'est aux terrains de cett[e]
nature, que l'irrigation s'applique le plus fré[-]
quemment, quoiqu'elle puisse s'appliquer aussi [à]
beaucoup d'autres cultures. Il est assez naturel, dan[s]
ce cas, pour un homme qui n'a pas beaucou[p]
d'expérience, de vouloir procurer le bénéfice d[e]
l'irrigation, aux terrains qu'il affectionne le plus[,]
par exemple, à des prairies plates et de bonne qua[-]
lité, situées dans le voisinage du cours d'eau[;]
mais, dans beaucoup de circonstances, ce sera[it]
une lourde faute : tel terrain sablonneux ou gra[-]
veleux, aride par sa nature, et d'un produit
presque nul, pourra, peut-être, au moyen d[e]
l'irrigation, être porté à un produit égal à cel[ui]
des meilleurs prés arrosés; le revenu de ce so[l]
sera porté à 20 fois, 50 fois peut-être, ce qu'i[l]
était avant l'amélioration; tandis que, dans un[e]
bonne prairie, un peu fraîche par sa nature, l'ir[-]
rigation ne produira jamais une amélioration aus[si]
importante.

Dans un sol couvert de bruyère et d'un produ[it]
très-chétif, l'introduction seule de l'eau fera dis[-]
paraître complètement la bruyère, et amènera [le]
sol à un degré de fertilité étonnant, en y faisa[nt]
croître, comme par enchantement, des herbes d[e]
bonne qualité.

Il y a aussi une espèce de sol auquel on pe[ut]
appliquer l'irrigation avec plus de succès peut-êt[re]

qu'à tout autre, si ce n'est ceux dont je viens de parler : ce sont les sols marécageux en pente, après qu'ils ont été complètement desséchés, comme il est toujours nécessaire de le faire pour les mettre en valeur. Ordinairement, les sols de cette nature sont exposés à souffrir extrêmement de la sécheresse ; en y amenant de l'eau, on peut les porter à un état de fertilité, incroyable pour les personnes qui les avaient vus dans leur premier état. Dans beaucoup de cas, il sera donc bien plus profitable de conduire l'eau un peu plus loin, pour aller chercher, sur les pentes voisines, des terrains de ces espèces ; et si le volume de l'eau est suffisant, elle pourra, après avoir arrosé ces terrains, revenir arroser la prairie située sur la rive du cours d'eau.

L'eau étant amenée sur le terrain qu'on a choisi pour le soumettre à l'irrigation, il est prudent, à moins qu'on n'ait à sa disposition un très-grand volume d'eau, de commencer l'amélioration par une étendue de terrain peu considérable : l'expérience d'une année ou deux, montrera quelle étendue on peut soumettre à l'irrigation, d'après la quantité d'eau que fournit le ruisseau, aux époques les plus sèches de l'année. Cependant, quand on ne pourrait fournir à l'arrosement des prairies que pendant l'hiver, ce serait toujours une amélioration fort importante, et qui mériterait bien de l'entreprendre ; on peut aussi toujours dans ce cas, profiter, pour tremper la prairie à *fond*,

des ondées de l'été, qui, sans cela, n'auraient pas
été suffisantes pour y produire un effet sensible.

Pour répandre l'eau sur la surface du sol, on
ouvre des *rigoles d'irrigation*, qui se rétrécissent
à mesure qu'elles se prolongent, et qui, selon la
disposition du terrain, prennent l'eau, soit dans
le canal principal, soit dans une *maîtresse rigole*,
qu'on dirige de manière à fournir de l'eau à toutes
les rigoles d'irrigation. Ces *rigoles d'irrigation*
doivent être presque de niveau, et n'avoir qu'une
pente suffisante pour que l'eau parvienne à leur
extrémité, en se maintenant, dans toute leur étendue, presqu'au niveau de la surface du sol. Si le
terrain n'est pas plat, elles doivent en suivre toutes
les sinuosités, de manière à conserver toujours
leur niveau.

Les rigoles d'irrigation sont très-étroites, pour
ménager, autant que possible, la surface du terrain;
on les ouvre au moyen d'un instrument en
forme de hache, avec lequel on coupe le gazon
des deux côtés, et on l'enlève avec un autre instrument en forme de pelle. Quelques mottes de
gazon servent à arrêter l'eau, soit dans la maîtresse rigole, pour la forcer à entrer dans la
rigole d'irrigation où on désire la mettre, soit
dans les rigoles d'irrigation, pour forcer l'eau à
se répandre à la surface du sol, dans l'endroit où
on le désire.

Ordinairement, l'eau qui, après avoir été
fournie par une *rigole d'irrigation*, a arrosé une

certaine étendue du terrain situé au-dessous de
cette rigole, est recueillie dans une autre, qui sert
elle-même de rigole d'irrigation, pour le terrain
situé au-dessous d'elle; et ainsi de suite, jusqu'à
ce que l'eau soit arrivée au point le plus bas de la
prairie. Dans cette disposition, chaque *rigole d'irrigation* sert de *rigole de desséchement*, pour le
terrain situé au-dessus d'elle. D'autrefois, les
rigoles de desséchement forment un système particulier, et indépendant des *rigoles d'irrigation;*
elles doivent alors être disposées de manière à réu-
nir toutes les eaux des rigoles d'irrigation qui leur
correspondent, aussitôt qu'elles ont produit leur
effet, et surtout de manière qu'il ne puisse jamais
séjourner d'eau stagnante, dans aucune partie de
la prairie.

La distance qu'on doit laisser entre ces diverses
rigoles, dépend de la nature du sol, ainsi que de
sa pente du terrain. Les rigoles doivent être assez
rapprochées, pour que l'eau répandue à la surface
du sol, soit toujours recueillie dans une nouvelle
rigole, avant qu'elle n'ait pu se répandre inégalement à la surface. Dans les sols argileux, les
rigoles doivent être beaucoup plus rapprochées que
dans les sols sablonneux, qui se laissent facilement
pénétrer par l'eau. Lorsque la pente du terrain
est rapide, les rigoles doivent aussi être plus
rapprochées que dans les terrains presque plats,
parce que, dans ces derniers, l'eau est bien plus dis-
posée à se répandre avec égalité sur la surface du sol.

Tout ce que je viens de dire se rapporte au mode d'irrigation le plus fréquemment en usage pour les prairies. Il y a aussi d'autres procédés, bien moins fréquemment employés, et dont je ne dirai rien par cette raison : ce sont les irrigations *par infil-tration* et *par submersion.*

De la Conduite de l'Eau, dans les Irrigations.

Les premières irrigations des prairies, se donnent toujours avant l'hiver. A cette époque, on n'a presque jamais à craindre de donner une trop grande abondance d'eau, et on peut, sans inconvénient, la prolonger pendant une quinzaine de jours.

Pendant l'hiver, on recommence encore l'arrosement à diverses reprises, en laissant quelques jours d'intervalle, et en baignant complètement le terrain. Ces arrosemens d'hiver assurent toujours à l'herbe une végétation riche et hâtive au printemps. La gelée ne fait aucun tort aux prairies, tant que l'eau y circule ; mais des gelées, même modérées, en feraient beaucoup, si elles survenaient immédiatement après que l'eau en est ôtée, et avant que la surface de la prairie fût bien ressuyée. Lorsqu'on craint de la gelée pour la nuit, et qu'on veut cesser l'irrigation, on doit donc ôter l'eau de bonne heure dans la journée, afin que la prairie ait le temps de se bien ressuyer.

Au printemps, lorsque la végétation s'annonce,

on ne donne plus l'eau que pendant trois ou quatre jours au plus, et, à mesure que la température s'échauffe, on en diminue la durée, jusqu'à la réduire à une seule nuit. On ne doit jamais remettre l'eau, que lorsque le sol est parfaitement ressuyé; en mettant l'eau pendant la nuit dans la prairie, on la garantit des effets des gelées de printemps, qui font souvent beaucoup de mal à l'herbe.

On continue ainsi jusqu'à la fenaison, en évitant d'arroser dans le jour, pendant les chaleurs, et en bornant alors l'irrigation à une seule nuit, qu'on renouvelle la quatrième ou la cinquième nuit dans les sols sablonneux, et plus tard, dans ceux qui retiennent l'eau plus long-temps. Après la fenaison, on peut mettre l'eau pendant quelques jours, et ensuite recommencer à n'arroser que les nuits seulement.

En général, à toutes les époques de l'irrigation, on a un indice certain qu'on a laissé l'eau trop long-temps sur le terrain; il est donné par une espèce d'écume blanche, qu'on aperçoit sur le terrain arrosé, et qui se forme plus ou moins promptement, selon la chaleur de la saison. Lorsqu'on voit paraître cette écume, on peut être assuré que l'herbe a déjà éprouvé du dommage, par le trop long séjour de l'eau. On doit donc avoir toujours pour but d'ôter l'eau, avant qu'il se forme aucune trace de cette écume.

DE LA MARNE,

*Des moyens de la reconnaître es
de l'employer à l'amendement de
terres.*

Dans quelques pays, *la marne* est considéré
comme un des plus précieux moyens de fertilise
les terres ; on n'épargne pas des dépenses, souven
très-considérables , pour extraire et conduire ce
amendement sur le sol ; dans d'autres , le plus gran
nombre des cultivateurs ne connaissent pas même l
nom de cette subtance. Il serait naturel de croire
d'après cela, que la marne est un trésor que l
nature n'a accordé qu'à quelques cantons privilé
giés ; cependant il est certain que la marne exist
presque partout, car on en trouve dans presqu
toutes les localités où on se donne la peine de l
chercher. L'ignorance sur les moyens de la recom
naître ou de l'employer , est donc la seule caus
qui en restreint l'usage à quelques cantons. Depu
une trentaine d'années , on l'emploie avec les plu
grands succès dans plusieurs pays où on ne soupço
nait pas même qu'elle existât. Cette extension d'u
des pratiques les plus utiles de l'agriculture , e
due aux progrès de la chimie , qui fournit aujour
d'hui des moyens certains de reconnaître la marn

: distinguer ses diverses variétés, et de déterminer dans quels sols chacune d'elles peut être employée avec succès. Les connaissances relatives aux
propriétés de la marne, et à son emploi dans la
culture des terres, forment certainement la branche dans laquelle la chimie a rendu jusqu'ici le plus
de services à l'agriculture.

Les personnes qui ont employé ou vu employer
cet amendement, sont ordinairement disposées à ne
regarder comme *marne* que ce qui ressemble à
celle dont elles ont vu faire usage; c'est une erreur
très-grave, car rien n'est plus variable que l'as-
pect de la marne; relativement à la couleur, on en
voit de grises, de blanches, de verdâtres, de vio-
lettes, de bleues, de noires et de toutes les nuances
entre ces couleurs; la couleur est uniforme ou
nuée de diverses nuances; les unes sont à grain
fin, d'autres présentent une pâte grossière; quelques-unes sont feuilletées, comme les schistes à
ardoises, tandis que d'autres forment une masse
compacte; on y remarque souvent des débris de
coquillages, mais d'autres fois on n'y en voit aucune trace; enfin, les unes sont tellement tendres
et friables qu'elles s'écrasent facilement entre les
doigts, tandis que d'autres sont presque aussi dures
que la pierre.

Cette extrême diversité des caractères extérieurs
de la marne, est une des principales causes qui en
ont empêché l'usage dans un grand nombre de
localités, car il est absolument impossible de la

reconnaître, si on n'a pas recours à quelques pro
cédés chimiques. Au reste, les moyens de recon
naître ces propriétés sont tellement simples
qu'il n'est aucun cultivateur qui ne puisse, sans
posséder aucune connaissance en chimie, re
connaître d'une manière certaine, si telle ou telle
terre est de la marne, et si elle est propre à être
employée comme amendement dans les terres qu'il
cultive. Ce que je vais en dire suffira, je l'espère,
pour mettre tout homme en état d'acquérir, sur
les marnes qui peuvent se trouver dans son voisi
nage, toutes les connaissances dont il peut avoir
besoin dans la pratique.

La marne est un composé *de carbonate de chaux*,
d'argile et *de sable*, dans diverses proportions.
C'est au carbonate de chaux que sont dus princi
palement ses effets dans l'amendement des terres;
ainsi, on peut dire qu'en général, les marnes les
plus riches, sont celles qui contiennent cette subs
tance en plus grande proportion.

Un des principaux caractères de la marne, est la
propriété qu'elle a de se déliter dans l'eau et d'y
tomber en bouillie, ainsi que de tomber en poudre
lorsqu'elle est exposée pendant quelque temps à
l'air. Ainsi, la première chose qu'on doit faire
lorsqu'on soupçonne qu'une terre est de la marne,
est d'en faire sécher un morceau, soit devant le
feu, soit sur un poêle, sans cependant lui faire
prendre un trop fort degré de chaleur; on en met
ensuite dans un verre, un petit morceau gros comme

mme noisette, ou un peu plus; et on verse dans le
verre assez d'eau pour que le morceau y baigne à
moitié ou aux trois quarts. Quelques espèces de
marne absorbent très-rapidement l'eau, et en peu
d'instans, tombent en bouillie au fond du verre;
d'autres ne produisent cet effet que plus-lentement,
mais toutes se délitent ainsi dans l'eau, sans qu'on les
touche, en sorte que toute substance qui ne produit
pas cet effet n'est pas de la marne. De l'argile trai-
tée ainsi absorbe aussi l'eau et s'y détrempe, mais
elle ne tombe pas en bouillie, et ne se réduit en pâte
qu'en la paîtrissant; il y a cependant quelques
argiles très-maigres, qui se délitent à peu près
comme la marne, ainsi on ne peut être assuré qu'une
terre est de la marne, parce qu'elle présente ce caractère; pour s'en assurer positivement, on verse
dans le verre quelques gouttes d'*eau forte* (*acide nitrique*), et on agite l'eau avec une baguette de verre
ou de bois; mais non de métal; la marne produit
alors une vive effervescence, c'est-à-dire, un bouil-
lonnement qui amène à la surface de l'eau, une grande
quantité d'écume. On peut être assuré que toute terre
qui, après s'être délitée dans l'eau comme je l'ai dit,
produit cette vive effervescence avec l'acide, est
bien de la marne. Certaines substances qui ne sont
pas de la marne, peuvent présenter l'un ou l'autre
de ces caractères; ainsi les pierres calcaires font
aussi une vive effervescence avec les acides, mais
elles ne se délitent pas dans l'eau ni à l'air; quelques argiles se délitent dans l'eau, mais ne

font pas effervescence avec les acides ; mais l
réunion de ces deux caractères ne se rencontre qui
dans la *marne*, et s'y rencontre toujours.

On conçoit bien que je n'entends parler ici que
des terres vierges, qui se trouvent au-dessous du
sol cultivé, et qui n'ont jamais été remuées et mê
langées par la main de l'homme ; car la terre vé
gétale des champs ou des jardins, qui est formée
d'un mélange de diverses substances, qui y ont été
apportées par les procédés de la culture, pourras
souvent présenter ces deux caractères, sans être
cependant de la marne.

Si on n'avait pas d'*acide nitrique* à sa disposition
on pourrait aussi employer à cette expérience du
vinaigre, pourvu qu'il soit très-fort. Dans ce cas
au lieu de le verser dans le verre après que la terr
s'est délitée dans l'eau, on la ferait déliter dans l
vinaigre, au lieu d'eau. On observerait alors une
effervescence à peu près aussi vive qu'avec l'acide
nitrique.

Il ne suffit pas encore de savoir qu'on a de l
marne ; pour l'employer utilement, il faut savoir
distinguer ses diverses qualités, car toute espèce
de marne ne convient pas à toute espèce de terre
Toutes les marnes ne contiennent pas la même
quantité de *carbonate de chaux* ; c'est cette diffé
rence de proportions, qui constitue les diverses qua
lités de marne, relativement à l'agriculture ; car le
carbonate de chaux est la seule partie par laquelle la
marne agit chimiquement pour améliorer les terres

On appelle *marnes proprement dites*, celles qui contiennent environ moitié de leur poids de carbonate de chaux, c'est-à-dire, de 40 à 60 parties par cent ; celles qui en contiennent une moins grande quantité, comme de 20 à 40 pour cent, lorsque le reste est de l'argile mêlée d'un peu de sable, s'appellent *marnes argileuses* ; lorsqu'au contraire c'est le carbonate de chaux qui domine, comme lorsqu'il forme 60 à 90 pour cent du tout,

les appelle *marnes calcaires*. Lorsqu'elle contient moins de 20 pour cent de carbonate de chaux, elle prend le nom d'*argile marneuse*.

Les moyens par lesquels on peut connaître exactement la proportion de carbonate de chaux qui existe dans une marne, sont très-simples, et à la portée de tout cultivateur : on pèse exactement 10 parties de la marne qu'on veut essayer, après avoir fait parfaitement dessécher ; par exemple, 10 grains ou 100 décigrammes ; on les met dans un verre à boire ordinaire, avec un peu d'eau pour le faire déliter. On y verse ensuite quelques gouttes d'eau forte, on agite avec la baguette de verre ou de bois, et on attend que l'effervescence soit passée ; alors on verse encore quelques gouttes d'acide, et on continue ainsi d'en verser, jusqu'à ce que les dernières gouttes ne produisent plus aucune effervescence ; mais on n'en verse toujours qu'un peu à chaque fois, parce que sans cela, les matières pourraient monter trop, et sortir du verre. Lorsque l'acide qu'on ajoute ne produit plus

aucune effervescence en agitant avec la baguette,
on peut être assuré que tout le *carbonate de chaux*
est dissous. On emplit alors le verre avec de l'eau
ordinaire, on agite toute la masse avec la baguette,
et on laisse déposer ; lorsque la terre est bien déposée au fond du verre, et que l'eau est bien
claire, on la verse doucement et avec précaution
pour ne pas entraîner de terre avec elle ; on verse
encore de nouvelle eau dans le verre, et on continue ainsi trois ou quatre fois, en emplissant le
verre d'eau à chaque fois, et en le vidant avec
beaucoup de précaution, lorsque la terre est bien
déposée. Ces divers lavages entraînent tout le sel
qui a été formé par la décomposition du carbonate
de chaux, et ce qui reste au fond du verre, n'est
plus que l'argile et le sable qui existaient dans la
marne. Pour s'assurer si tout le sel a été bien dissous et enlevé par l'eau, on met sur la langue
quelques gouttes du dernier lavage, et si on s'aperçoit qu'elle a encore une saveur âcre, on continue
les lavages, jusqu'à ce que l'eau qui en sort n'ait
plus aucune saveur. Alors, on jette dans une soucoupe ; la terre qui est au fond du verre, on rince
celui-ci avec un peu d'eau, pour ne perdre aucune
partie de terre, et on la laisse bien déposer dans la
soucoupe ; on l'incline ensuite légèrement pour
verser l'eau claire qui surnage la terre, et on la fait
bien sécher, après quoi on détache avec soin la terre
de la soucoupe et on la pèse exactement. La diminution de poids que la terre a éprouvée, indique

quantité de carbonate de chaux qui y existait, qui a dû être en totalité dissous par l'acide, et enlevé par les lavages. Ainsi, si les 100 grains se trouvent réduits à 25, on en conclura que la marne contient 75 pour cent de carbonate de chaux, de sorte que c'est une *marne calcaire*.

Pour faire cette expérience commodément, il faut mettre l'acide dans un flacon dont le goulot et les bords plats, comme sont ordinairement ceux qui se ferment avec un bouchon de verre ; sans cela, il serait impossible de verser l'acide goutte à goutte, sans en répandre sur le dehors du flacon, et sur les mains ou les habits de celui qui opère. Le vinaigre ne pourrait pas servir à cette expérience, mais on peut y employer, au lieu *d'acide nitrique*, de *l'esprit de sel* (*acide muriatique* ou *hydro-chlorique*).

Il y a encore une manière beaucoup plus prompte d'essayer les marnes ; en l'employant, on peut, en très-peu de temps, reconnaître les qualités de plusieurs espèces de marne ; mais elle exige plus d'exactitude que celle que je viens d'indiquer, et, surtout, une balance plus sensible. Pour comprendre le procédé que je vais décrire, il suffit de savoir que le *carbonate de chaux* est composé de *chaux* et d'*acide carbonique* ; cette dernière substance, lorsqu'elle est isolée, est *gazeuse* ou *aériforme*, c'est-à-dire, qu'elle présente la même apparence que l'air que nous respirons ; mais, dans le carbonate de chaux, elle existe dans un

état de condensation, et sous forme solide; c'e
cette substance qui, en se dégageant, au mome
où elle reprend l'état gazeux, produit l'efferve
cence qu'on observe, lorsqu'on verse de l'acide n
trique sur du carbonate de chaux. Le *carbona*
de chaux est toujours composé des mêmes pro
portions de *chaux* et d'*acide carbonique;* il con
tient environ 40 pour cent d'acide; le reste est
la chaux et un peu d'eau. Il résulte de là que le *cà*
bonate de chaux diminue de 40 pour cent de so
poids, lorsqu'on en chasse l'acide carbonique, so
par le moyen de la chaleur, comme lorsqu'on fâ
la chaux avec la pierre calcaire, qui est aussi o
carbonate de chaux, soit par le moyen d'un acid
plus fort que l'acide *carbonique*, comme les acid
nitrique ou *muriatique*. Cette diminution de poi
qu'éprouve le carbonate de chaux, nous fourni
un moyen de connaître combien il en existe dans
marne, en observant le poids qu'elle perd pa
l'action de l'acide nitrique. Pour faire cette expé
rience, voici comme on doit s'y prendre :

On se procurera un petit flacon à goulot plat, à
peu près de la contenance d'un petit verre à liqueu
et on l'emplira, aux deux tiers ou aux trois quart
d'acide nitrique ou muriatique. On pèsera, avo
beaucoup d'exactitude, cent grains de marne biè
sèche, qu'on fera déliter dans un verre ordinair
en y ajoutant de l'eau commune, à peu près l
hauteur d'un travers de doigt; on mettra sur 1
plateau d'un balance très-sensible, ce verre avo

e qu'il contient, et on laissera dedans, la baguette
e verre ou de bois, avec laquelle on doit remuer
l matière; on mettra, *sur le même plateau*, le
letit flacon d'acide, et ensuite, sur l'autre
plateau, des poids ou toute autre chose, pour
établir parfaitement l'équilibre, comme si on
voulait faire *la tare* de ce qui se trouve sur le premier plateau. Lorsque la balance sera bien en équilibre, on prendra le verre et le flacon, et on versera
dans le verre quelques gouttes d'acide du flacon,
et en ajoutant successivement peu à peu, et remuant à chaque fois, comme je l'ai dit plus haut.
Lorsqu'on verra que les dernières gouttes d'acide
e produisent plus d'effervescence en remuant
avec la baguette, on soufflera assez fortement avec
la bouche dans le verre, pour en chasser tout
acide carbonique gazeux qui peut y rester, parce
que ce gaz étant beaucoup plus pesant que l'air, y
resterait sans cela; on remettra le verre avec la baguette et le petit flacon sur le même plateau de la
balance, et on ajoutera sur ce plateau, des poids
en quantité suffisante pour rétablir parfaitement
l'équilibre.

On conçoit que les poids qu'on aura ajoutés
ainsi, indiquent, avec précision, la diminution de
poids qu'a éprouvée la matière qui est dans le verre;
en effet, quoiqu'une partie de l'acide qui était dans
le flacon soit maintenant dans le verre, cela ne
change rien à la *tare*, puisque le verre et le flacon
sont sur le même plateau de la balance; la dimi-

.nution de poids ne peut être produite que par .
dégagement de l'acide carbonique qui a été chassé
par l'acide nitrique. Lorsqu'on connaît la quantii.
d'acide carbonique, on connaît facilement la quantité de carbonate de chaux, puisqu'on sait qu,
cette dernière substance contient à peu près 40 pour
cent de son poids d'acide carbonique. Les personnu
qui savent faire une *règle de trois* feront facilement ce petit calcul ; quant à celles qui n'en oo
pas l'habitude, elles y arriveront avec autas
d'exactitude, *en doublant le nombre de grai*
qu'on a été obligé d'ajouter pour rétablir l'équi
libre, et y ajoutant la moitié de ce même nombr
le total indiquera le nombre de grains de carbd
nate de chaux, qui existaient dans les 100 grais
de marne.

Ainsi, en supposant qu'il a fallu mettre 18 grais
sur le plateau, à côté du verre et du flacon, pou
rétablir l'équilibre, après le dégagement de l'aciic
carbonique, c'est-à-dire, qu'il y ait 18 grais
d'acide carbonique dégagé et chassé, on dira ::
double de 18 est 36, en y ajoutant 9, moitié de ai s
cela donne 45, pour la quantité de grains de carbi
nate de chaux qui existaient dans les 100 grains ai
marne qu'on a essayée ; c'est donc une *marne pro*
prement dite, puisqu'elle contient à peu près s
moitié de son poids de carbonate de chaux.

Cette méthode est celle que j'emploie le p,q
souvent dans les expériences que je suis dans sa
cas de faire sur les marnes ; elle est très-simm

: à la portée de toute personne qui voudra y apporter un peu d'attention, et qui a une bonne balance. Quelques minutes suffisent pour faire cette
expérience, de sorte qu'en une demi-heure, on peut
essayer 4 ou 5 espèces de marne.

I Lorsqu'on a employé l'une ou l'autre des deux
méthodes que je viens d'indiquer, pour connaître
la quantité de carbonate de chaux qui existe dans
une marne, on doit examiner le dépôt de terre
qui reste, pour voir s'il est argileux ou sablonneux;
pour cela, après l'avoir bien lavé à plusieurs eaux,
comme je l'ai indiqué dans le premier procédé,
on le fait sécher, et, en le maniant entre les doigts,
et en l'humectant d'un peu d'eau, on voit facilement s'il est composé en plus grande partie de
sable ou d'argile.

Je recommande aux personnes qui se livrent à
des expériences de cette espèce, de tenir note,
aussitôt après chaque expérience, des diverses
propriétés de chaque espèce de marne; ces notes
contiendront le lieu où chacune a été trouvée, la
profondeur à laquelle elle a été extraite, sa couleur et ses autres apparences extérieures, la quantité de carbonate de chaux qu'elle contient, la
nature argileuse ou sablonneuse du dépôt. Si on
n'a pas cette précaution, on perd facilement tout
le profit de ces recherches, parce que la mémoire
ne peut conserver long-temps tous ces détails,
surtout lorsqu'on veut répéter ces expériences sur
plusieurs espèces de marnes, ce qui est presque

toujours nécessaire, pour rechercher celle qui a les qualités les plus convenables pour chaque espèce de terrain.

Lorsqu'on connaît la nature des marnes qu'on a à sa portée, il est facile de déterminer à quelle espèce de terrain chacune peut convenir. La marne qui contient à peu près moitié de son poids de carbonate de chaux, peut s'appliquer avec avan-tage à toute espèce de sol ; indépendamment de l'*action chimique* que produit le carbonate de chaux, elle ameublit les terrains argileux, par la propriété qu'elle a de se déliter facilement, et donne plus de consistance aux terrains sablon-neux, si c'est de l'argile qui y accompagne le car-bonate de chaux. Ce sont ces dernières espèces d'améliorations, qu'on appelle l'*action mécanique* produite par la marne, et qui sont indépendantes de son *action chimique*, qui est produite unique-ment par le *carbonate de chaux* qu'elle contient.

La *marne calcaire*, qui contient de 60 à 90 pour cent de carbonate de chaux, convient spé-cialement aux sols argileux, à cause du grand ameublissement qu'elle y produit ; on peut l'em-ployer aussi sur les sols sablonneux, mais en petite quantité, et elle ne contribue pas à leur donner plus de consistance, comme celles qui contiennent une plus grande proportion d'argile.

Les *marnes argileuses*, qui contiennent de 2 à 40 pour cent de carbonate de chaux, sont celles qui améliorent de la manière la plus durable le terrains sablonneux ; on peut même y employer avec grand avantage, les *argiles marneuses* qui ne contiennent que 12 ou 15 pour cent de carbonate de chaux ; alors il faut en mettre une grande quantité, mais le terrain se trouve amélioré pour toujours, par l'effet de la consistance que lui procure l'argile.

On ne doit jamais donner de marne à un terrain déjà marneux par lui-même, car si le carbonate de chaux dans le sol contribue beaucoup à sa fertilité, il ne faut pas qu'il y en ait trop. Dans le voisinage des couches de marne, ou dans les cantons crayeux, il se trouve souvent des terrains *brûlans*, d'un très-faible produit, parce qu'ils contiennent trop de carbonate de chaux ; marner ces terrains, ce serait augmenter le mal. C'est une grande abondance de fumier qu'il leur faut. En général, lorsque la terre cultivée d'un champ, contient 10 pour cent ou plus, de carbonate de chaux, *je ne crois pas* qu'on puisse lui appliquer de la marne avec avantage. On s'assurera de la quantité de carbonate de chaux qui existe dans la terre des champs, par les mêmes moyens que j'ai indiqués pour la marne. Dans la plupart des cas, il suffit de délayer un peu de la terre du champ dans une petite quantité d'eau, et dans un verre ; on y versera quelques gouttes d'acide nitrique, et s'il ne se produit pas d'effervescence, on peut être sûr qu'elle ne contient pas de carbonate de chaux, ou au moins qu'il n'y existe qu'en très-petite

quantité. On peut alors marner en toute assu-
rance.

La quantité de marne qu'on emploie sur une
certaine étendue de terrain varie infiniment, selon
la nature du sol et de la marne, et aussi selon la
durée qu'on veut donner à l'amélioration du terrain. Lorsqu'on emploie de la marne calcaire sur
un sol argileux ou de consistance moyenne, on en
met ordinairement de 100 à 120 voitures à quatre
chevaux par hectare ; plus la marne est calcaire et
moins on doit en mettre ; quelquefois on n'en met
que 60 à 80 voitures. Lorsque c'est un terrain
sablonneux qu'on veut amender avec de la marne
argileuse, on en met souvent une bien plus grande
quantité, et jusqu'à 4 ou 500 voitures. On peut
cependant en mettre beaucoup moins ; alors l'a-
mendement est moins durable. L'effet du marnage
se fait sentir ordinairement pendant 10, 20 et
même 30 ans, selon la quantité qu'on a employée.

La grande quantité de marne qu'il faut employer, rend le *marnage* une opération fort dispendieuse ; cependant partout où on en connaît
les effets, on fait volontiers cette dépense ; dans
plusieurs localités, on est forcé d'aller chercher
la marne jusqu'à deux lieues, de sorte que les
voitures ne peuvent faire qu'un ou au plus deux
voyages par jour, et cependant on l'emploie avec
profit. Il est fort important, comme on voit, de
tâcher de se procurer la marne à proximité des
terrains qu'on veut amender ; on en trouvera pres-

ne dans toutes les localités, si on se donne la peine
de la chercher. C'est surtout sur les bords escarpés
des ravins, des chemins creux, dans la terre qu'on
ôte des fossés, des fondations, des puits, qu'il est
le plus facile de découvrir les bancs de marne; un
excellent moyen aussi de se livrer à cette recher-
che, est d'y employer la *sonde* ou *tarrière de terre*;
un de ces instrumens, suffisant pour pénétrer à 8
ou 10 pieds de profondeur, n'est pas très-coûteux,
et est utile à un cultivateur dans bien des circonstances; non-seulement il sert à découvrir la marne,
mais, par son moyen, on acquiert en quelques instans, la connaissance de la nature des couches de
terre qui existent sous le sol des champs, ce qui
présente souvent de grandes ressources pour leur
amélioration.

La marne est infertile par elle-même, quoiqu'elle soit très-propre à rendre fertiles les terrains d'une autre nature, lorsqu'on l'y mêle en
quantité modérée; c'est une circonstance qui peut
encore, dans beaucoup de cas, aider à la faire connaître; ainsi, lorsque le banc de marne se présente
à la surface du sol, il n'y croît aucune plante.

Certaines plantes se plaisent de préférence sur
les sols qui recouvrent les bancs de marne; ainsi,
lorsque quelques espèces de *sauge, le tussilage* ou
pas-d'âne, les ronces croissent abondamment et
vigoureusement dans un sol, on peut présumer
qu'on y trouvera de la marne en y creusant.

La marne se trouve soit en *bancs* ou *couches*,

soit en *rognons* isolés, dans des terres d'autre nature. Quelquefois les *bancs* n'ont que quelques
pieds d'épaisseur, d'autres fois, leur épaisseur est
de plusieurs toises. Il arrive souvent que dans un
banc de marne, les diverses parties ne sont pas de
même qualité; en général, on la trouve plus calcaire à mesure qu'on s'enfonce plus profondément;
ainsi, si le haut de la couche n'était pas assez calcaire, c'est-à-dire, ne contenait pas assez de carbonate de chaux, on ferait bien d'approfondir les
fouilles; il est probable qu'on en trouvera de meilleure qualité.

Je répéterai encore ici qu'on ne doit nullement
s'arrêter à l'apparence d'une terre, pour juger si
elle est ou n'est pas de la marne, ou si elle est de
bonne ou de mauvaise qualité, car rien n'est plus
variable que les apparences des marnes, et très-
souvent deux espèces, qui sont de même qualité, ne
se ressemblent en aucune façon.

Quant à la manière d'employer la marne à l'a-
mendement des terres, on ne peut guère l'appliquer
que sur une jachère; on conduit la marne sur les
champs avant de les labourer, soit en automne,
soit dans le courant de l'hiver, et on l'y dépose en
petits tas. Les marnes dures, qui se *délitent* difficilement, doivent y être conduites plutôt que celles
qui n'ont besoin que de peu de temps pour se déliter. Au printemps, lorsque la marne est bien
délitée, on étend les tas le plus également possible
sur la surface de la terre, et on herse à plusieurs

reprises, pour mêler la marne en poudre, à la terre; s'il restait encore quelques morceaux que la herse ne pût réduire en poudre, on la ferait suivre par le rouleau, et on réitérerait ces opérations jusqu'à ce qu'il ne restât plus aucun morceau gros ou petit. On donne alors un labour très-peu profond, et on en donne encore dans le courant de l'été deux ou trois autres, afin de bien incorporer la marne avec le sol. On peut ensuite y semer du blé, ou toute autre chose. La marne produit ordinairement peu d'effets, la première année qui suit celle où on l'a appliquée; quelquefois même ce n'est qu'à la troi-sième année, que son effet est complet.

La plus grande faute qu'on puisse commettre en employant la marne, est de croire qu'elle peut remplacer le fumier; la marne est *un amendement*, ce n'est pas *un engrais*. On appelle *amendement* tout ce qui contribue à rendre la terre fertile, mais sans lui fournir les principes qui forment la nour-riture des plantes, principes qui sont contenus dans le fumier et les autres *engrais* proprement dits; ainsi les labours sont des *amendemens*, ainsi que le *plâtre* sur les trèfles, ainsi que l'opération par laquelle on saigne une terre trop humide, etc. Il ne vient à l'idée de personne que ces amendemens dispensent de fumer les terres; il en est de même de la marne, c'est un moyen de faire produire, par le fumier qu'on donnera aux terres, de plus abon-dantes récoltes, mais il faut bien se garder de croire qu'on n'aura pas besoin de fumer les terres

12*

marnées. On peut comparer les effets de la marne, sur la végétation des plantes, à ceux du sel, dans la nourriture des hommes et des animaux; le sel ne nourrit pas, mais il facilite la digestion, et rend ainsi les véritables alimens auxquels il est joint, plus nutritifs. Dans quelques cantons où on avait commis cette faute, parce qu'on n'était pas habitué à l'emploi de la marne, on s'est aperçu qu'après avoir obtenu des terres marnées, plusieurs riches récoltes, ces terres s'appauvrissaient sensiblement; on en a accusé la marne, et on a dit que *la marne enrichit les pères et appauvrit les enfans.* Ce n'était pas la faute de la marne, mais bien du mauvais usage qu'on en avait fait.

Lorsque la terre qu'on marne est encore en bon état de fertilité, on peut se dispenser de mettre du fumier la première, et même la seconde année; mais ensuite il ne faut pas manquer de fumer, aussitôt qu'on s'aperçoit que les récoltes diminuent, et si on le peut, on ne doit pas même attendre cette marque d'appauvrissement. C'est surtout aux sols sablonneux, qu'il ne faut pas laisser attendre le fumier après le marnage. Lorsqu'on marne une terre déjà épuisée, ou pauvre par sa nature, elle doit être fumée en même temps que marnée, et ensuite entretenue dans le meilleur état de fertilité possible par des engrais, toutes les fois que le besoin s'en fait sentir. Avec ces soins on obtiendra, des terrains marnés, des récoltes beaucoup plus considérables qu'on n'aurait pu le faire sans la marne.

DU FUMIER,

Des moyens d'en augmenter la quantité, de le recueillir et de l'employer de la manière la plus utile.

LES engrais doivent être considérés comme la base de la culture des terres. Il serait aussi possible d'entretenir des troupeaux sans leur donner à manger, que de cultiver des terres sans leur rendre, par des engrais, la substance nutritive que leur enlèvent les récoltes qu'elles produisent chaque année.

Si on excepte quelques circonstances, où un cultivateur, placé près d'une ville, peut s'y procurer des engrais de diverses espèces, on peut dire qu'en général, on ne peut compter, dans une exploitation rurale, que sur le fumier produit par les bestiaux qu'on y entretient. C'est donc un objet de la plus haute importance, que de prendre les moyens d'obtenir du bétail la plus grande quantité de fumier possible, et de l'employer de la manière la plus utile. On ne peut pas avoir trop de fumier dans une ferme, et il est bien rare qu'on en ait assez; pour un hectare de terre dont le produit a été

diminué parce qu'il a été trop fumé, on en comptes
rait des millions qui ne produisent tous les ans
qu'une très-petite partie de ce qu'ils devraient
produire, par le défaut d'une quantité suffisante
d'engrais.

Les trois points les plus essentiels pour obtenir
d'un nombre donné de bêtes à cornes, de chevaux
ou de cochons, la plus grande quantité de fumier
possible, sont : 1° de les nourrir très-copieuse-
ment, car la quantité de fumier que produit le
bétail est toujours en proportion de la nourriture
qu'il reçoit ; 2° de leur fournir constamment une
litière abondante, de sorte qu'aucune portion des
urines ne se perde ; 4° de les nourrir toute l'année
à l'étable.

Dans le plus grand nombre des exploitations où
les bestiaux sont nourris à la pâture pendant l'été,
et où la paille forme une partie considérable de la
nourriture d'hiver, je ne crois pas qu'on tire
annuellement quatre voitures de fumier par tête de
gros bétail, tandis qu'on peut en tirer dix, et même
davantage, de bien meilleur fumier, par une nourriture copieuse donnée à l'étable. Il y a, dans cette
augmentation, de quoi doubler, dans presque toutes
les circonstances, le produit de toutes les récoltes
de l'exploitation, et par conséquent, augmenter le
produit net dans une bien plus grande proportion,
puisque les frais de culture sont les mêmes, pour
une terre richement amendée, ou pour une terre
pauvre. La proportion des fourrages artificiels se

rouvera augmentée de même, ce qui permettra
non-seulement de nourrir copieusement le même
nombre de bestiaux, mais d'en entretenir davantage. C'est sous ce point de vue qu'on doit considérer la nourriture à l'étable, si on veut appré-
cier toute l'importance de cette méthode, sur la
prospérité d'une exploitation agricole.

D'un autre côté, l'augmentation de nourriture
qu'on fait consommer par le bétail, pour en obtenir une plus grande abondance d'engrais, n'est jamais onéreuse, parce que l'augmentation des autres
produits, comme le lait, la graisse, la laine, ou
le travail pour les bêtes de trait, paie toujours
largement cette augmentation de dépense; en
effet, il n'y a pas de bestiaux, de quelqu'espèce
qu'ils soient, qui donnent moins de profit, que des
bestiaux maigrement nourris. On pourrait cependant ici pécher aussi par l'excès, mais il est bien
facile de s'en garantir.

Les moyens qu'on emploie pour recueillir le fumier, influent beaucoup aussi sur sa quantité.
Dans plusieurs cantons où l'agriculture est portée
à un haut point de perfection, on recueille à part
le fumier et les urines; cela a lieu principalement
lorsque les bestiaux reçoivent une nourriture qui
produit une très-grande quantité d'urine, comme
les fourrages verts, et surtout des résidus de distillation de grains ou de pommes de terre. Dans
ces cantons, on estime qu'on peut amender, avec
l'urine qu'on recueille ainsi, une aussi grande éten-

Jue de terre, qu'avec le fumier des mêmes bestiaux;
mais l'amendement produit par l'urine est beaucoup moins durable que celui qui est produit par
le fumier; on n'évalue cet amendement, qu'au
quart de celui du fumier. Il en résulte que
cette séparation des urines ne serait profitable, que dans le cas où on ne pourrait faire
un quart en sus de fumier, en faisant absorber
toute l'urine par une quantité suffisante de litière;
il ne me paraît guère douteux que l'augmentation
de fumier, dans ce cas, ne soit au moins dans cette
proportion; ainsi, le principal avantage de la séparation des urines, est qu'elle permet d'économiser
une partie de la litière; et l'emploi de cet engrais
liquide est certainement plus embarrassant et plus
coûteux que celui du fumier. Cependant l'application de l'urine, qu'on mêle avec une quantité
égale d'eau, et qu'on n'emploie jamais que lorsqu'elle a fermenté complètement, c'est-à-dire, au
bout de 2 ou 3 mois, présente quelques avantages
particuliers dans les sols très-légers, sablonneux
ou calcaires, auxquels les engrais liquides, en général, conviennent particulièrement : comme les
effets de cet engrais sont très-prompts, on peut
l'employer à produire, dans l'année même, une
quantité considérable de fourrage, dont on peut
obtenir, déjà quelques mois après, des engrais en
abondance. Il est certain qu'au moyen d'une re-
production d'engrais aussi rapide et aussi fréquemment répétée, on en obtient, dans l'espace d'un

rertain nombre d'années, une plus grande quantité,
ume lorsque ses effets dans le sol sont répartis entre
suatre ou six ans, comme cela a lieu pour le fumier
solide. On conçoit bien que les avantages de ce
système, dépendent essentiellement du soin avec
pquel on emploie les engrais à produire des four-
gages, et par conséquent de nouveaux engrais.
celui qui emploierait l'urine à produire des ré-
loltes qui ne reproduisent pas d'engrais, comme
le lin, le chanvre, etc., appauvrirait son exploitation bien plus rapidement, qu'en convertissant
urine en fumier.

Dans quelques cantons, on transporte l'urine
putréfiée dans des tonneaux, et on la répand sur
les champs au moyen d'une longue caisse en bois
fixée en travers, derrière le chariot, et percée
de trous dans son fond, ce qui arrose une largeur
de 5 ou 6 pieds, pendant que le chariot avance ;
l'urine, qui sort du tonneau par un robinet, est
conduite dans la caisse par un chenal en bois.
Lorsque j'ai voulu pratiquer cette méthode, j'ai
remarqué que, lorsqu'on travaille sur des billons
bombés, la caisse, ne se trouvant pas de niveau,
répand beaucoup plus de liquide d'un côté que de
l'autre, et que, par conséquent, l'arrosage est
fort inégal. Il est préférable de suspendre, sous le jet
du tonneau, un bout de planche incliné en arrière, qui fait rejaillir le liquide de tous côtés.
Mais, la manière la plus parfaite de répandre
les engrais liquides, est de transporter dans le

champ un petit cuvier large et plat, qu'on place derrière le chariot arrêté; pendant que le liquide coule dans le cuvier, un homme, armé d'une pelle longue, en forme de gouttière, la puise dans le cuvier, et le répand fort bien et avec beaucoup d'égalité, si l'ouvrier est exercé.

On répand fréquemment l'urine sur les trèfles, les luzernes, les sainfoins; en alternant cet engrais avec le plâtre, on produit sur ces plantes des effets qui paraissent prodigieux; on obtient, dans des sables presque stériles, d'aussi abondantes récoltes que dans les terres de la meilleure qualité. Pour les pommes de terre, on la répand ordinairement sur le sol, après la plantation; et dans des terres très-légères, on obtient ordinairement de très-belles récoltes.

On ne doit pas employer cet engrais pour les céréales, parce que cela les rend très-sujettes à *verser*, ou, du moins, on doit l'employer en petite quantité, mêlée de beaucoup d'eau, et répandre très-également; encore celle n'est-il jamais sûr.

Lorsqu'on veut recueillir à part l'urine des bestiaux, on doit avoir deux citernes dans lesquelles elle s'écoule de l'étable; pendant que l'une se remplit, l'autre se putréfie; une pompe portative sert à tirer l'urine putréfiée, et la verse dans les tonneaux placés sur les chariots.

Les engrais liquides ne produisent de bons effets que dans les sols très-légers; ainsi, lorsque ceux

me l'on cultive ne sont pas de cette nature, on
doit convertir l'urine en fumier. Je suis même
porté à croire que, dans toutes les circonstances,
lorsqu'on a de la litière en suffisance, cette méthode est préférable.

Les fumiers, en sortant des étables, se placent
ordinairement en tas dans la cour de ferme, ou à
l'extérieur; le lieu où on place ce tas ne doit pas
être trop sec, parce que, dans les saisons chaudes
de l'année, la fermentation s'y opérerait mal, à
moins qu'on n'arrosât souvent le fumier d'eau; mais,
ce qu'on doit éviter par-dessus tout, c'est que le
pied du tas de fumier soit baigné par de l'eau stagnante ou courante; non-seulement cela en enlève
les sucs les plus précieux, mais cela nuit à la fermentation de la masse, qui ne peut s'opérer qu'au
moyen d'une humidité modérée. Rien ne prévient
plus défavorablement contre un cultivateur, que
la négligence avec laquelle ses tas de fumier sont
placés et arrangés.

La place où on doit mettre le tas de fumier, doit
être creusée à la profondeur de 18 pouces environ;
on emplit ce trou, à un pied d'épaisseur, de terre
tirée des fossés, de marne ou de tourbe; lorsque
cette couche de terre sera pénétrée des sucs du fumier, elle formera un accroissement important d'engrais aussi riche que le fumier lui-même. On dépose
sur cette couche les fumiers sortant de l'étable, et
a soin, à mesure qu'on s'élève, de dresser les
côtés bien verticalement. Lorsqu'on mêle ensemble

les fumiers de divers bestiaux, ce qui est le plus convenable dans la plupart des cas, attendu que les qualités de l'un corrigent les défauts de l'autre; on doit avoir soin de les ranger, chacun bien également, couche par couche, sans entasser ceux d'une espèce sur un même point; sans quoi la fermentation seraitt rès-inégale. Lorsque le tas est fini, on fera très-bien de le recouvrir encore d'un lit de terre, ou de marne, qui s'imprégnera de principes fertilisans, et qui deviendra un excellent engrais. On peut même, avec beaucoup de profit, placer dans l'intérieur du tas une petite quantité des mêmes subtances, en les mêlant bien au fumier, ce qui augmentera d'autant la masse. Il est bon de recouvrir le tout, lorsque le tas est fini, de bran chages d'épines, pour empêcher que les poules, en grattant, ne jettent à bas du tas une quantité souvent considérable de fumier, qu'on relève rarement et qui est ainsi perdu.

On peut aussi augmenter la quantité de fumier en mêlant au tas de grandes herbes, qu'on coupe le long des chemins, des fossés, des haies, etc.; mais ceci exige l'attention la plus scrupuleuse de n; jamais attendre, pour les couper, le moment où elles portent leurs graines, et même, pour beaucoup d'entre elles, il n'y a pas de sûreté à les couper quand elles sont en fleurs, car si on les laisse quelques jours sur le terrain, les graines peuvent venir en état de germer. Sans les plus extrêmes précautions sous ce rapport, on pourra

...ière beaucoup plus de mal que de bien ; à la vé-
...ité, la fermentation du fumier détruira un grand
...nombre de ces graines ; mais il y en a beaucoup
...qui y résistent, et il y a toujours bien assez de
...mauvaises herbes dans les terres, sans y conduire
...leurs graines volontairement. J'ai dû mettre en
...garde les cultivateurs contre cette faute , parce
...que j'ai eu lieu de me repentir vivement de l'avoir
...commise.

...Si le tas de fumier n'est pas trop étendu pour
...sa hauteur, et qu'il ne reçoive pas d'autres eaux
...que les pluies qui tombent sur lui, il n'arrivera
...presque jamais qu'il contienne un excès nuisible
...d'humidité ; mais dans les longues sécheresses, il
...peut arriver qu'il se dessèche trop pour que la
...fermentation s'y opère bien ; dans ce cas, le fu-
...mier *prend le blanc*, et perd beaucoup de sa va-
...leur ; cela n'est guère à craindre que dans le cas
...où il serait formé pour la plus grande partie de
...fumier de cheval, qui est plus sec par sa nature
...que celui du bétail à cornes , et qui d'ailleurs, par
...la grande chaleur qu'il développe pendant sa fer-
...mentation , fait évaporer promptement l'humidité.
...On doit observer de temps en temps l'état de
...l'intérieur du tas, et si on s'aperçoit qu'il manque
...d'humidité, il est absolument indispensable de
...verser de l'eau dessus d'une manière quelconque ,
...en la faisant pénétrer dans toutes les parties du
...tas, au moyen d'un pieu qu'on y enfonce, et qu'on
...retire ensuite, pour y former des trous par où
...l'eau s'insinue.

Lorsqu'on a un colombier dans l'exploitation on ne doit jamais mêler aux autres fumiers, celui qu'on en tire ; on doit faire sécher la *colombine*, si elle n'est pas bien sèche lorsqu'on la recueille, la réduire ensuite en poudre, au moyen du fléau ou de toute autre manière, et la répandre à la main, sur les récoltes en végétation, ou avec les semences, au mois de mars ou d'avril, sans l'enterrer. De cette manière, elle produit bien plus d'effet qu'en la mêlant aux autres fumiers.

Le fumier de bergerie se mêle rarement aussi aux autres fumiers, parce que, lorsqu'on vide la bergerie, on en obtient à la fois une trop grande quantité, pour pouvoir le mêler convenablement avec le reste du tas. On en fait un tas à part, qu'on traite avec le même soin que je viens d'indiquer.

Le produit des vidanges des latrines de l'exploitation, ne doit pas non plus être mêlé aux autres fumiers ; c'est un engrais très-puissant, qu'on ne doit jamais négliger de recueillir. La manière la plus commode pour l'utiliser, est de le mettre à l'état liquide, dans une fosse de 3 ou 4 pieds de profondeur, qu'on emplit seulement à moitié ; on dépose sur le bord de cette fosse, de la terre bien meuble ou de la marne bien sèche, et on la jette sur les matières, par pelletées, qu'on éparpille le plus possible ; la terre gagne bientôt le fond, et on en ajoute jusqu'à ce que la masse soit bien ferme. Au bout de quelque temps, on vide le tout, et on en fait un tas sur le bord de la fosse ; on l'emploie

...rsqu'il est suffisamment ressuyé pour le répandre
...cilement. On ne doit jamais mêler à ces matières,
...s gazons ou des herbes, parce que les substances
...gétales s'y décomposent très-difficilement ; au
...out de plus d'un an, j'ai retrouvé dans du *compost* de cette espèce, les herbes qu'on y avait
...ises, aussi entières qu'au premier moment, ce qui
...ine beaucoup pour répandre l'engrais également.
L'Tous ces soins, pour recueillir et conserver
...nvenablement les engrais, ne sont nullement
...pendieux ; ils n'exigent que de la vigilance et
... l'attention. Mais quand ils entraîneraient quel-
...es dépenses, ce ne sera pas un motif de s'en
...penser, pour le cultivateur qui connaît la valeur
...s engrais dans la culture des terres. Aucune dé-
...nse ne peut être mieux placée.

...) Quant à la manière d'employer le fumier, l'u-
...ge le plus commun est de ne le transporter sur
...s terres que lorsqu'il est bien consommé, c'est-
...-dire, lorsqu'il est réduit à l'état d'une substance
...nctueuse, qui se coupe facilement à la bêche, ou,
...omme disent les cultivateurs, d'un *beurre noir*.
...ette méthode a l'avantage de détruire une grande
...artie des semences d'herbes nuisibles qui se trou-
...ent toujours dans le fumier, malgré tous les soins
...ossibles, et qui y ont été apportées, soit par la
...itière, soit par les excrémens du bétail.

On peut cependant, dans beaucoup de cas,
...employer très-avantageusement frais, et en sor-
...ant de l'étable ; souvent même, employé ainsi,

il produit des effets aussi prompts et plus durables
Dans les méthodes perfectionnées d'agriculture
où on n'applique le fumier qu'aux récoltes sarclées, l'inconvénient des mauvaises semences es
bien moins important, parce que les menues cultures empêchent qu'elles nuisent à la première récolte, et en détruisent une grande quantité ; et le
labours qu'on donne avant la seconde récolte
achèvent de les détruire. Dans les terres argileuses, le fumier enterré ainsi frais, par ur
seul labour, produit de très-bons effets, e
c'est la méthode qu'on doit toujours suivre pou
les pommes de terre, dans quelque sol que ce soit

On peut, ou enterrer le fumier par des labours
ou le répandre par-dessus les semailles ou les récoltes en végétation. Sur la jachère, c'est toujours de la première manière qu'on l'applique, ett
en général, c'est celle qui convient le mieux, dar
la plupart des cas, pour les sols argileux. Alors,
on donne un second labour, après celui qui a enterré le fumier soit frais et pailleux, soit consommé
il est toujours nécessaire d'en donner encore a
moins un troisième ; car le second labour ramèn
à la surface beaucoup de fumier, et l'amendeme
serait très-inégal ; ce n'est guère que le troisième
labour qui le mêle bien à la terre.

Dans les sols légers, sablonneux ou calcaires
le fumier frais ou consommé produit en génér
bien plus d'effet, lorsqu'on l'applique sur le sol a
lieu de l'enterrer. On peut le répandre, soit a

ioment de la semaille , soit sur la récolte en végé-
itation, soit même pendant l'hiver, sur une terre
ini doit être labourée au printemps, pourvu,
nutefois, que le sol ne soit pas en pente, de ma-
ière que les pluies puissent entraîner les sucs du
nmier hors du champ. Quoique cette méthode
rappliquer le fumier soit en opposition avec la
héorie, qui fait supposer qu'on perd, dans ce cas,
ine grande quantité de principes volatils, qu'on
egarde comme très-précieux, cependant l'expé-
ience se prononce si fortement en sa faveur, pour
i nature de terre que j'indique, qu'on ne doit pas
résiter de la suivre, lorsque cela est possible.
) Cette dernière méthode est la seule applicable
inx prés et prairies artificielles ; la saison la plus
v.vorable pour y conduire le fumier, est la fin de
ihiver ou le commencement du printemps. Lorsque
rherbe commence à grandir, si c'est du fumier
iailleux qu'on a employé, il est bon de ramasser
as pailles au râteau, ou à la herse, et de les mettre en
ias hors du pré ; on peut employer utilement cette
grande paille à la culture des pommes de terre.
. Les engrais qui s'emploient en poudre et en pe-
ite quantité, comme le compost de matière fécale
ue j'ai indiqué tout à l'heure, le fumier de pigeons,
itc., doivent toujours s'employer au printemps ,
m les répandant très-également sur les semailles
iu les récoltes en végétation, et sans les enterrer,
iu du moins très-peu. Il produisent ainsi beau-
ioup plus d'effet que si on les enterrait à la charrue.

Lorsqu'on conduit du fumier, on doit mett
une grande attention à ce que le nombre d'ouvrie
qui chargent les voitures, soit proportionné à
distance où on conduit, de manière qu'ils ne reste
jamais oisifs, mais que les attelages n'attende
pas. Deux chariots sont nécessaires pour chaq
attelage.

Le fumier qui arrive sur les terres, soit qu
soit destiné à être enterré ou non, doit être re
pandu de suite très-également, et sans qu'il resa
de morceaux ou de paquets; les tas qu'on form
en déchargeant les voitures, ne doivent jamais pas
ser la nuit sur le champ, si on veut que la fumu
soit bien égale, ce qui est un des points les pl
importans de l'application des engrais.

Lorsqu'on enterre à la charrue du fumier pai
leux, il est presque nécessaire de faire suivre
charrue par des femmes, qui tirent dans les raio
avec des râteaux, le fumier répandu sur la terr
et l'y distribuent bien également; sans cela le fu
mier s'amasse souvent devant la charrue, et s'en
terre ensuite par paquets.

Si on cultive des terres de plusieurs qualité
on peut séparer les fumiers provenant des divers
espèces de bestiaux, afin d'employer celui d
bêtes à cornes dans les sols chauds et légers,
celui des bêtes à laine, dans les terres froides
argileuses.

De la meilleure manière de mettre les Prés en culture, et de convertir les Terres arables en Prés.

Le défrichement des prairies, pour les convertir en terres arables, est une des opérations les plus importantes de l'agriculture, car, dans beaucoup de cas, on peut en tirer ainsi un produit bien plus considérable qu'en les laissant en prés. En les gouvernant convenablement, on peut, si on veut les laisser en terres arables, les maintenir toujours dans le même état de fertilité que dans les premières années du défrichement; et si, au bout de quelques années, on veut les remettre en prés, on peut souvent les rendre plus productifs qu'ils n'étaient auparavant.

Si au contraire, on les traite d'une manière peu felicieuse dans les premières années après le défrichement, si on abuse de leur fertilité pour en obtenir des récoltes qui les épuisent, on les réduit, en peu d'années, à l'état d'une terre médiocre, et on dissipe ainsi un trésor, dont on aurait pu jouir pendant très-long-temps. C'est parce que les fermiers sont en général trop disposés à suivre cette mauvaise méthode, que les propriétaires permettent rarement qu'ils rompent les prés qui sont attachés à leurs fermes. Cette prohibition de leur part est donc presque toujours fort sage; cependant elle est souvent nuisible, car il y a beaucoup de prés qui, en cette nature, sont d'un très-petit produit, parce qu'ils sont infectés par la mousse, par de mauvaises espèces de plantes, ou pour d'autres causes, et dont on pourrait doubler ou tripler la valeur par une culture bien entendue.

D'excellens cultivateurs sont d'avis qu'on ne devrait laisser en prés *permanens*, que ceux qui sont susceptibles d'irrigation, et que tous les autres devraient être, de temps en temps, mis en culture pour quelques années, et ensuite remis en prairies. Cependant je crois que c'est pousser trop loin la conséquence d'un excellent principe; je pense qu'il ne faut pas, sans beaucoup de réflexions à rompre un pré qui est en bon rapport, quoique dans beaucoup de circonstances, on puisse, sans diminuer sa valeur, en tirer, en le cultivant pendant quelques années, un produit beaucoup plus considérable, qu'en le laissant en pré. Mais pour ceux qui sont d'un chétif produit, quoique situés dans un sol fertile, ce qui se rencontre très-fréquemment, les avantages du défrichement sont immenses.

Lorsqu'un pré est sujet au séjour des eaux, ce qu'on connaît facilement par la mauvaise nature des herbes qui y croissent, la première chose

faire , avant de le rompre , est de l'égoutter parfaitement par des saignées ouvertes ou souter-
raines, selon les localités. Sans cela, on ne peut
jamais espérer d'en faire ni un bon pré, ni une
terre arable d'un bon produit.

Les récoltes qu'il convient le mieux de mettre la
première année sur un pré rompu , sont celles qui
peuvent se semer ou se planter sur un seul labour ; car si , après l'avoir rompu, on veut lui
donner un second labour, on ramenera les gazons
à la surface, ce qui mettra dans la nécessité de
donner plusieurs autres labours , et très-souvent,
de lui faire faire une année de jachère avant de
l'ensemencer; ce procédé augmente considérablement les frais, et si on ne prend pas ce parti , il
restera à la surface beaucoup de gazons roulans ,
qui reprendront racine, et gêneront pendant long-
temps les opérations de la culture.

On a souvent conseillé, dans ce cas, de donner, pour la seconde fois, un labour croisé; lorsque j'ai voulu le faire , j'en ai éprouvé les plus
mauvais résultats ; les gazons se trouvant coupés
en carrés réguliers, restent toujours en grand
nombre à la surface, dans les labours suivans; si
on en enterre quelques-uns, c'est en en ramenant
d'autres au-dessus, qui embarrassent considérablement dans les cultures suivantes.

Si cependant on voulait absolument mettre, la
première année, une récolte qui ne pût pas réussir sur un labour, il faudrait, avant l'hiver, donner

un labour très-peu profond, de deux ou trois pouces au plus ; au printemps, on en donnerait un second de six pouces au moins ; de cette manière, on ramènerait bien moins de gazons à la superficie. Mais le plus économique de beaucoup, est d'ensemencer ou de planter la première récolte sur un seul labour. Il y a plusieurs plantes qui réussissent parfaitement de cette manière ; tels sont *le lin, la pomme de terre, les féverolles, l'avoine.*

Le lin est sans contredit la plus riche récolte qu'on puisse faire sur un pré rompu. Je n'ai jamais vu de plus beaux lins que ceux que j'ai cultivés ainsi sur un seul labour de 5 à 6 pouces de profondeur, donné en mars, et ensemencé de suite. Les gazons se pourrissent parfaitement sous cette récolte, et la terre est très-bien préparée pour les récoltes suivantes.

Les pommes de terre donnent ordinairement une récolte abondante, lorsqu'on les plante sur un pré ainsi rompu.

On ne doit pas les enterrer à la charrue dans ce cas, mais les planter à la bêche ou à la houe, sur un seul labour à la charrue, donné à 6 ou 8 pouces de profondeur. On ne doit pas compter, cette année, sur la houe à cheval pour les binages, à cause des gazons qui, dans presque tout les cas, nuisent à la marche de cet instrument. Il vaut mieux les cultiver à la houe à main.

Tous les cultivateurs savent que *l'avoine*, semée sur un seul labour dans un pré rompu, donne ordinairement une récolte énorme. Le labour n'a pas besoin d'être approfondi à plus de 5 à 6 pouces.

Les féverolles donnent aussi, dans ce cas, un produit très-abondant. Comme la semence de cette plante demande à être enterrée profondément, il faut la planter au plantoir, si on ne peut, avec la herse, les enterrer à deux pouces au moins, ce qui arrive souvent sur les gazons. 3 ou 4 pouces de profondeur conviennent encore mieux à cette semence.

La seconde année doit, dans tous les cas, être destinée à une *récolte sarclée*, soit à la main, soit à la houe à cheval, afin d'achever de détruire toutes les herbes du pré, qui pourraient repousser.

Si le terrain est pauvre, que le gazon soit peu ancien, et de peu d'épaisseur, et qu'on veuille le remettre en nature de pré, on ne doit pas prendre plus de trois récoltes, avant de semer les graines de pré, à moins qu'on ne lui rende du fumier à la 3e ou 4e année, ce qui serait également nécessaire si on veut le laisser en nature de terre arable.

On peut suivre alors l'un des assolemens suivans :

1re Pommes de terre,

2e Navets,

3e Orge avec graines de pré.

Ou bien,

1re Pommes de terre,

2e Pommes de terre,

3e Orge avec graines de pré.

Ou encore,

1re Avoine,

2e Navets,

3e Orge avec graines de pré.

Ou,

1re Pommes de terre,

2e Navets,

3e Orge,

4e Pommes de terre fumées,

5e Orge avec graines de pré.

Ou encore,

1re Avoine,

2e Pommes de terre fumées,

3e Orge avec trèfle,

4e Trèfle,

5e Seigle ou blé,

6e Pommes de terres ou navets fumés,

7e Orge avec graines de pré.

Dans un sol plus fertile et de consistance moyenne
on peut faire :

1re Lin,

2e Pommes de terre, navets ou betteraves,

3e Carottes,

4e Orge avec graines de pré.

Ou,

1re Lin,

2e Pommes de terre, navets ou betteraves,
3e Orge,
4e Trèfle,
5e Blé,
6e Pommes de terre ou navets fumés,
7e Orge avec graines de pré.

    Ou,

1re Avoine,
2e Pommes de terre, navets ou betteraves,
3e Fèves binées,
4e Blé avec graines de pré.

Dans un sol très-riche, frais et profond, et sur un gazon très-ancien, on peut suivre les cours suivans :

1re Lin ou fèves,
2e Choux, betteraves ou rutabagas,
3e Orge,
4e Trèfle,
5e Blé,
6e Vesces ou fèves,
7e Blé,
8e Betteraves fumées,
9e Orge avec graines de pré.

    Ou,

1re Avoine,
2e Betteraves,
3e Blé,
4e Fèves binées,
5e Blé avec graines de pré,

Ou,

1re Lin,

2e Colza en lignes, biné soigneusement,

3e Blé,

4e Fèves binées,

5e Blé avec graines de pré.

Par des assolemens de ce genre, on peut tirer, pendant quelques années, d'un pré rompu, un produit double, dans beaucoup de circonstances, de celui qu'on aurait pu en tirer en nature de pré. Le dernier cours que j'ai indiqué, est entr'autres un des plus lucratifs auxquels on puisse prétendre dans la culture champêtre ; et cependant, beaucoup de vieux prés rompus peuvent le supporter sans éprouver un trop grand épuisement. En général, on doit déterminer le nombre et l'espèce de récoltes qu'on peut tirer d'un terrain de cette espèce, d'après l'épaisseur de la couche de gazon qu'on a renversée ; ce gazon forme un engrais très-puissant, plus ou moins durable, selon sa masse, et aussi selon la nature de la terre. C'est un trésor dont il faut jouir, mais dont on ne doit pas abuser ; si on laisse arriver le moment de l'épuisement, *on a tué la poule aux œufs d'or.* Il ne reste plus qu'un terrain qu'on ne peut plus mettre en pré, ni cultiver avec profit à la charrue, car un terrain pauvre ou épuisé paie bien rarement les frais de culture.

Après avoir cultivé pendant quelques années un pré rompu, on peut, au lieu de le remettre en

nature de pré, comme je l'ai indiqué dans les assolemens que j'ai proposés, le soumettre à un assolement réglé, comme une terre arable de bonne
qualité: dans ce cas, on doit avoir pour but constant, de conserver la terre dans le même état de
fertilité qu'elle avait dans les premières années du
défrichement. On y réussira par des amendemens
répétés, et par une succession judicieuse de récoltes.

Mettre en nature de pré une terre arable, est une
opération très-rare dans l'agriculture française; et
véritablement, elle s'exécute ordinairement d'une
manière si barbare, si lente et si peu économique,
qu'on ne doit pas être surpris qu'on ne soit pas tenté
d'y revenir plus fréquemment. C'est aussi une des
principales raisons pour lesquelles on craint tant
de rompre un pré naturel, malgré l'immense profit
qu'on peut en tirer. Abandonner à elle-même une
terre épuisée et empoisonnée de mauvaises plantes,
peut bien être un moyen de la remettre en pré,
mais c'est un moyen qui entraîne la perte totale
ou presque totale du produit de la terre pendant
8, 6 ou même 10 ans, qui s'écoulent ordinairement avant qu'on ait un pré passable. Y répandre à la pelle, de dessus un chariot, des ramas-
sures de greniers à foin, décorées du nom de
semence de foin, est encore un moyen d'augmenter
le nombre des plantes qui y croîtront, mais le
hasard décidera si ces plantes seront appropriées
au terrain, de bonne ou de mauvaise qualité, etc.

13*

D'ailleurs, quand elles seraient d'excellente qualité, si le sol est pauvre, on n'aura pendant long-
temps qu'un pauvre pré.

Il y a cependant quelques terres qui se couvrent
naturellement et promptement de très-bonnes
herbes, et qui sont toujours, par cette raison, de
fort mauvaises terres pour la production des grains.

Pour celles-là, il ne faut pas d'art pour les remettre en pré; le seul soin qu'on doit avoir est qu'elles
se trouvent en bon état de fertilité; mais ce cas
est extrêmement rare, et dans toute autre circonstance, voici comme on doit s'y prendre pour créer
un pré qui, à sa première, ou au plus à sa seconde
année, soit en plein rapport, ce qui est possible,
dans quelque sol que ce soit.

Le premier soin nécessaire dans ce cas, est d'a-
mener le sol, par des engrais, au meilleur état de
fertilité possible, et de le nettoyer parfaitement
des plantes nuisibles; sans cela, il n'y a aucun succès à espérer. Cette condition n'est pas onéreuse à
remplir, puisque, dans presque tous les cas, on
peut y parvenir par la culture de récoltes préparatoires, qui paient bien elles-mêmes les engrais et
les soins qu'on leur consacre. C'est toujours dans
la récolte de grains qui suit immédiatement une
récolte sarclée et fumée, qu'on doit semer la nouvelle prairie. Si la culture qui a précédé la récolte
sarclée a été bien dirigée, de manière à ne pas trop
épuiser le terrain, et à ne pas le laisser empoisonné d'herbes nuisibles, le succès est à peu près

infaillible; on aura, dans peu de temps, une aussi bonne prairie que la situation du terrain peut le permettre. On peut semer la graine de pré, soit à l'automne, soit au printemps; dans le plus grand nombre de circonstances, je crois que le moment le plus favorable est au mois de mars ou d'avril, avec l'avoine ou l'orge, etc., ou en février ou mars, sur un blé d'hiver, en enterrant très-peu la semence dans tous les cas.

Le choix des espèces de graines qu'on doit employer, et la manière de se les procurer, forment sans contredit le point le plus embarrassant de cette opération, pour la plupart des cultivateurs. Le nombre des espèces de plantes qui croissent dans les bons prés, est très-considérable, même en ne faisant attention qu'aux graminées, qui en composent pour ainsi dire le fond, et on ne trouve dans le commerce, que les semences d'un très petit nombre de ces espèces, encore sont-elles très-rarement pures. Les limites de cet ouvrage ne permettent pas de donner ici la nomenclature de toutes les plantes qui peuvent entrer dans la composition des prairies, en indiquant les circonstances dans lesquelles chacune d'elles peut convenir; les personnes qui désireraient prendre une connaissance plus approfondie de cette matière, peuvent consulter les excellens développemens qui ont été donnés sur ce sujet, comme sur beaucoup d'autres, par M. *Yvart*, dans le *Nouveau Cours complet d'agriculture*, art. *succession de culture*. D'un autre côté, comme une

simple nomenclature de toutes ces espèces ne serait
d'aucune utilité et ne ferait qu'embarrasser ceux
qui voudraient en faire usage, je me contenterai
de dire ici que les graminées, qu'on sème le plus
fréquemment à part pour former des prés, sont
l'ivraie vivace ou *ray-grass* ; et le *fromental* ou
avoine élevée. On peut facilement s'en procurer des
semences par le commerce, et elles réussissent bien
toutes deux, dans tous les sols qui ne sont pas excessivement secs ou marécageux. On emploie 8£
à 100 livres de graines de *ray-grass* bien propre
par hectare, ou 250 livres environ de graine de
fromental. Comme ces deux plantes sont fort hâtives, on peut très-bien les mélanger, alors on
prendra moitié de chacune des quantités de graine
que je viens d'indiquer. On peut y joindre 6 à 10
livres de graine de trèfle blanc, si la prairie est
destinée à être pâturée, ou autant de trèfle rouge
si elle doit être fauchée ; dans ce cas, on retran-
chera une quantité proportionnée des semences de
graminées.

Il y a encore quelques autres graminées qui ont
été vantées à diverses époques, comme pouvant
former de bonnes prairies, mais qui sont bien plus
rarement cultivées, du moins en France, que les
deux dont je viens de parler, quoiqu'elles soient
très-communes dans nos meilleurs prés naturels :
tels sont le *dactyle pelotonné*, la *fléole des prés*
(*timothy-grass* des Anglais), quelques *paturins*,
le *vulpin des prés*, etc.

Il est certain que lorsqu'il est question de former un pré qui est destiné à subsister pendant
long-temps, un mélange de plusieurs espèces est
préférable à une espèce seule, quelque bien appro-
priée qu'elle soit à la nature du terrain, car le sol
se lasse de produire toujours la même plante, et
semble se rafraîchir par la variété des productions.

Le parti le plus sage que puisse prendre un
cultivateur, pour déterminer les espèces de plantes
dont il doit former une prairie de cette espèce, est
d'observer quelles sont les plantes qui réussissent
le mieux, et qui donnent le meilleur fourrage,
dans de bons prés de la même nature de terre, et
dans la même position que le terrain qu'il veut
convertir en prairie ; s'il ne connaît pas les noms
botaniques de ces plantes, il n'y a pas de ville où
il ne puisse trouver quelqu'un en état de les lui
indiquer ; il pourra alors se procurer dans le commerce un mélange de trois ou quatre espèces, et
former ainsi son pré à peu près à coup sûr.

Il peut aussi se procurer ces semences dans de
bons prés, d'une nature de terre et d'une situation
analogues à celles du terrain auquel il les destine ;
pour cela, il observera avec soin l'époque de la
maturité des meilleures espèces, et fera faucher,
ou mieux encore, couper à la faucille l'herbe du
pré, au moment où ces graines sont sur le point de
mûrir ; car, les meilleures espèces de graines de
prés s'égrainant avec une très-grande facilité,
si on attend quelques jours trop tard pour les

couper, ou, si on les secoue trop fortement pour les couper ou pour les faire sécher, on les perd presque toutes.

Les diverses plantes qui forment les prés, mûrissent à des époques fort différentes : plusieurs sont déjà souvent mûres dans le commencement de juin; d'autres, un mois après, ou même plus tard; de sorte que, si on ne fait pas attention à cette circonstance, on peut recueillir dans un pré, des espèces de plantes toutes différentes de celles qu'on veut multiplier. Si on voulait obtenir un mélange d'espèces semblables à celui du pré dont on récolte la semence, il serait nécessaire de le diviser en trois ou quatre parties, et de le faucher successivement, à l'époque de la maturité de chaque espèce.

En récoltant des graines de prés avec ces soins, en les criblant et vanant bien, et séparant encore, par ces moyens, les mauvaises graines qui en sont susceptibles, on peut obtenir des semences propres à former d'excellentes prairies, et toutes différentes de la *graine de foin*, qu'on amasse sur les greniers, qui contient ordinairement plus de mauvaises semences que de bonnes, parce que la plupart des meilleures espèces de graminées de prairies, sont celles dont la graine mûrit la première et tombe avec le plus de facilité, de sorte qu'elle se perd presque toujours dans le fanage de foin.

On peut aussi faire amasser, par des enfans ou

ges femmes , le long des haies , des chemins ,
dans les taillis , etc. , les semences des plantes
qu'on veut multiplier , et qu'on leur indique avec
soin. C'est un moyen de les avoir très-propres, et,
dans beaucoup de circonstances, on peut les obtenir
ainsi à peu de frais.

De quelque manière qu'on se soit procuré la semence de prés , on doit la semer avec autant de
soin et d'attention pour la répandre bien également , et pour l'enterrer convenablement, que
si c'était de la graine de colza ou de trèfle , et non
pas la jeter au hasard avec négligence , comme on
le fait communément. On ne peut déterminer la
quantité de semence qu'il faut employer; cela
dépend du plus ou moins de finesse des espèces de
graines qu'on sème ; au reste , il vaut toujours
mieux en mettre trop que trop peu.

Avec ces soins, on est à peu près sûr d'avoir ,
dès l'année suivante, une prairie garnie. Soit qu'on
la destine à être pâturée ou fauchée , on fera bien
de la faire pâturer par les moutons la première
année, c'est-à-dire , celle qui suit celle de la semaille ; il ne faut pas craindre qu'ils y fassent du
tort, au contraire, rien ne contribue plus à faire
taller les graminées et à épaissir l'herbe , que de
la faire brouter bien ras par les moutons. Si on les
y mettait l'année de la semaille , on détruirait
tout ; mais l'année suivante, les plantes sont assez
fortes pour n'être plus arrachées, et alors , plus
elles sont broutées près du collet , plus elles re-

poussent de tiges. On doit considérer cette pratique comme le meilleur moyen de former de bonnes prairies. Les années suivantes, on la fauchera ou on la pâturera, selon les convenances de l'exploitation.

J'ajouterai ici que, lorsqu'on forme une prairie destinée à être fauchée, il est fort important de ne mettre ensemble que des herbes dont l'époque de maturité est à peu près la même, et de les faucher plutôt sur le vert, lorsqu'elles sont en fleurs que d'attendre plus tard. Plusieurs graminées qui forment un fourrage excellent lorsqu'on les fauche à cette époque, ne font plus qu'un foin dur et insipide, si on les laisse trop mûrir. C'est pour cela que le *fromental*, le *ray-grass*, le *dactyle pelotonné*, etc., qui sont très-communs dans nos prairies, y sont souvent peu estimés ; il y a déjà long-temps que l'époque où ils auraient pu former un fourrage de première qualité est passée, lorsque beaucoup d'autres plantes qui forment les prairies, sont bonnes à couper.

Lorsqu'un pré est destiné à être pâturé, on doit, au contraire, choisir les plantes qui doivent le composer, de manière que leur croissance arrive à diverses époques, afin qu'il présente, en tout temps, de la nourriture au bétail ; ainsi, on mêlera les plantes de printemps avec celles d'été, celles qui résistent aux sécheresses, avec celles qui ne poussent guère que par l'effet des pluies du printemps et de l'automne.

DES ASSOLEMENS.

Il n'y a guère plus de 5o ans, qu'on a reconnu les avantages d'une bonne succession de récoltes. On a vu que certaines plantes, soit à cause du mode de culture qu'elles exigent, soit par l'effet de la manière dont elles se nourrissent dans la terre, réussissent mieux ou plus mal, selon qu'elles succèdent à telle ou telle autre plante. De là est né l'art des assolemens. Les connaissances qu'on a acquises dans cet art, ont permis, dans la plupart des circonstances, de charger la terre d'une suite de récoltes non interrompue, et par conséquent, de supprimer les *jachères* ou *versaines*, sans nuire à la fertilité du sol, et au contraire, en l'améliorant continuellement. Il est facile de juger par là, que les connaissances relatives à cette branche de l'agriculture, doivent être rangées au nombre des plus importantes, parmi toutes celles qu'embrasse l'art de cultiver la terre. Cependant ces connaissances sont encore peu répandues ; mais comme elles ont fait la richesse de tous les cantons où on a appris à connaître leur importance, il est probable qu'elles se répandront de jour en jour davantage.

La première question qui se présente, relative-

ment aux assolemens, est de savoir s'il est possible
d'entretenir la terre en bon état de culture, en
supprimant complètement les jachères. On doit
répondre *oui* ou *non*, selon les circonstances. Il
défaut de moyens pécuniaires des cultivateurs, est
dans beaucoup de cas, un des principaux obstacles
à la suppression des jachères : le grand avantage
d'un bon assolement est de produire en abondance
des récoltes destinées aux bestiaux, parce que ce
n'est qu'ainsi qu'on peut fumer copieusement la
terre et augmenter sa fertilité. Mais il faut, pour
jouir de cet avantage, que le cultivateur puisse
acheter ces bestiaux, qu'il ait le moyen de les
loger, etc. D'un autre côté, on ne peut supprimer
les jachères sans cultiver beaucoup de plantes
sarclées, qui exigent des frais de main-d'œuvre
considérables. Tout cela fait que le capital destiné
à l'exploitation d'une ferme, doit être beaucoup
plus considérable, lorsqu'on veut la cultiver sans
jachère, que lorsqu'on y suit l'ancien système. Il
est certain que celui qui consacre à la culture
perfectionnée, le capital nécessaire, en tire des
bénéfices très-considérables; mais enfin, il faut
avoir ce capital. D'après ce motif, le changement de l'ancien système de culture ne pourra
être que graduel, dans la plupart des circonstances,
où les cultivateurs ne sont pas assez riches pour
adopter d'emblée une meilleure méthode ; en
élevant quelques têtes de bétail de plus, un cultivateur introduira un meilleur assolement sur une

oce de terre de son exploitation, qu'il pourra
esi amender plus copieusement, sans nuire à ses
ares terres; le bénéfice qu'il en tirera, lui per-
ittra d'étendre progressivement cette améliora-
m à tout son domaine. Dès qu'il en aura fait
expérience sur une seule pièce de terre, il n'y
sas de danger qu'il s'arrête; les avantages en
int trop évidens, pour qu'ils ne le frappent pas
ement; il verra bientôt que c'est un moyen de
pler ou quadrupler sa fortune: c'est une marche
i sera lente, mais cette lenteur est inévitable,
ce n'est pour les personnes qui sont en état de
msacrer immédiatement à leur exploitation, le
oital nécessaire pour y adopter un bon asso-
ment.

Il est certain que si, sans y consacrer les avances
cessaires, un cultivateur se mettait en tête de
oprimer ses jachères, il ruinerait infaillible-
unt ses terres, et tendrait ainsi à déprécier une
ithode excellente en elle-même, mais qu'on ne
it pas adopter sans réflexion.

Une autre difficulté très-grave, qui se rencontre
ll'adoption d'un assolement qui supprime les
chères, c'est la grande division des propriétés,
inte au droit de vaine-pâture. Heureux celui
i possède un domaine bien réuni; s'il y introduit
bon assolement, où la terre est constamment
cargée de récoltes ou en état de labour, la lé-
islation actuelle est suffisante pour qu'il puisse se
ustraire au fléau de la vaine-pâture; mais cela

est bien plus difficile pour des pièces de ten
morcelées parmi un finage; là , aucune récó
ne peut être en sûreté , au milieu des terres en j
chères, ou des éteules ; du moins il en est aini
d'après la manière dont la police rurale est fas
dans les neuf dixièmes de la France ; c'est
genre de difficulté qu'on peut espérer de voir co
ser bientôt, car il est bien connu et signalé p
tout ce que le royaume possède d'hommes éclair
En attendant, un bon système d'assolement
peut guère être adopté dans une commune, qp
lorsque les habitans, convaincus de ses avantag
par une pratique suivie dans quelques pièces
terre closes, ou de grande étendue, ou situe
près des habitations, conviendront entr'eux d'I
mode de jouissance qui leur permettra à tous
s'enrichir. Je dis à tous, car je n'en excepte p
même les pauvres habitans qui ne possèdent p
un pouce de terre; pour ceux-là, la facilité
se procurer du travail, dans un système de cultu
qui exige impérieusement beaucoup de mai
d'œuvre, sera une fortune, si on la compare
l'avantage d'avoir une vache misérablement nou
rie à la vaine-pâture. Ils n'en auraient pas moins u
vache; le moindre coin de terre qu'ils loueraie
au fermier qui les emploie, pour le prix d'une s
deux semaines de leur travail, leur fournira
quoi la nourrir bien mieux qu'elle ne l'était
troupeau commun, car ce petit champ, cultivé p
les mains de sa famille, et affranchi de la vainn

mure, aura pour lui, quoique situé au milieu du
age, à peu près toute la valeur d'un jardin clos.
o'on examine les communes où la vaine-pâture
mrouve supprimée, soit par la législation, soit
l le consentement des habitans, soit par toute
ere cause, on verra qu'il n'est aucune classe
ur laquelle cette suppression ne soit devenue
r source d'aisance ou de richesse.

Nous avons fait en France, depuis trente ans, un
md pas vers l'introduction des bons assolemens :
it l'adoption de la culture du trèfle, car, dans le
s grand nombre de circonstances, le trèfle doit
e considéré comme un des principaux pivots
m bon assolement. Sans doute on ne cultive en
fle qu'une très-petite partie de l'étendue de terre
con devrait y consacrer ; mais enfin, on reconnaît
asque partout les avantages de cette culture, et
sles obstacles qui s'opposent à son extension
sent levés, elle augmenterait considérablement.
Sependant l'adoption de la culture du trèfle ou
lutres plantes à fourrage de cette espèce, n'a—
mera jamais *seule* une grande amélioration ; dans
t bon assolement, elle doit nécessairement être
lnbinée avec la culture des *plantes sarclées ;* c'est
lon autre pivot sur lequel doit rouler tout
t assolement. En effet, si après avoir récolté
zx années de suite du grain sur un champ, on y
r une récolte de trèfle, et qu'on veuille y mettre
mite du blé, et puis de l'avoine, etc., on se
rvoie dans une fausse route, qui entraînera les

inconvéniens les plus graves : la terre s'empoi
sonne tellement d'herbes nuisibles, que les récolt
de grain ne donnent plus qu'un chétif produit ; i
faut en revenir à la jachère, et souvent une ann
de jachère n'est plus alors suffisante pour mett
le sol dans un état de culture passable.

Les bons effets produits par la jachère, comm
préparation aux récoltes qui suivent, sont de de
sortes; d'abord elle ameublit le sol, et expose su
cessivement toutes ses parties au contact de l'a
mosphère, ce qui produit un amendement rée
ensuite elle nettoie la terre des mauvaises herbe
ce qui est un autre genre d'amélioration au moi
aussi important. Il faut donc que le système qu'
met à la place de la jachère, produise les mêmes effe
d'une manière au moins aussi complète. La destru
tion des mauvaises herbes s'opère par le moyen d
binages, soit à la main, soit à la houe à cheval, entr
les lignes des *récoltes sarclées*, d'une manière au
parfaite qu'on peut le faire par la jachère
plus soignée. Je n'excepte ici que les terres argi
leuses les plus compactes et les plus tenaces, quo
est difficile souvent d'ameublir assez pour facilit
l'action des houes, soit à main, soit à cheval. Po
ces terres, la jachère revenant tous les 6, 8 ou
ans, est peut-être un mal nécessaire ; mais c'o
un cas qui se rencontre très-rarement, lorsqu'o
sait prendre les instans favorables pour les cu
tures. Quant aux avantages de l'exposition de
diverses parties du sol à l'action de l'atmosphèr

a sont produits par l'action des instrumens employés aux cultures des récoltes sarclées , au moins
aussi bien que par la jachère, dans toutes les terres
où ces instrumens peuvent agir convenablement ,
c'est-à-dire, dans les neuf dixièmes des terres,
si je n'en excepte , comme je viens de le dire ,
que les sols de la nature la plus compacte, qui
même, par une culture soignée, et par une grande
abondance d'engrais , peuvent facilement être
amenés, en quelques années, en un état d'ameublissement suffisant pour se laisser manier par les
instrumens de menues cultures. Il n'y a donc pas
de sol qu'on ne puisse, avec des avances suffisantes ,
en engrais et en main-d'œuvre, entretenir en parfait état de culture , en y supprimant les jachères
et en le couvrant tous les ans, sans interruption, de
récoltes appropriées à la nature de la terre.

L'expérience nous a appris que toutes les plantes
n'épuisent pas également le sol ; il en est même qui
l'améliorent ; c'est ainsi que le trèfle , la luzerne,
le sainfoin, etc., laissent la terre dans un état plus
fertile qu'elle n'était avant leur culture ; il en est
de même de toutes les plantes vivaces des prairies ,
lorsqu'on les fauche ou qu'on les fait pâturer avant
la maturation de leurs semences.

Les céréales, c'est-à-dire , le blé , l'orge , le seigle
et autres de la même famille, doivent être considé-
rées comme très-épuisantes , lorsque leur graine
vient à maturité ; le blé est , parmi ces plantes,
celle qui épuise le plus le sol. Parmi les récoltes

racines, la pomme de terre est probablement la plus épuisante ; viennent ensuite le chou-navet, le rutabaga, le navet ; la betterave et la carotte paraissent celles qui enlèvent le moins de substance nutritive au sol, lorsqu'en les arrachant, on laisse les feuilles sur la terre; il est même probable qu'elles ne sont pas épuisantes. Les graines à huile, les diverses variétés de choux, sont au nombre des récoltes les plus épuisantes. Les pois, vesces, fèves et quelques autres légumineuses, lorsqu'on en récolte la graine, sont beaucoup moins épuisantes que les céréales; lorsqu'on les coupe vers la floraison, il est douteux qu'elles épuisent.

On a reconnu que chaque espèce de plante épuise beaucoup plus le sol lorsqu'on laisse venir ses graines à maturité, que lorsqu'on les fauche vers la floraison ; il est probable que, pour toutes les plantes qu'on fauche, l'épuisement du sol est d'autant moins considérable, qu'elles ont été coupées à une époque moins avancée de leur croissance.

Dans un bon assolement, on doit faire succéder les plantes améliorantes à celles qui sont épuisantes et de manière à conserver le sol dans un bon état de fertilité. Cependant, l'application de ce principe est subordonnée à la quantité d'engrais dont on peut disposer, en sorte que si on fume fréquemment et copieusement, il n'est pas nécessaire de revenir aussi souvent aux plantes améliorantes.

Il a été reconnu d'une manière incontestable que la même espèce de plantes n'aime pas à revenir plusieurs fois de suite sur le même sol, et que les récoltes sont bien plus abondantes sur le même terrain, lorsqu'on y cultive successivement des plantes d'espèces différentes. Cette propriété des plantes est variable dans diverses espèces, et elle est indépendante de leur faculté épuisante; car le trèfle, qui est améliorant, prépare très-mal la terre pour une récolte de trèfle, et même, à moins d'une excellente culture, la terre se lasse du trèfle, s'il revient tous les trois et même tous les quatre ans, et surtout dans les sols légers. Le sainfoin, la luzerne, qui occupent le sol pendant 8 ou 10 ans, et même davantage, ne doivent être ensuite cultivés dans le même terrain, qu'après un laps de temps à peu près égal. Les récoltes de lin diminuent considérablement, si on le remet dans le même sol avant 7 ans au moins. D'un autre côté, d'autres plantes souffrent plus volontiers de revenir souvent sur le même terrain; c'est ainsi que le chanvre, quoiqu'il soit fort épuisant, peut se cultiver plusieurs années de suite, en fumant suffisamment. Les fèves, les carottes peuvent aussi sans inconvénient revenir à des époques rapprochées; il paraît même que les récoltes de pommes de terre ne diminuent pas beaucoup en les mettant plusieurs années de suite dans le même terrain, si on lui rend de l'engrais. Les céréales exigent impérieusement d'être intercalées avec d'autres récoltes, si on veut que leur produit ne diminue pas beaucoup.

Ce principe est vrai, non-seulement pour chaque espèce de plante en particulier, mais pour les plantes de la même famille ; ainsi si on met de l'avoine ou de l'orge après du blé, la récolte sera beaucoup moins considérable que si on avait placé entre deux, une récolte non épuisante, comme par exemple des vesces fauchées pour fourrage ou des féverolles.

On remarque que certaines plantes réussissent mieux ou plus mal après telle ou telle autre récolte ; c'est ainsi que le trèfle, les fèves, forment une très-bonne préparation pour le blé, tandis que l'orge ou l'avoine réussissent mieux que le blé après une récolte de pommes de terre. Sur un gazon rompu et non encore consommé, l'avoine réussit beaucoup mieux que le blé ou l'orge.

Le trèfle est une des plantes les plus précieuses pour un bon assolement, non-seulement parce que c'est une récolte améliorante, qui fournit un fourrage abondant et d'excellente qualité, soit en vert, soit en sec, mais ausi parce que sa culture est très-économique. Il se sème dans une céréale, ou dans du lin, du colza, etc., sans exiger de labour ; en le rompant par un seul labour, la terre est très-bien préparée pour du blé ou du colza ; voilà donc deux récoltes précieuses obtenues avec un seul labour. Pour obtenir cet avantage, il faut que le trèfle soit bien garni, et cultivé dans une terre suffisamment nette de mauvaises herbes ; pour cela, la meilleure méthode est de le mettre toujours dans la récolte de céréales *qui suit immédiatement une récolte sarclée et fumée.*

Il est facile, d'après ce que je viens de dire, d'indiquer les principes généraux qu'on doit suivre dans un assolement sans jachère. On peut les réduire aux suivans :

1° On doit intercaler les récoltes épuisantes et les récoltes améliorantes, de manière à entretenir le sol dans le meilleur état de fertilité possible.

2° Les récoltes sarclées doivent revenir assez souvent pour maintenir le terrain bien net de plantes nuisibles. Dans la plupart des circonstances, l'intervalle de quatre ans est le plus long qu'on puisse mettre entre les récoltes sarclées, qu'on appelées souvent *récoltes jachères*, parce qu'en effet elles en tiennent lieu.

3° Le fumier doit toujours être appliqué à la récolte sarclée, parce que les cultures qu'elle reçoit, détruisent les mauvaises herbes dont le fumier a apporté les semences, ou dont il a favorisé développement.

4° Cette récolte doit recevoir des cultures fréquentes à la houe à main, ou à la houe à cheval, de manière qu'il n'y vienne pas une seule mauvaise herbe à graines.

5° On doit éloigner, autant que possible, les récoltes du même genre ; on ne doit jamais, en particulier, placer deux années de suite, deux récoltes de céréales.

6° Le trèfle, la luzerne, le sainfoin, et, en général, les plantes à fourrage destinées à être fauchées ou pâturées, doivent toujours se placer dans la récolte de céréale qui suit immédiatement la récolte sarclée et fumée.

7° On doit faire choix, pour l'assolement d'un terrain, des plantes qui conviennent le mieux à la nature du sol, et elles doivent être placées dans un ordre convenable, pour que les cultures préparatoires que chacune d'elles exige, puissent se donner avec facilité.

8° L'assolement qu'on adopte, doit produire assez de fourrages pour nourrir un nombre de bestiaux suffisant, pour fournir la quantité d'engrais *que l'assolement lui-même exige.* On peut cependant s'écarter de cette règle, lorsqu'on a d'autres ressources pour la nourriture des bestiaux, dans les prairies naturelles, etc.

9° Le meilleur assolement est celui qui donne le produit net de frais le plus considérable ; car, en définitif, le *profit* doit toujours être le but de l'agriculture. Mais, il faut qu'un bon assolement donne ce profit, sans épuiser le sol, et au contraire, en le maintenant en état constant d'amélioration.

Ces principes généraux seraient, en quelque sorte, suffisans pour que chacun pût les appliquer, en faisant le choix d'un cours de récoltes appropriées à la nature de son terrain ; cependant, je crois devoir présenter ici quelques exemples des divers cours, qui peuvent être le plus généralement avantageux.

On appelle *cours de récolte* et aussi *assolement*

ou rotation, une série successive de récoltes qu'on
suit pendant un certain nombres d'années, après
lesquelles on le recommence dans le même ordre.
Il y a des cours plus ou moins longs; comme ordinairement on ne met d'engrais que la première
année du cours, il s'ensuit que les plus longs, sont
ceux où l'on emploie le moins de fumier, et que
ses plus courts sont ceux où, toutes-choses égales
d'ailleurs, la terre est conservée dans le plus haut
état de fertilité. Il y a cependant des assolemens
où l'on fume plusieurs fois dans le *cours*. Les assolemens les plus courts, sont ceux qui conviennent
le mieux aux sols légers, où il y a de l'avantage
à fumer souvent, et moins fortement à chaque
fois, que dans les sols argileux.

Dans un sol léger et sablonneux, on peut faire
les *cours* suivans:
1re Pommes de terre ou navets, avec fumier,
2e Orge,
3e Trèfle.

A la troisième année du second cours, on rem-
placerait le trèfle par de la spergule ou du sarrasin, parce que le trèfle ne peut revenir pendant
long-temps, tous les trois ans sur le même terrain,
surtout sur ceux de cette nature.

Ou bien, dans un sol très-pauvre:
1re Pommes de terre ou navets fumés,
2e Sarrasin coupé pour fourrage, ou spergule,
3e Seigle.

Ou ,

1re Pommes de terre ou navets fumés ,

2e Orge , ou seigle de printemps , ou sarrasin ,

3e Lupuline.

Un assolement de 4 ans serait déjà trop long dans un sol de cette nature , où les effets de l'engrais disparaissent très-promptement ; cependant dans quelques cantons des mieux cultivés de l'Angleterre , on suit , depuis très-long-temps , avec succès , le cours suivant , dans des sols sablonneux très-légers.

1re Navets fumés ,

2e Orge ,

3e Trèfle ,

4e Blé.

Au moyen de ce cours , on obtient de bonnes récoltes de blé , de terrains qui, autrement, ne pourraient produire que du seigle; mais, c'est en faisant consommer sur place les navets , par des moutons qui y restent nuit et jour , ce qui fournit au sol un engrais très-puissant. La terre est donc réellement fumée deux fois dans le cours de cette rotation ; une fois par les navets et une fois par l'orge. Ce système ne serait pas applicable ailleurs , où on ne pourrait, sans inconvénient, tenir nuit et jour les moutons aux champs pendant l'hiver , et où la conservation des navets pendant cette saison , serait trop casuelle ; onpourrait produire le même effet, par un coup de parc sur le trèfle , avant de le rompre pour le blé.

Dans les sols de consistance moyenne, on peut faire un cours de 4 ou 5 ans, comme il suit :

1re Pommes de terre ou betteraves, ou rutabagas, ou choux, avec fumier,

2e Orge ou avoine,

3e Trèfle,

4e Blé ou colza d'hiver.

Ou, dans un bon sol,

1re Betteraves fumées, arrachées en septembre,

2e Colza d'hiver repiqué, avec trèfle,

3e Trèfle,

4e Blé.

Ou,

1re Pommes de terre, betteraves, rutabagas ou choux, avec fumier,

2e Orge, avoine, ou colza de printemps, dans lequel le trèfle réussit très-bien,

3e Trèfle,

4e Blé,

5e Vesces pour fourrage.

Ou, dans un sol très-riche,

1re Pommes de terre, ou betteraves, ou rutagabas, ou choux, avec fumier,

2e Orge ou avoine,

3e Trèfle,

4e Colza repiqué sur un seul labour sur le trèfle,

5e Blé.

Ce cours est très-lucratif, mais à moins que le sol ne soit très-riche, il exigerait une demi-fumure pour le colza.

Dans les sols argileux, on peut faire les cours suivans de 4 et 5 ans.

1re Betteraves, rutabagas, ou choux, fumés,

2e Avoine,

3e Trèfle,

4e Blé ou colza d'hiver.

Ou,

1re Féverolles en lignes et fumées,

2e Blé,

3e Trèfle,

4e Blé ou colza d'hiver, ou avoine.

Ou,

1re Betteraves, rutabagas ou choux, fumés,

2e Avoine, ou graines à huile de printemps,

3e Fèves en lignes,

4e Blé.

Ou,

1re Betteraves, rutabagas ou choux, fumés,

2e Avoine,

3e Trèfle,

4e Blé ou fèves,

5e Vesces pour fourrage.

Ou bien encore, dans un sol très-riche, ou avec grande abondance d'engrais,

1re Féverolles en lignes, fumées,

2e Blé,

3e Trèfle,

4e Colza d'hiver fumé, si la terre n'est pas très-riche,

5e Blé.

Dans la plupart de ces assolemens, le *blé* ne revient qu'une fois tous les 4 ou 5 ans. Il ne faut pas croire pour cela qu'on en récoltera moins qu'en le faisant revenir tous les 3 ans, comme dans l'assolement triennal commun ; le meilleur moyen de récolter beaucoup de blé, n'est pas d'en semer beaucoup, c'est de ne le mettre jamais que dans les terres très-bien préparées et amendées.

La *luzerne* et le *sainfoin* ne peuvent entrer dans des assolemens aussi courts que ceux que je viens d'indiquer. Si on veut cultiver ces plantes, ce qui, dans beaucoup de circonstances, présente le moyen de tirer de la terre le plus grand profit net possible, on peut suivre les assolemens suivans :

Dans un sol léger et calcaire, convenable au *sainfoin*,

1ro Avoine sur le défrichement du sainfoin,
2e Pommes de terre ou navets, avec fumier,
3e Orge,
4e Trèfle,
5e Blé ou avoine,
6e Pommes de terre ou navets, avec fumier,
7e Orge avec *sainfoin* pour 6 ou 7 ans.

Dans une terre végétale profonde, qui convient à la *luzerne*, on peut faire, après avoir fumé la luzerne dans une des dernières années de sa durée, ou immédiatement avant le défrichement,

1re Colza d'hiver en lignes et biné, sur le défrichement, et une bonne demi-jachère d'été après la récolte du colza,

14*

2° Blé,

3° Trèfle,

4° Blé ou avoine,

5° Pommes de terre ou betteraves, rutabagas ou
    choux, avec fumier,

6° Avoine ou orge, avec *luzerne* pour 6 ou 7 ans, ou
    même davantage.

Pour les assolemens qui conviennent aux prés
rompus, voyez l'article *de la manière de convertir
les prés en terres arables et celles-ci en prés.*

Les assolemens présentent une circonstance remarquable, c'est la différence du *profit* qu'on tire
du fumier, selon qu'on l'applique à un bon ou à
un mauvais cours de récoltes. La valeur réelle du
fumier, pour le cultivateur, est celle de l'augmentation de récoltes qu'il lui procurera, pendant
l'espace de temps où son effet sera sensible dans
le sol ; il est impossible de prévoir d'une manière
certaine, l'augmentation de récolte qui sera produite
par l'application d'une certaine quantité de fumier
dans un sol donné, parce que les variations des
saisons y apportent une très-grande différence ;
cependant un cultivateur expérimenté peut la calculer, pour le terrain qu'il cultive, d'une manière qui s'approchera beaucoup de la vérité, en
prenant un terme moyen de plusieurs années favorables ou défavorables à chaque espèce de récolte.
C'est ainsi que je vais essayer de calculer le produit du fumier, dans deux assolemens différens.

Je suppose une terre médiocre, de consistance

moyenne, qui n'a pas été fumée depuis 6 ans. Si elle est soumise à l'assolement triennal avec jachère, et qu'on recommence le cours sans fumier, les produits ne seront pas, en moyenne, au-dessus des quantités suivantes, par hectare.

Blé, 12 hectolitres, au prix moyen de 15 fr. . . . 180 fr.

Orge, 18 hectolitres, à 6 fr. 108

Total du produit brut de 3 années. . . . . . 288 fr.

Si, au lieu de recommencer le cours sans fumier, on donne une forte fumure, par exemple 48 voitures à 4 chevaux de fumier par hectare, les produits seront probablement comme il suit :

Blé, 21 hectolitres, à 15 fr. . . . . 315 fr.

Orge, 27 hectolitres, à 6 fr. 162

Total du produit brut de 3 années. . . . . 477 fr.

En déduisant le produit ci-dessus. 288

Reste pour le produit du fumier. . . . . . 189 fr.

Le fumier ne sera pas entièrement épuisé alors ; en supposant qu'il reste dans la terre l'équivalent de 12 voitures de fumier, les 36 voitures qui ont été consommées par les deux récoltes, auraient donc produit 189 francs, ce qui fait un peu plus de 5 francs par voiture.

Les frais nécessaires pour conduire et répandre ce fumier, devant être calculés, dans la plupart des cas, à au moins 2 francs par voiture, la valeur réelle du fumier, dans la cour de ferme, ne serait donc, dans cet assolement, qu'un peu plus de 3 fr. la voiture.

Si on adoptait, pour le même sol dont je viens de parler, l'assolement de 4 ans : pommes de terre, orge, trèfle, blé, les produits bruts qu'on pourrait en obtenir sans fumier, seraient probablement comme il suit :

1re Pommes de terre, 180 hectolitres, à 1 fr. 20 c.   216 fr.
2e Orge, 18 hectolitres, à 6 fr.   108
3e Trèfle, 4000 kilogrammes, à 40 fr.   160
4e Blé, 12 hectolitres, à 15 fr.   180

Total du produit brut de 4 années.   664

Si on mettait, comme ci-dessus, 48 voitures de fumier à la première année, les produits seraient probablement :

1re Pommes de terre, 300 hectolitres, à 1 fr. 20 c.   360 fr.
2e Orge, 27 hectolitres, à 6 fr.   162
3e Trèfle, 6,500 kilog., à 40 fr. les 1000 kilog. .   260
4e Blé, 21 hectolitres, à 15 fr.   315

Total du produit brut de 4 années.   1097
A déduire le produit ci-dessus.   664

Reste, pour le produit du fumier.   433

Au bout de ces 4 ans, on peut supposer qu'il restera encore dans le sol, l'équivalent de 12 voitures de fumier ; car si, d'une part, il y a eu 36 récoltes épuisantes ; de l'autre, la terre a été améliorée par la récolte de trèfle. Dans ce cas, les 36 voitures de fumier qui ont été consommées dans les 4 années, ont produit 433 francs, c'est-à-dire, un peu plus de 12 francs par voiture ; en déduisant 2 francs par voiture pour le transport,

main-d'œuvre pour étendre, le fumier se trouvera
payé 3 fois plus haut que dans le premier assolement.

Ce n'est pas sans raison que le fumier est toujours à bas prix, dans les cantons où on suit
l'assolement triennal avec jachère, il y a très-peu
de circonstances où un cultivateur puisse, dans ce
cas, trouver son compte à l'acheter 4 ou 5 francs
la voiture, tandis qu'avec un meilleur assolement,
il trouvera presque toujours beaucoup d'avantage
à l'acheter à ce prix, et même plus cher. Aussi,
partout où on suit de bons assolemens, le prix du
fumier est fort élevé.

Plusieurs personnes contesteront peut-être
quelques-unes des bases de mes calculs, soit pour
la quantité des produits, soit pour les prix ; chacun peut les refaire selon les circonstances dans
lesquelles il se trouve ; on trouvera certainement
toujours que le fumier rapporte un bien plus grand
produit en argent, dans le second assolement que
dans le premier.

Dans ces calculs, je n'ai pas dû tenir compte
des frais de culture, parce qu'ils sont les mêmes,
pour un sol maigre et pauvre, ou pour un sol
bien amendé. Si on était curieux de connaître le
bénéfice net annuel dans les deux assolemens que
j'ai supposés, on trouverait qu'il y a moins de
labours pour le second que pour le premier,
puisqu'en supposant, dans le premier, 3 labours
pour le blé et 2 pour l'orge, c'est 5 labours

pour deux récoltes ; et dans le second , 2 labours pour les pommes de terre, 2 pour l'orge, et un pour le blé sur le trèfle, ne font que 5 labours pour 4 récoltes. Dans le second assolement : les frais qu'on devrait ajouter sont, 150 francs environ par hectare pour les menues cultures des pommes de terre, et 40 ou 50 francs pour le fauchage et la rentrée du trèfle. On verra que, dans le dernier, le *bénéfice net annuel* de la terre est environ 3E fois plus considérable que dans le premier.

Je n'ai compté les pommes de terre qu'à 1 fr. 20 c. l'hectolitre, quoique le prix de vente soit presque toujours et partout, plus élevé; parce que j'ai supposé qu'on les emploierait, dans l'exploitation, à la nourriture des bestiaux. Je ne crois pas qu'il y ait de localités où on ne puisse les employer ainsi, à ce prix , avec un grand profit.

LA RICHESSE

DU

CULTIVATEUR,

OU LES SECRETS

DE JEAN-NICOLAS BENOIT,

Par A. L.

———

Il existe dans le village de R.., dans l'ancienne province de Lorraine, un homme qui, par sa longue expérience dans la culture des terres, et par des idées, que quelques personnes trouveront peut-être singulières, mais qu'il a puisées dans une pratique constamment heureuse, me paraît mériter d'attirer un moment l'attention des cultivateurs qui cherchent à tirer le meilleur parti possible de leurs terres.

Histoire de Benoit.

Jean-Nicolas Benoit, né de parens très-pauvres, dans ce même village, ayant perdu son père et sa mère, partit en 1776, à l'âge de 20 ans, avec un seigneur Flamand, qui l'emmena comme domestique. Son maître s'aperçut bientôt que ce jeune homme avait un goût très-vif pour la culture de la terre, et il le plaça chez un de ses fermiers dans les environs de *Bruxelles*. Benoit fut d'abord très-surpris de trouver dans ce pays, un genre de culture entièrement différent de celui qu'il avait vu pratiquer chez lui; cependant il sentit bientôt combien l'occasion était favorable, pour s'instruire dans un art qu'il aimait avec passion, et il se livra avec ardeur à observer et étudier tous les procédés qui sont en usage dans ce pays, le mieux cultivé de l'Europe.

Son Mariage.

Au bout de quatre ans, le désir qu'il avait de s'instruire dans les méthodes de cultures de divers pays, le détermina à parcourir plusieurs cantons de l'Allemagne. Il s'arrêta deux ans après dans le Palatinat du Rhin, et il y resta quatre ans. Il avait le projet de visiter aussi l'Angleterre, parce qu'il avait entendu dire que plusieurs parties de ce royaume sont cultivées avec une grande perfection; mais ayant fait connaissance d'une fille qui était en service chez le même maître que lui, il se détermina à l'épouser. Cette fille venait d'hériter d'un de ses oncles, qui lui avait laissé une maison et quelques terres, dans un village du pays de *Hanovre*.

els partirent ensemble pour aller cultiver leur petit
bien.

Benoit, devenu propriétaire à l'âge de 30 ans,
avait profité de tous les exemples qu'il avait eus
sous les yeux dans les pays qu'il avait parcourus;
comme il était d'ailleurs actif, adroit et intelligent,
il ne se trompa pas sur celles de ces pratiques qui
pouvaient être appliquées avec avantage à ses
terres. Après avoir étudié leur nature pendant quelques mois, après avoir observé la manière dont on
les cultivait, les prix des diverses denrées dans le
pays, il se détermina sur le plan qu'il avait à suivre.

Une petite maison, 12 *morgen* de terre, faisant à peu près 14 jours (1) de Lorraine, et quatre
morgen de prés, composaient toute la fortune de
sa femme. Les terres étaient bonnes, mais le genre
de culture du pays était détestable, et par conséquent, les habitans très-pauvres, et le prix des terres
bien peu élevé. *Benoit* avait peine à concevoir
qu'on pût tirer si peu de produits, de terres de
cette qualité, et il se promettait bien de suivre un
autre chemin. Cependant, pour adopter un meilleur
genre de culture, il lui fallait des bestiaux; et les 6
ou 700 francs d'économie qu'il avait amassés, ainsi
que sa femme, suffisaient à peine pour se mettre

-----

(1) Un *jour* de terre, ancienne mesure de *Lorraine*, se
compose de 20 ares 43 centiares. Le *resal* de blé, mesure de
Nancy, est égal à environ 120 litres, ou *un hectolitre et un
cinquième*.

bien médiocrement en ménage, acheter quelques semences, quelques ustensiles de culture, etc. Il commença par prendre un parti assez extraordinaire ; il vendit 2 *morgen* de ses meilleurs prés que désirait acheter un des particuliers les plus aisés de l'endroit, et il en destina le prix à acheter 4 vaches. Dieu sait si tout le monde riait de cet arrangement ; vendre des prés pour acheter des vaches ! Mais *Benoit* savait bien comment on nourrit des vaches sans prés, et il était bien sûr que les siennes ne mourraient pas de faim.

La première année, il ne sema en *blé* que 2 jours de terre, qu'il jugea suffisans pour sa provision ; au printemps, il sema de la graine de *trèfle* sur son blé. Il sema en diverses fois 3 jours de terre en *avoine avec du trèfle ;* il faucha son avoine en vert deux fois, pour nourrir ses vaches à l'écurie ; et son trèfle lui donna déjà à l'automne une coupe passable, tandis qu'il aurait à peine couvert la terre, s'il avait laissé mûrir son avoine.

Voulant essayer si la *luzerne* réussirait bien dans ses terres, il en sema aussi un jour avec de l'avoine qu'il coupa encore en vert ; la luzerne à l'automne était déjà haute de près d'un pied.

Il planta 4 jours de *pommes de terre* et deux jours de *grands choux cavaliers*, dont il avait apporté la graine avec lui, et qu'il donna à ses vaches dans les mois d'octobre et novembre, ainsi qu'en mars et en avril suivans.

Il sema 2 jours de terre en *vesces*, qu'il faucha et

fît sécher lorsqu'elles furent en fleurs ; et comme c'était une terre très-légère , il la laboura aussitôt et y sema des navets , qui lui donnèrent une superbe récolte.

Comme la femme de *Benoit* était forte et aussi laborieuse que lui , presque tout cela fut labouré à la bêche et biné de leurs propres mains. Ils furent cependant obligés de se faire aider par un petit nombre de journaliers, dans le plus fort des ouvrages , et de faire labourer trois ou quatre jours de terre à la charrue, par un cultivateur leur voisin, qui aurait bien parié, en les voyant commencer ainsi , que, dans peu d'années , tout leur bien serait vendu , un champ après l'autre.

Au lieu d'envoyer ses vaches au pâturage, comme c'était l'usage dans le pays , *Benoit* les fit rester à l'étable ; et , au moyen de son avoine verte, dont tout le monde se moquait , de son trèfle, de sa luzerne et de ses choux ; au moyen de son foin de vesces, de ses pommes de terre , de ses navets, pendant l'hiver, il se trouva qu'il aurait presque pu se passer du foin des deux morgen de prés qu'il avait conservés. Ses vaches, grassement nourries, qui donnaient deux fois autant de lait que les meilleures vaches du village, qui allaient en pâture. Sa femme allait tous les jours vendre son lait à la ville, et , au bout de l'année , il se trouva qu'il en avait vendu pour 1300 francs. Il avait dépensé à peu près 500 francs, tant pour quelques frais de cultures, que pour quelques objets de consom-

mation nécessaires dans son ménage, et pour
acheter un peu de paille, qui lui était nécessaire
cette année, à cause de la petite quantité de grain
qu'il avait semée, de sorte qu'il lui restait à peu
près 800 francs.

Il aurait bien pu employer cet argent à acheter
des terres, car il y en avait alors à vendre à très-
bon marché, et qui lui auraient bien convenu; mais
il s'en garda bien ; car, il s'était imposé la loi de
ne jamais acheter de terre, que lorsque celles qu'il
avait seraient parfaitement amendées, et lorsqu'il
aurait du fumier en suffisance pour en amender de
nouvelles ; il savait bien qu'un jour de terre bien
amendé *en vaut deux*, et que les terres sans fumier
ne paient pas les frais de culture. Au reste, comme
ses vaches restaient toujours à l'étable, et qu'elles
étaient fortement nourries, elles lui donnaient une
énorme quantité de fumier, et, dès cette année
il avait déjà pu amender presque la moitié de ses
terres. *Benoît* ne voulut pas non plus employer
son argent à acheter d'autre bétail, parce qu'il
n'était pas sûr de récolter de quoi en bien nourrir
plus qu'il n'en avait ; d'ailleurs, il élevait les quatre
veaux qu'il avait eus, parmi lesquels il était bien
fâché qu'il n'y eût qu'une génisse.

Comme il ne voulait cependant pas enterrer son
argent, et que la vente de son lait lui en procurait
tous les jours, il se détermina à l'employer d'une
manière qui excita encore la risée de ses voisins.
Son étable ne pouvait contenir que huit bêtes;

n'était plus qu'il n'en avait besoin pour le présent ; mais, *il avait ses vues*, et cette année avait suffi pour lui prouver que le plan qu'il avait adopté était bon ; il fit doubler son étable, et, en même temps, il fit construire un réservoir dans lequel il recueillait l'urine de ses vaches, comme il l'avait vu pratiquer dans le Palatinat. Par ce moyen, sans diminuer la masse de ses fumiers, il fut en état d'amender, dès l'année suivante, quatre jours de terre, avec cet excellent engrais liquide.

Benoit suivit, l'année suivante, à peu près le même système de culture ; mais comme il continuait à élever presque tous ses veaux, son bétail devint plus nombreux ; comme toutes ses terres étaient bien amendées, il employa ses économies à en acheter de nouvelles, dont il doublait toujours la valeur, par la manière dont il les amendait.

Au bout de quatre ans, il avait déjà assez de terre pour penser à avoir lui-même une charrue ; car, il lui en coûtait beaucoup tous les ans, pour faire labourer ses terres par les cultivateurs ; et, d'ailleurs, les labours n'étaient jamais si bien faits, ni faits si à propos que s'il avait pu les faire lui-même. Dans ce pays, l'usage était de labourer avec des charrues à avant-train, auxquelles on attelait six ou huit chevaux. *Benoit* avait trop long-temps labouré lui-même en Flandre, pour ne pas savoir qu'avec une bonne charrue sans avant-train, attelée de deux chevaux ou de deux bœufs, il pourrait faire tout autant d'ouvrage, et de meilleur ouvrage. La plupart des terres de son village étaient fortes à la vérité ; mais il en avait labouré d'aussi fortes, sans y employer un plus fort attelage. La difficulté était de se procurer des charrues de cette espèce ; il savait que son ancien maître de Flandre avait toujours eu beaucoup d'amitié pour lui ; il se hasarda à lui écrire pour le prier de lui envoyer une charrue, qu'il reçut en effet ; en lui en envoyant le prix, il en demanda une seconde, que son ancien maître lui envoya encore, en le félicitant sur les heureux résultats qu'il avait obtenus de son industrie.

Benoit dressa deux jeunes bœufs qu'il avait élevés, et avec cet attelage, il expédiait autant de besogne que les meilleurs laboureurs des environs avec leurs six chevaux. Cette fois, on le regardait faire et on ne se moqua pas de lui ; l'opinion avait déjà bien changé sur son compte ; quelques-uns de ses voisins commençaient même à soupçonner qu'il pouvait bien en savoir plus qu'eux, et que ce qu'ils avaient vu faire par leurs pères, n'était peut-être pas toujours ce qu'il y avait de mieux à faire. D'ailleurs *Benoit* était d'un si bon caractère, si complaisant pour ses voisins, d'une probité si bien reconnue, qu'il n'avait pas tardé à se faire aimer de tout le monde. On examinait tout ce qu'il faisait, et on était assez disposé à l'imiter sur quelques points. Cependant pourrait-on croire que pendant trois ans entiers, tous les habitans du village le virent labourer avec sa charrue

telée de deux bêtes, avant qu'aucun d'eux se
déterminât à se procurer une charrue semblable!
la fin, un jeune homme de ses voisins en fit faire
une, et s'en trouva bien; au bout de quelques
années, il n'y avait plus d'autres charrues à deux
roues à la ronde.

Les profits de *Benoit* s'accroissaient tous les ans,
à mesure que ses terres et son bétail s'augmen-
taient; il était d'une extrême économie, ainsi que
sa femme; de sorte que chaque année il achetait
de nouvelles terres. Depuis long-temps il n'achetait plus de paille, parce que ses terres étaient
divisées en saisons régulières, dans lesquelles il
cultivait du grain en quantité suffisante, pour lui
procurer toute celle dont il avait besoin. De la
manière qu'il amendait ses champs, il est facile
à concevoir qu'il récoltait plus de grains et de
paille que tous ses voisins.

Au bout de 20 ans d'établissement, sa maison
était considérablement augmentée, il avait habituellement 30 vaches et 6 bœufs de labour, sans
compter les bœufs qu'il achetait chaque automne
pour les engraisser, et augmenter ainsi la masse
de ses fumiers. Il avait alors 300 jours de terre,
qui étaient devenus la fleur du finage. Mais il ne
trouvait plus alors à en acheter à si bon marché
qu'au commencement; leur prix avait plus que
doublé, parce que chacun avait fini par l'imiter.
Il jouissait ainsi de la satisfaction, non-seulement
d'être enrichi, mais d'avoir amené chez tous

les habitans , une aisance qui leur était inconnue jusqûe-là. Il leur avait appris à bien cultiver et à plâtrer le trèfle; à entretenir un grand nombre de bestiaux , en cultivant, pour les nourrir, beaucoup de plantes qu'ils ne connaissaient pas, ou qu'ils ne cultivaient auparavant qu'en très-petite quantité, comme les *pommes de terre;* il leur avait appris de plus à économiser la moitié de leurs frais de culture, en diminuant considérablement le nombre de leurs bêtes d'attelage. Il n'en faut pas tant pour changer totalement la face d'un canton , et faire succéder la richesse à la misère. Aussi plusieurs lieues à la ronde, *Benoit* était béni et respecté.

Son retour en France.

J'ai raconté jusqu'ici les prospérités de *Benoit;* pourquoi faut-il que je parle maintenant de ses malheurs! Il avait eu de sa femme, un fils et une fille. La dernière, mariée à un homme qui la rendait heureuse, mourut à sa seconde couche, en laissant une petite-fille, que *Benoit* prit chez lui pour l'élever, et qui devint l'objet de toute sa tendresse. Son fils fut forcé d'embrasser l'état militaire, et fut tué dans les guerres de la révolution ; son père en fut d'autant plus inconsolable que c'était en combattant contre la France, qu'il avait perdu la vie. Sa petite-fille , son unique espoir, mourut de la petite vérole, à l'âge de 18 ans. Sa femme ne put résister à tant d'infortunes et

et laissa le malheureux *Benoit* entièrement isolé
sur la terre. Accablé de tous ces malheurs, le pays
où il les avait éprouvés lui devint insupportable ;
il se détermina à vendre tout ce qu'il avait, et à
revenir dans son pays natal, pour achever ses
jours dans la société de quelques parens qu'il y
avait laissés.

Il y a maintenant 4 ans que *Benoit*, revenu en
France, s'est fixé à R..... où il est né. Il y a acheté
une jolie petite maison et un vaste jardin. Trop âgé
pour reprendre l'état de laboureur, il cultive cependant lui-même son jardin, car, avec l'habitude qu'il
a du travail, il lui serait impossible de rester oisif.

J'habite dans le voisinage de ce brave homme,
et jamais je n'éprouve plus de plaisir que lorsque je m'entretiens avec lui. Il a aujourd'hui
64 ans, mais il jouit d'une santé parfaite, qu'il doit
à une vie constammeut laborieuse ; à peine ses
cheveux sont-ils gris ; et il conserve une vivacité
qui ferait croire qu'il n'a que 20 ans. C'est un petit
homme, assez maigre, mais dont la physionomie
est remarquable par le feu du génie qui étincelle
dans ses yeux, et par un air de franchise qui prévient en sa faveur aussitôt qu'on le voit. Il a conservé toute la simplicité du costume et des mœurs
des cultivateurs du pays qu'il a habité si long-
temps ; mais dans ses vêtemens, dans son ameu-
blement, dans toute son habitation, respire la
propreté la plus soignée.

Il parle très-peu, lorsqu'il se trouve avec des

étrangers ; mais dans ses entretiens avec les hommes qu'il voit habituellement, il devient très-communicatif. On voit surtout qu'il éprouve un vif plaisir à parler d'agriculture ; alors il parle beaucoup et long-temps. Cependant on ne se lasse guère de l'entendre, parce qu'il sait beaucoup, qu'il ne parle que de ce qu'il sait bien, et que toutes ses paroles portent le caractère de ce bon sens naturel et de ce jugement exquis et sûr, qui ont dirigé toutes les actions de sa vie. On sent en l'écoutant, que c'est un de ces hommes qui, sans avoir reçu d'autre éducation que celle qu'il se sont procurée eux-mêmes, s'élèvent, par la force de leur esprit et de leur jugement, à un degré de lumières et de connaissances, bien rare dans tous les états de la vie. Dans quelque état que fut né *Benoît*, il aurait fait un des hommes les plus distingués de la profession qu'il aurait embrassée.

Il a habité pendant 30 ans un pays où le culte catholique n'est pas exercé, et où il n'existe pas de pasteur ; cependant il n'a rien perdu de son attachement à sa religion, et par sa piété franche et douce, il fait aujourd'hui le modèle du canton.

Quoiqu'il jouisse d'une grande aisance, puisqu'il a vendu des biens en Allemagne pour plus de 80,000 francs, il a conservé pour toutes ses dépenses particulières, cette stricte économie et cet esprit d'ordre, qui ont tant contribué à élever sa fortune. Quelques personnes trouveraient peut-être même qu'il pousse cette économie un peu trop loin.

Cependant il donne beaucoup à ses parens, et même à quelques étrangers, mais c'est à condition qu'ils sont actifs, laborieux et probes; les paresseux et les négligens ne sont pas bien venus près de lui: il dit souvent qu'il ne peut mieux faire que d'imiter la Providence, qui ne distribue ses dons qu'à ceux qui s'en rendent dignes par leur travail. Des malheurs survenus à un homme industrieux et rangé, sont un titre qui donne des droits certains à sa générosité. C'est ainsi qu'il a sauvé d'une ruine complète, un père de famille de ses voisins, qui, par suite de pertes énormes qu'il avait éprouvées dans les invasions, était à la veille d'être dépouillé de tout ce qu'il possédait, par les poursuites du propriétaire de sa ferme. *Benoit* le connaissait à peine, mais il a un tact sûr pour juger ses hommes; il n'hésita pas à lui avancer une forte somme; et il n'a pas eu lieu de s'en repentir, car la plus grande partie lui est déjà remboursée, et l'état prospère qu'ont repris les affaires de l'homme qu'il a ainsi aidé, est un gage certain pour ce qui lui reste dû. Il s'est acquis un ami qui ne peut parler de lui sans verser des larmes d'attendrissement.

Le Cousin.

Allant un jour chez *Benoit*, pour le consulter sur quelques améliorations d'agriculture que je désirais faire exécuter, je le trouvai avec un de ses cousins qui habite une commune voisine, où il possède une maison commode, et où il cultive 40 jours de terre à la saison, *sur le sien*. Ce cousin est un homme de 42 ans, d'une constitution très-robuste, mais d'un caractère un peu lourd; il a dans le pays la réputation d'un travailleur infatigable, qui fait tout son ouvrage lui-même, et avec qui les journaliers n'ont pas dix écus à gagner dans une année. Sa charrue est toujours attelée de six excellens chevaux, parce qu'il en prend un soin particulier; il ne vend jamais ni foin ni paille; ses labours sont toujours exécutés régulièrement dans la saison exigée par la coutume, et jamais il ne dessaisonnerait un jour de terre; il ménage sa terre comme ses chevaux, et croirait la ruiner s'il semait quelque chose dans les versaines; aussi passe-t-il pour un excellent cultivateur. Sa femme d'ailleurs est un modèle d'économie. Malgré cela il a beaucoup de peine à fournir à la dépense de son train et de son ménage; il avait voulu faire prendre un autre état à un de ses fils, parce qu'il trouve que celui de cultivateur n'est pas assez lucratif, mais il a reconnu qu'il lui en coûtait trop cher pour entretenir ce jeune homme hors de chez lui, et il a été forcé d'y renoncer, parce qu'il n'aurait pu subvenir à cette dépense, sans vendre une partie de son bien. Je lui ai entendu dire plusieurs fois, qu'il ne conçoit pas comment un fermier qui est obligé de payer un *canon* peut se tirer d'affaire; que pour lui, quoiqu'il n'ait pas de canon à payer, lorsqu'il survient une mauvaise campagne, ce qui n'arrive que trop souvent aux cultivateurs, il a toutes les peines du monde de gagner le bout de l'année.

Benoit estime beaucoup ce cousin, parce que c'est un homme vraiment très-laborieux, et, de plus, un très-honnête homme; mais il lui fait souvent la guerre sur son scrupuleux respect pour sa coutume; il lui disait dernièrement qu'il ressemble à un élégant de la ville, qui ne se déterminerait pour rien au monde à porter un chapeau à bords larges, qui garantirait ses épaules de la pluie et son visage du soleil, parce que c'est la coutume, ou la mode, de les porter à bords étroits.

Cependant *le cousin* vient souvent voir *Benoit*; il lui demande de lui communiquer les *secrets* au moyen desquels il a pu faire sa fortune en cultivant la terre. *Benoit* ne conserve de secrets pour personne; il lui donne des conseils fondés sur sa longue expérience; le cousin ne peut s'empêcher quelquefois d'approuver ses conseils, et cependant il n'a pas eu encore le courage d'essayer aucune amélioration dans sa culture. Il y a deux ans qu'il avait envie de semer six jours de carottes, parce que *Benoit* lui avait dit que c'était une excellente nourriture pour les chevaux, et que, dans le pays qu'il a habité, on leur en donne tout l'hiver avec du foin, et sans avoine, même dans le temps des forts ouvrages, ce qui les tient gras et vigoureux; mais lorsqu'il en parla à sa femme, *qui tient la bourse*, elle lui déclara qu'il pourrait semer, biner et arracher ses carottes lui-même, mais qu'il n'aurait pas un sou pour payer des journaliers ; et il n'en sema point. Cette année-là le fourrage fut très-rare, l'avoine donna peu et devint très-chère ; le cousin ne put en vendre un grain, parce qu'il avait peu de foin à donner à ses chevaux. Il vit pendant tout l'hiver un cultivateur voisin de *Benoit*, qui avait eu le bon esprit de semer des carottes d'après son conseil, entretenir ses chevaux sans avoine, et la vendre à un prix très-élevé. A la sortie de l'hiver, ses chevaux étaient gras et luisans comme des taupes ; le cousin aurait bien maudit sa femme s'il eut osé.

Lorsque j'arrivai chez *Benoit*, je trouvai ces deux hommes s'entretenant d'agriculture ; je témoignai le désir de ne pas interrompre une conversation qui m'intéressait vivement. Je vais la rapporter ici, avec le plus d'exactitude que je le pourrai ; je désire qu'on la lise avec autant de plaisir que j'en ai éprouvé à l'entendre.

Le Cousin. Lorsque vous êtes arrivé dans le pays de votre femme, quel genre de culture y suivait-on ?

Benoit. On n'y cultivait que du grain ; blé, avoine et surtout beaucoup d'orge, parce qu'on consomme dans le pays, une énorme quantité de bière. La terre était en versaine régulièrement tous les trois ans ; on semait bien quelque peu de trèfle, mais on ne savait pas le cultiver : on le semait toujours dans l'orge ou dans l'avoine, après

au blé, ce qui est la plus mauvaise place où on
puisse le mettre. De cette manière, il faut que la
terre soit bien bonne, et les circonstances bien
favorables, pour que le trèfle réussisse, et il donne
rarement des récoltes complètes ; d'ailleurs on
ne savait pas l'amender avec du plâtre ; on ne
savait pas non plus le sécher ; on le fanait comme
le foin des prairies, et il arrivait que lorsque le
temps était mauvais, on le perdait entièrement ,
ou on le rentrait à moitié pourri ; tandis que s'il
faisait sec , toutes les feuilles restaient sur le
terrain , et on ne rentrait que les tiges , qui res-
semblaient à des brins de balais. Aussi on y faisait
peu de cas du foin de trèfle, au lieu que lorsqu'il
est bien fait, les bestiaux le préfèrent au meilleur
foin de prairie. Le bétail y était peu nombreux ,
et très-mal entretenu ; le pâturage pendant l'été,
et la paille pendant l'hiver, formaient à peu près
sa seule nourriture ; aussi pour peu qu'il fît sec ,
les vaches étaient dans un état déplorable.

Au bout de quelques années, voulant engager
un cultivateur de mes voisins à cultiver du trèfle,
je lui fis voir que lorsque son blé lui coûtait 6 fr.
le *scheffel* (mesure du pays), le mien, que je semais toujours sur le trèfle, ne me coûtait pas 3 fr.

LE COUSIN. Comment pouviez-vous donc savoir
ce que vous coûtait votre blé ? quant à moi, je
serais bien embarrassé si on me demandait ce que
me coûte le resal de blé ou d'avoine que je récolte.

Comptes de Culture.

BENOIT. Il n'y a cependant rien de si facile ; pour le savoir, il ne s'agit que de le calculer. J'avais été en service pendant plusieurs années chez un excellent cultivateur des environs de *Manheim ;* cet homme avait l'habitude de tenir ses comptes de culture très-régulièrement, et il m'employait quelquefois pour les écrire ; j'avais bien compris sa méthode, qui était en effet très-claire et très-simple ; lorsque je cultivai pour moi-même, je commençai aussitôt à tenir mes comptes de la même manière. Si vous compreniez l'allemand, je vous montrerais tous mes comptes de culture de 3o années ; vous verriez que chaque année, je savais exactement ce que m'avait coûté mon blé, mon orge, mes pommes de terre, mes vaches, etc.; et que je savais de même ce que j'avais gagné ou perdu sur chaque article.

LE COUSIN. Comment voulez-vous donc qu'un cultivateur, qui a des occupations continuelles, puisse trouver le temps d'écrire tous ces livres ?

BENOIT. Il ne faut pas croire que cela exige beaucoup de temps. J'avais toujours dans ma poche un *calepin* avec un crayon; j'y écrivais quelques notes, soit aux champs, soit au marché ; tous les soirs, avant de me coucher, je mettais ces notes en ordre sur un cahier particulier ; il était bien rare que cet ouvrage exigeât un quart d'heure, et ce temps n'était pas le plus mal employé de la jour-

...ée. Le dimanche, j'employais le temps que la plupart de mes confrères passaient à boire, à dresser mes comptes d'après ces notes ; c'était l'affaire d'une demi-heure ou d'une heure au plus. Au bout de l'année, je n'avais besoin que de deux additions, pour savoir avec exactitude ce que chaque récolte m'avait coûté et rapporté, ainsi que mes vaches, mes bœufs de labour, mes bœufs à l'engrais, etc.

Le Cousin. Je ne comprends pas du tout comment on dresse ces comptes ; cela doit être bien difficile.

Benoit. Tout est difficile pour l'homme qui ne sait pas comment s'y prendre ; il est bien sûr que celui qui voudrait entreprendre de tenir des comptes semblables, sans avoir appris la méthode, éprouverait beaucoup de difficulté et de peine, et peut-être encore se tromperait souvent ; mais je puis vous assurer que lorsqu'on sait une fois s'y prendre, elle est fort facile et exige très-peu de travail. Ces comptes sont à peu près semblables à ceux que les commerçans et les manufacturiers tiennent pour leurs opérations ; il sont tout aussi utiles dans l'agriculture, car un cultivateur n'est autre chose qu'un fabricant de blé, d'orge, de viande, de beurre, etc. Une comptabilité par dépense et produit, s'applique tout aussi bien à cet objet qu'à une fabrique de drap ou de papier. J'ai connu en Allemagne un grand nombre de cultivateurs qui tenaient leurs comptes tout aussi en

15*

règle, que ceux de quelque manufacture que ce
soit. Un homme intelligent, qui aurait appris la
manière de tenir les comptes de commerce, trouverait bien facilement les moyens de l'appliquer
aux opérations de culture. Il est très-fâcheux
qu'on ne trouve dans la campagne, aucune ressource pour s'instruire sur cet objet. Au reste, si
vous voulez m'envoyer votre fils tous les dimanches,
je vous promets que dans peu de temps, je lui ap-
prendrai à tenir ces comptes, car il est intelligent,
et je suis sûr qu'il prendra bientôt du goût à cette
besogne.

Le Cousin. Je suis bien sûr que le gaillard ne
demandera pas mieux, et puisque vous voulez bien
prendre cette peine, je vous en aurai la plus sin-
cère obligation. Vous croyez donc que la tenue de
ces comptes est réellement d'un grand avantage ?

Benoit. Je ne comprends pas même comment
il est possible de s'en passer. Sans cela, à peine
un cultivateur sait-il, au bout de l'année, s'il a
perdu ou gagné ; il ne sait pas quels sont les articles de son exploitation qui lui ont donné le plus
de bénéfice ; dans tous les détails d'un train, il est
possible que quelques articles soient lucratifs,
tandis que d'autres présentent de la perte ; comment voulez-vous que cet homme change ou cor-
rige ces derniers, s'il ne les connaît pas ? Je suppose, par exemple, qu'il nourrit des vaches, des
bêtes à laine ; qu'il engraisse des bœufs, des moutons ; comment peut-il savoir quel est celui de

ses articles qui lui présente le plus de bénéfice, s'il ne tient pas des comptes semblables ? Cependant, il est très-important pour lui de le savoir, sa fortune tient peut-être à cela. Comment voulez-vous qu'il sache aussi s'il a plus de bénéfice à mettre son lait en beurre ou en fromage ? Il en est de même pour chaque espèce de récolte qu'il cultive : s'il veut essayer de cultiver des pommes de terre dans ses champs, ce n'est qu'au moyen de ces comptes qu'il pourra savoir si elles lui ont autant rapporté qu'elles lui ont coûté. Je sais bien qu'à la longue, à force de faire toujours la même chose, on finit par connaître si elle est avantageuse ou non ; mais, pour acquérir cette connaissance, dix ans se sont passés, et, pendant ce temps, on s'est ruiné, ou on a laissé échapper de grands bénéfices qu'on aurait faits, si, dès la première année, on eût pu se faire une idée nette de sa dépense et du produit.

Le Cousin. Je conçois bien, maintenant, que cela peut être fort utile.

Benoit. Ajoutez à cela l'agrément et la satisfaction qu'on éprouve de pouvoir se rendre compte à soi-même, aussi souvent qu'on le désire, de toutes ses opérations, et dans tous leurs détails. Comme cela encourage au travail ! Combien d'inquiétudes on évite, en voyant clairement, à chaque instant, les profits qu'on tire de chaque opération ! Je suis bien sûr qu'un cultivateur qui aura commencé à tenir des comptes semblables, ne quittera jamais

cette méthode, et qu'il trouvera que c'est une occupation aussi agréable qu'elle est avantageuse.

Blé semé sur le Trèfle.

Le Cousin. Vous avez dit, tout à l'heure, que
le blé que vous semiez sur le trèfle, ne coûtait que
la moitié de celui qu'on sème sur les versaines ;
j'avoue que c'est une chose qui me semble bien extraordinaire; je voudrais bien pouvoir comprendre
vos comptes de culture, pour connaître la cause
de cette différence.

Benoit. Je vais vous faire comprendre cela en
peu de mots, car cela est très-simple : lorsqu'on
cultive le blé sur la versaine, on doit porter en
dépense du blé, deux années de *rente* de la terre.

Le Cousin. Pourquoi cela ? ce n'est pas là une
dépense ; moi, par exemple, qui cultive des terres
qui m'appartiennent, je ne paie rien pour cela.

Benoit. Mais vos terres ne vous ont-elles rien
coûté à acheter ? Votre argent ne doit-il pas vous
rapporter sa rente tous les ans ? Ne pourriez-vous
pas les louer ? Il faut donc que les récoltes que vous
en tirez vous paient cette rente, de même qu'un
manufacturier compte en dépense tous les ans, les
intérêts du capital qu'il a employé en bâtimens,
machines, etc., et vous ne pouvez compter de
bénéfice, que lorsque cette rente est payée. Quelle
que soit la récolte que vous cultiviez, le premier
article de la dépense doit être la rente de la terre
que vous y consacrez ; et si cette récolte occupe

la terre pendant deux ans, vous devez compter pour sa dépense, deux années de rente de la terre. En estimant votre rente seulement à six francs le jour, cela fait 12 francs en dépense pour le blé.

En outre, votre versaine exige trois labours. Je les compte à 5 francs chacun, parce que je crois qu'ils vous coûtent au moins cela. Cela fait 15 francs, et, avec les 12 francs de rente de la terre, 27 francs ; de sorte que si votre jour de terre vous rend deux reseaux, le resal vous coûte 13 francs 50 centimes. Je ne compte pas ici les autres frais, faucillage, voiture, battage, etc., parce que je suppose qu'ils sont payés par la valeur de la paille ; d'ailleurs, ils sont les mêmes dans l'une et dans l'autre culture.

Si, au contraire, vous semez votre blé sur du trèfle, il ne vous coûte que la rente de la terre d'une année, puisque la rente de l'autre année doit être portée sur la dépense du trèfle : vous n'avez besoin, d'ailleurs, que d'un labour ; ainsi, vous n'aurez, pour ces deux articles de dépenses, que 11 francs, ou par resal de blé, 5 francs 50 centimes. Vous voyez bien que le blé ne coûte pas moitié dans ce dernier cas. Encore, j'ai supposé que le blé semé sur le trèfle ne vous rendrait que deux reseaux, de même que celui qui est semé sur la versaine, tandis qu'il vous rendra certainement davantage. Je n'ai pas compté non plus la valeur du fumier, pour ne pas compliquer le calcul ; mais, en tenant des comptes de culture réguliers, vous verriez que le blé consomme bien moins de fumier, en le semant sur le trèfle, qu'en le semant sur la versaine.

Prix des Labours.

LE COUSIN. Vous comptez les labours comme si je les faisais exécuter à prix d'argent; mais ce sont mes chevaux qui les font ; ils me coûtent beaucoup moins.

BENOIT. Avez-vous jamais essayé de calculer, au moins en gros, ce que vous coûtent annuellement vos chevaux, afin de vous faire une idée du prix auquel vous reviennent les divers travaux qu'ils exécutent ?

LE COUSIN. Non certes. Nous prenons le foin et l'avoine chez nous ; nous ne comptons guère comme dépense réelle, que celle du maréchal.

BENOIT. Mais ce foin, cette avoine, cette paille que vous prenez chez vous, est-ce qu'ils n'ont pas une valeur réelle ? Est-ce que vous ne pourriez pas les vendre ou les employer à nourrir des vaches ou des bêtes à laine, à engraisser des bestiaux, ce qui vous rapporterait en profit, au moins la valeur du fourrage, en vous produisant autant de fumier que vos chevaux ? Lorsque vous faites pâturer quelques-uns de vos prés, la dépense ne vous paraît presque rien, parce qu'il ne s'agit que d'y lâcher les chevaux ; cependant elle est bien vraiment égale à la valeur du foin ou du regain que vous auriez pu récolter sur ces prés. Que vous achetiez un mille de foin à 25 francs, pour nourrir vos bêtes, ou que vous consommiez un mille de foin récolté chez vous, et que vous pourriez vendre le même prix, c'est absolument la même chose; aussi, dans des comptes réguliers, on doit compter en dépense, au prix du marché, toutes les denrées qu'on fait consommer chez soi.

Essayez quelque jour, de calculer de cette manière, la dépense de vos chevaux; ajoutez à leur nourriture en foin, paille, avoine, pâture, l'intérêt du prix d'achat à 15 pour cent au moins, parce qu'un cheval vieillit tous les ans.

Le Cousin. Je n'achète guère de chevaux, je les élève ordinairement chez moi.

Benoit. Vous n'en devez pas moins calculer la valeur, comme si vous les achetiez; car il en coûte pour les élever. Si vous comptiez exactement la valeur de tout ce qu'ils ont consommé avant d'être en état de travailler, peut-être trouveriez-vous qu'ils vous coûtent bien autant que si vous les achetiez. Comptez aussi dans leur entretien, les frais de maréchal, de bourrelier, de vétérinaire, ajoutez-y une certaine somme annuelle pour couvrir les chances de pertes par maladie ou accident. Je crois pouvoir vous annoncer d'avance, que vous trouverez que vous n'avez pas de cheval qui ne vous coûte environ 350 fr. par an. Lorsque vous connaîtrez ainsi la dépense totale de vos chevaux, vous pourrez calculer à quel prix vous reviennent les labours et les autres ouvrages auxquels vous les employez.

Vous verrez si j'ai estimé les labours trop haut, en les évaluant à 5 francs le jour de terre pour chaque labour.

Le Cousin. 350 francs par cheval ! Comment ; j'ai 10 chevaux, ils me coûteraient tous les ans 3500 francs. Mais, si je louais toutes mes terres, je ne pourrais pas en tirer la moitié de cette somme.

Benoit. Ce n'est pas ma faute ; faites-vous-même ce compte, et vous verrez s'il se trouve bien éloigné du mien. Vous saurez alors ce que vous coûtent réellement les labours, et vous serez en état de juger de quel avantage il est, de chercher un mode de culture qui permette de diminuer le nombre des labours, sans cependant nuire au produit des récoltes.

Suppression des Versaines.

Le Cousin. Pour semer toujours le blé sur du trèfle, il faudrait ne pas faire du tout de versaine. Je vous ai entendu dire plusieurs fois que, dans le pays où vous étiez, vous n'en faisiez pas ; je conçois bien que cela est fort avantageux, quand on le peut. Mais croyez-vous donc que cela serait possible dans ce pays-ci ?

Benoit. Je ne répondrai pas à cette question ; je veux que vous y répondiez vous-même. Écoutez-moi :

Je suppose que dans vos terres, vous choisissiez une pièce de 10 jours, de qualité moyenne, mais

d'un terrain pas trop fort. Je suppose que vous lui
donniez un premier labour de bonne heure au printemps, que vous y conduisiez ensuite dix bonnes
voitures de fumier par jour de terre; que vous
donniez un second labour, que vous la plantiez en
pommes de terre, et que vous les fassiez cultiver
et biner bien proprement; croyez-vous que vous
auriez une belle récolte?

Le Cousin. Avec deux labours et dix voitures
de fumier par jour de terre, je le crois bien que
j'aurais une belle récolte! il faudrait que l'année
fût bien mauvaise pour ne pas faire ainsi 5o sacs
de pommes de terre par jour de terre.

Benoit. Au printemps suivant, donnez encore
deux labours à cette terre, et semez-y de l'avoine
ou de l'orge, avec du trèfle. Combien pensez-vous
que vous récolteriez d'avoine?

Le Cousin. Dans nos terres, qui ne sont fumées
que tous les six ans au plus, et seulement à 5 ou
6 voitures par jour de terre, on ne peut guère
compter *bon an mal an*, que deux reseaux
d'avoine par jour; mais ici, après une fumure
comme nous lui en avons donné l'année précédente, on pourrait compter au moins sur trois
reseaux.

Benoit. Ce n'est pas seulement le fumier qui
serait cause que vous auriez une belle récolte;
mais c'est que votre terre est propre, après les
pommes de terre. C'est par cette raison aussi que,
la troisième année, vous aurez de beau trèfle,

tandis que, lorsque vous semez le trèfle dans l'avoine, sur un terrain qui vient déjà de porter du blé, la terre est empoisonnée de mauvaises herbes par ces deux récoltes de grains qui se suivent, et la récolte du trèfle est alors très-casuelle. Essayez de cultiver du trèfle comme je vous le dis, et vous en verrez la différence.

Je suppose que votre trèfle aura été plâtré au printemps. A l'automne, vous semez votre blé sur un seul labour; je vous garantis une récolte de blé plus nette de mauvaises herbes qu'il ne vous est possible de l'obtenir sur votre versaine, et un produit en blé au moins de moitié en sus; car votre terre se souvient encore des dix voitures de fumier qu'elle a reçues; et d'ailleurs il n'y a pas de meilleure préparation pour le blé qu'un beau trèfle. Mais, pour cela il faut que le trèfle soit beau, car s'il est clair, si la mauvaise herbe a pu s'y jeter, vous n'aurez que du blé chétif.

Par la méthode que je vous indique, il faudrait un accident bien extraordinaire, pour que vous n'eussiez pas un trèfle bien garni, et propre comme un carré d'oignons.

Le Cousin. En effet, quoique je ne sème pas tous les ans beaucoup de trèfle, j'ai remarqué qu'on lorsqu'il n'est pas bien garni et bien propre, le blé que je semais après, était fort médiocre.

Benoit. Maintenant, je suppose qu'après le blé vous recommenciez à conduire sur votre terre, s dix bonnes voitures de fumier par jour, pour y planter des pommes de terre, comme la première fois, et ensuite reprendre l'orge, le trèfle, le blé, en continuant de fumer toujours de même tous les quatre ans. Croyez-vous que cette pièce de terre pourrait se passer de faire versaine ?

Le Cousin. Parbleu ! je le crois bien ; vous ne ménagez pas le fumier. Si je m'avisais de faire cet essai, il faudrait employer dans cette pièce de terre tout le fumier que je fais dans l'année, et laisser tout le reste de mes terres en friche.

Benoit. Ce n'est pas ainsi que je l'entends ; ce que vous faites pour cette pièce de terre, pourquoi ne le feriez-vous pas pour toutes les autres ? Divisez-moi toutes vos terres en quatre saisons, et suivez cet assolement, en amendant chaque année une saison, à dix voitures de fumier par cour de terre.

Le Cousin. Eh ! où diable prendrai-je les montagnes de fumier qu'il me faudrait pour cela ?

Benoit. Comment ! vous avez tous les ans un quart de vos terres en pommes de terre, un autre quart en trèfle, c'est-à-dire, la moitié de vos terres en récoltes propres à la nourriture des bestiaux, et vous seriez embarrassé de faire assez de fumier pour cela ! Quand je n'aurais pas un pouce de pré, mais seulement 5 ou 6 jours de luzerne pour couper en vert, je voudrais, avec vos terres, faire plus de fumier qu'il n'en faut pour les amender ainsi.

Le Cousin. Je conçois bien qu'avec ces récoltes de trèfle et de pommes de terre, je pourrais nourrir beaucoup de bestiaux ; mais ces bestiaux, il faudrait les avoir ; et je n'ai ni de l'argent pour les acheter, ni des étables pour les loger.

Benoit. Ah ! pour le coup, vous avez mis le doigt sur le mal. Il ne faut plus dire que vos terres ne peuvent pas se passer de versaines ; il faut dire que vous n'êtes pas assez riche pour les cultiver sans versaines. Il est bien sûr que ce genre de culture exige plus d'avances, non-seulement pour l'achat d'un plus grand nombre de bestiaux et pour la construction des étables qui doivent les loger, mais aussi à cause des frais considérables de main-d'œuvre qu'exigent les récoltes sarclées, sans lesquelles la terre ne peut se passer de versaines.

Le Cousin. Je vois bien que cela ne peut convenir que dans les pays où les cultivateurs sont plus riches que chez nous.

Benoit. Dites plutôt, dans les pays où les cultivateurs savent mieux employer leur fortune que vous. Le mal est que vous avez trop de terres, et que vous ne conservez pas assez d'argent pour les bien cultiver. Dans ce pays-ci, je remarque que lorsqu'un homme serait en état de bien cultiver 3oo jours de terre, il prend une ferme de 1000 jours ; vous dites alors qu'il n'est pas assez riche pour cultiver sa ferme sans versaines ; moi je dis que ce n'est pas lui qui est trop petit, mais sa ferme qui est trop grande. On ne paraît pas savoir ici, *qu'il faut toujours qu'un fermier soit plus fort que sa ferme.*

Il en est de même de ceux qui cultivent leur propre bien; ils mettent tout leur avoir à acheter des terres, et ne songent pas à conserver l'argent qui leur serait nécessaire pour en tirer le meilleur parti. On reste pauvre, et par conséquent les terres sont mal cultivées. Vous remarquerez partout la justesse de ce proverbe en usage en Allemagne : *Pauvre agriculteur, pauvre agriculture.*

Vous voyez bien que la pauvreté du cultivateur n'est que relative, et qu'il ne doit jamais dire qu'il n'est pas assez riche pour cultiver ses terres; il n'est question, pour établir l'équilibre, que de diminuer la quantité des terres qu'il cultive.

LE COUSIN. Je sens bien que si je vendais la moitié ou un quart de mes terres, pour en employer le prix à acheter des bestiaux, à construire des étables, à faire les avances d'une culture plus dispendieuse, je pourrais peut-être tirer plus de profit de chacun des jours de terre qui me resteraient. Mais d'un autre côté, j'aurais moins de terres, de sorte qu'au bout du compte, mon profit total n'en serait guère plus considérable.

BENOIT. Vous croyez peut-être que cela se bornerait à une fort légère augmentation sur le produit de chaque jour de terre; pour vous détromper, faisons le calcul approximatif de ce que vous rapportent aujourd'hui vos terres; et comparons-le à ce que vous pourriez en tirer, si vous suiviez l'assolement de 4 ans que je viens de vous indiquer, et qui est à peu près celui que j'ai suivi pendant vingt ans.

Pour évaluer ce que la terre rapporte dans un assolement quelconque, il ne faut pas considérer une saison en particulier ; il faut embrasser toutes les saisons dont se compose l'assolement. Ainsi, avec votre assolement de 3 ans, il faut calculer quels sont les frais qu'exigent 3 jours de terre, l'un en blé, l'autre en avoine, et l'autre en versaines ; il faut calculer ensuite le produit que vous rendent en masse ces trois jours de terre, année commune. En déduisant les frais, de ce *produit brut*, vous aurez le *profit net* de ces 3 trois jours de terre. En en prenant *le tiers*, vous saurez ce que vous rapporte de profit le jour de terre, dans cet assolement. Essayons de faire ce calcul. Comme vous ne tenez pas de comptabilité régulière, nous ne pouvons avoir ici que des données approximatives ; mais l'habitude que j'ai de cette comptabilité, et les observations que j'ai faites chez vous depuis plusieurs années, me donnent la certitude de m'éloigner très-peu de la vérité.

La rente de vos 3 jours de terre, à 6 fr. chacun, fait. 18 fr.

Ces 3 jours de terre reçoivent ordinairement 4 labours ; 3 pour la versaine et 1 pour l'avoine. Je les compterai à 5 fr. chacun, parce que, comme je vous l'ai dit, je crois qu'ils vous coûtent au moins cela. Cela fait donc pour les 4 labours. 20

TOTAL des frais. . . . . 38 fr.

La récolte de ces trois jours de terre sera à peu près, *bon
un mal an*, de deux reseaux de blé et deux resaux d'avoine.
En comptant le blé au prix moyen de 18 fr., et l'avoine à
8 fr., le produit brut sera de. . . . . 52 fr.
Si nous déduisons les frais de. . . . . 38.

Il restera en profit net. . . . . 14 f.

Ceci est le produit de 3 jours de terre; ainsi,
chaque jour de terre vous donne par an à peu
près un profit du tiers de cette somme, c'est-à-
dire, d'environ 4 fr. 60 cent.

Ce compte est établi fort grossièrement, car
Il y a beaucoup de frais qui devraient y figurer,
et dont je ne parle pas; je suppose qu'ils sont couverts par la valeur de la paille. Mais je suis bien
sûr que si vous établissiez votre compte avec exactitude, vous trouveriez que le résultat s'éloignerait
très-peu du mien.

Supposons, maintenant, que vous adoptiez un
assolement de quatre ans, comme je viens de vous
l'indiquer : vos frais, pour quatre jours de terre,
seraient à peu près comme il suit :

La rente des 4 jours, à 6 fr. . . . . 24 fr.
5 labours, dont 2 pour les pommes de terre, 2 pour
  l'avoine et 1 pour le blé semé sur le trèfle. . . . 25
Frais pour planter, cultiver et arracher 1 jour de
  pommes de terre. 30
Frais de récolte du trèfle. 6

TOTAL des frais. . . . . . 85 f.

Le produit de ces quatre jours de terre sera probablement ainsi qu'il suit :

50 sacs de pommes de terre, à 1 fr. 50 cent. . . . . .   75 fl

3 reseaux d'avoine , à 8 fr.   24

2000 livres de trèfle , à 20 fr.   40

3 resaux de blé , à 18 fr.   54

TOTAL. . . . . 193 fl

En déduisant les frais de.   85

Reste en profit net pour 4 jours de terre. . . 108 fl

Ce qui fait , par jour de terre, 27 francs, au lieu de 4 fr. 60 cent. que vous tirez actuellement.

J'ai supposé que vos terres , cultivées de cette manière , rendraient , par jour, 3 resaux de blé ou 3 resaux d'avoine, au lieu de 2 que vous en tirez actuellement ; il n'y a pas de doute que cette évaluation ne soit plutôt trop faible que trop forte ; vous n'en disconviendrez pas , si vous vous rappelez la manière dont j'ai supposé que ces terres seraient cultivées et amendées. Cependant, en admettant même le cas, où vos récoltes de blé et d'avoine ne seraient pas plus fortes qu'à présent , vous trouveriez encore une énorme différence dans les résultats. Dans ce cas, les produits, au lieu d'être de 193 fr., seraient seulement de. . . . . 167 fr.

En déduisant les frais , comme plus haut. .   85

Resterait en bénéfice. . . .   82 fr.

C'est-à-dire, encore 20 fr. 50 cent. par jour de terre. Ainsi, votre profit dans ce cas, serait encore plus de *quatre fois* plus considérable qu'aujourd'hui ; de sorte qu'en réduisant *à moitié* la quantité b'de terre que vous cultivez actuellement, votre profit annuel serait encore *plus que doublé.*

Pour ne pas compliquer la question, je n'ai pas parlé, dans tous ces comptes, de la valeur du fumier qu'on met sur les terres, quoique ce doive être un article important, des comptes de culture réguliers. Vous remarquerez, au reste, que dans ma supposition, vous feriez toujours chez vous, tout le fumier dont vous auriez besoin.

Le Cousin. Je conçois bien à peu près vos comptes; mais je m'aperçois que les principaux produits de votre culture perfectionnée, sont les pommes de terre et le trèfle. Cependant, vous supposez que je les ferai consommer par mes bestiaux; ce n'est donc pas un produit destiné à la vente, et sur lequel je puisse compter pour faire de l'argent, comme sur le blé que je conduis au marché.

Benoit. Voilà précisément le vice de raisonnement le plus pernicieux pour un cultivateur. Je conviens que les produits destinés à la nourriture des bestiaux, ne rapportent pas *directement* de l'argent, comme les denrées qu'on conduit au marché. Mais ils en rapportent avec autant de certitude; car le lait, le beurre, le fromage, la laine, le lard, la viande grasse, sont d'une vente aussi assurée que les grains. Aux prix où je compte ici les pommes de terre et le trèfle, il faudrait être bien mal-adroit pour ne pas en tirer l'équivalent, en produits des animaux qu'ils auront nourris ; et vous aurez de plus tout le fumier que vous ferez avec ces animaux.

En général, dans toute culture bien entendue, on doit avoir pour principe de faire consommer par des animaux, dans la ferme, la plus grande partie qu'on peut, du produit des terres ; car cette partie produit de deux manières, c'est-à-dire, en argent et en fumier ; tandis que les récoltes qu'on porte directement au marché, rapportent bien de l'argent, mais sont perdues pour l'amendement des terres. Il n'y a pas de bonne culture, là où on ne fait pas de grands profits sur des bestiaux.

Le Cousin. Vous me conseilleriez donc de vendre quelques-unes de mes terres pour acheter des bestiaux, et fournir aux avances de cultures de celles qui me resteraient ? ma femme n'entendra jamais cela.

Benoit. Il est certain que par ce moyen, vous pourriez entretenir une culture bien plus riche, et bien plus active, et en tirer un profit trois ou quatre fois plus considérable, que celui que vous tirez aujourd'hui.

Le Cousin. Nous avons des terres trop fortes pour pouvoir y cultiver des pommes de terre ; nous en avons aussi où le trèfle ne réussirait pas. Pour celles-là, on ne pourrait pas y appliquer votre méthode.

Benoit. Dans les terres trop fortes pour les pommes de terre, n'avez-vous pas les betteraves,

les rutabagas, les choux de diverses espèces, les
féverolles, etc.? Toutes ces récoltes, pourvu
qu'on les sarcle et bine proprement, remplace-
ront parfaitement les pommes de terre. Le sainfoin, la lupuline, les vesces, le ray-grass et
plusieurs autres plantes à fourrage, peuvent
remplacer le trèfle dans les terres qui ne lui con-
viendraient pas.

Il ne faut pas croire que l'assolement de quatre
ans que je vous ai indiqué, soit le seul qu'on
puisse suivre; ce n'était qu'un exemple par lequel
je voulais vous faire voir qu'avec une culture vigoureuse et des récoltes sarclées, on peut fort
bien se passer de versaines. Du reste il y a bien
des combinaisons, par lesquelles on peut amener
successivement les plantes les plus convenables,
dans un assolement plus ou moins long. C'est à
chaque cultivateur à choisir les récoltes qui conviennent le mieux à la nature de son terrain, et
qui peuvent lui rapporter le plus de profit, en
les combinant de manière à ne pas trop épuiser
sa terre, et à avoir toujours une forte partie de
ses récoltes destinées à la nourriture des bestiaux; car c'est là l'âme de la culture. Pour
régler son assolement, il doit avoir égard à la
faculté plus ou moins épuisante de chaque récolte.
afin de ne pas mettre à la suite l'une de l'autre,
plusieurs récoltes très-épuisantes.

Dans le choix d'un assolement, il y a quelques
principes généraux dont on ne doit jamais s'écar-

ter, parce que l'expérience a appris qu'ils doivent s'appliquer aux terres de toute nature. Tels sont ceux-ci : 1° ne jamais placer deux récoltes des grains immédiatement l'une après l'autre ; car rien ne salit plus la terre de mauvaises herbes, et ne l'épuise davantage.

2° Ne jamais semer les prairies artificielles, c'est-à-dire, le trèfle, le sainfoin, la luzerne, etc., que sur la récolte de grains qui vient immédiatement après la récolte sarclée et fumée.

3° Revenir aux récoltes sarclées, aussi souvent qu'il est nécessaire pour entretenir le terrain bien net de mauvaises herbes.

4° Cultiver toujours moitié environ des terres en plantes destinées à la nourriture des bestiaux, et les faire consommer dans la ferme.

En suivant ces principes, ne craignez pas de supprimer la versaine, dans quelques terres que ce soit. Mais, si vous ne pouvez pas, ou, si vous ne voulez pas régler ainsi vos cultures, il faut conserver la versaine, et vous contenter d'un très-chétif produit ; car, en supprimant la versaine, sans adopter un mode de culture convenable, vous ruineriez promptement vos terres, bien loin d'en tirer du bénéfice.

Le Cousin. Je partage bien votre avis pour la culture de la pomme de terre ; je crois que nous n'en cultivons pas assez. Mais c'est que les cultures en sont si chères ! D'ailleurs, si on en cultivait une grande quantité, on ne trouverait souvent pas d'ouvriers en suffisance.

Distillation des Pommes de terre.

BENOIT. Vous estimeriez encore bien davantage la pomme de terre, si vous saviez en tirer parti comme on le fait dans le pays que j'ai habité pendant long-temps. Là, chaque cultivateur convertit en eau-de-vie, ses pommes de terre, et nourrit ses bestiaux avec les résidus. L'expérience apprend que ces résidus sont tout aussi nourrissans que les pommes de terre entières. Jugez, d'après cela, du bénéfice qui en résulte pour le cultivateur : il tire d'abord la valeur de ses pommes de terre en eau-de-vie, et, ordinairement, avec un bénéfice de fabrication assez important ; il en trouve une seconde fois la valeur dans le lait, le beurre, le fromage, la viande grasse, qui sont le produit des bestiaux qu'il en a nourris, et, à côté de cela, il se procure une masse énorme d'engrais, qui lui assure les plus belles récoltes pour les années suivantes. Il n'y a guère qu'une vingtaine d'années que cet usage de distiller les pommes de terre, s'est introduit dans le canton que j'habitais ; en moins de dix ans il a enrichi tout le pays.

Houe à cheval.

Quant aux frais de culture des pommes de terre, j'avoue qu'ils sont considérables ; cependant, on peut les diminuer beaucoup en faisant donner les

menues cultures et le buttage, au moyen d'un instrument conduit par un cheval. Il y a douze ans
que j'entendis parler pour la première fois de cet
instrument, dont on faisait usage dans les environs
de *Brunswisck* ; je me décidai sur-le-champ à
aller moi-même observer ses effets ; j'en fus si
content que j'en rapportai un avec moi, et je m'en
suis toujours servi depuis.

L'emploi de cet instrument exige que les pommes
de terre soient plantées en rangées bien alignées,
ce qui peut se faire très-facilement en les plantant
à la charrue. Lorsque les pommes de terre commencent à sortir de terre, on passe fortement une
herse de fer pesante sur toute la surface du champ,
pour détruire toutes les mauvaises herbes qui
commencent à germer. Il ne faut pas craindre
que cela fasse du tort aux pommes de terre. Lorsque les plantes ont 5 ou 6 pouces de hauteur, on
passe la houe à cheval entre les lignes, ce qui
donne une bien meilleure culture qu'on ne pourrait
le faire à la main. Quelque temps après, on recommence cette opération ; et enfin on butte les
pommes de terre, au moyen d'un soc garni de deux
ailes, qu'on adapte au même instrument.

De cette manière, il ne faut qu'un très-petit
nombre de journées d'ouvriers, pour détruire les
mauvaises herbes qui se trouvent entre les plantes
dans les lignes, et que l'instrument n'a pu atteindre. Comme d'ailleurs, cet instrument, attelé
d'un cheval, cultive environ six jours de terre

dans une journée, cette culture est très-économique. J'ai toujours calculé qu'elle diminuait de
beaucoup plus de moitié, les frais de mes cultures
de pommes de terre. Ajoutez à cela que l'ouvrage
se faisant très-promptement, cela donne la facilité de l'exécuter toujours dans l'instant le plus
favorable. Vous savez, sans doute, comme moi,
de quelle importance cela est pour la culture des
récoltes sarclées.

Le Cousin. Cet instrument doit être en effet
fort économique. Il conviendrait probablement
aussi pour cultiver les betteraves, dont vous faites
tant de cas pour la nourriture des vaches et l'engraissement des bœufs.

Benoit. Sans doute; il convient parfaitement
pour la culture de toutes les récoltes qui peuvent se
planter ou se semer en lignes. Je ne cultivais pas
autrement mes betteraves, non plus que mes choux,
mes haricots, et surtout mes féverolles, que je
mettais très-souvent dans les terres fortes, comme
récolte sarclée. En cultivant ainsi cette dernière
plante, pourvu qu'on ait soin de la nettoyer parfaitement de mauvaises herbes, on en tire presque
toujours une récolte double de celle qu'on peut
obtenir d'une semaille à la volée; et c'est une des
meilleures préparations qu'on puisse donner à la
terre pour une récolte de grains, parce que cette
plante épuise beaucoup moins le sol, que la pomme de terre.

Le Cousin. Est-ce que vous croyez que la

houe à cheval réussirait également dans nos terres?

BENOIT. Pourquoi n'y réussirait-elle pas? croyez-vous donc que vos terres sont différentes de celles de tout le reste du monde? chaque fois qu'on parle à certains cultivateurs, de procédés ou de méthodes qui sont en usage dans d'autres pays, leur réponse est toujours prête : la différence des terres, la différence des climats ; c'est là pour eux une raison suffisante pour ne rien essayer des choses les plus utiles, qui se font à 40 ou 50 lieues d'eux.

J'ai beaucoup voyagé, et j'ai vu des terres de toutes les espèces ; je vous déclare que, sans sortir de trois ou quatre communes voisines de la vôtre, vous pouvez trouver des terres de la même nature que toutes celles que vous pourriez rencontrer dans une grande partie de l'Europe, depuis le sol le plus sablonneux ou le plus pierreux, jusqu'à la terre argileuse la plus compacte. Pourquoi ne pourrait-on donc pas pratiquer ici, la plus grande partie des méthodes qui sont avantageuses ailleurs? serait-ce à cause de la différence de chaleur ou d'humidité du climat? Je conçois bien que la raison serait bonne, s'il était question de transporter chez nous, des méthodes dont on fait usage en Afrique, ou même dans le midi de la France. Mais je ne vous parle que de pays dont la température est assez semblable à celle du nôtre, pour que cela ne doive apporter que très-peu de différence dans les procédés de culture. Je ne prétends pas, au reste, que toutes les méthodes qui sont avantageuses dans ces pays là, doivent être adoptées ici indifféremment et sans examen ; mais il est absurde de repousser un procédé utile, par la seule raison qu'il vient de 20, 40 ou même 100 lieues, lorsque le climat est à peu près le même que le nôtre. Se faire un prétexte pour ne pas l'essayer, en se fondant vaguement sur la différence des terres et des climats, c'est la ressource de la paresse et de l'insouciance.

Pour en revenir à la houe à cheval, vous n'avez aucune terre dans laquelle elle ne pût vous rendre autant de services, que dans les cantons où elle est peu usage. On s'en sert très-bien, même dans les terres argileuses, pourvu qu'elles soient bien ameublies par une bonne culture préparatoire, ce qui est toujours nécessaire pour les récoltes sarclées. Un sol pierreux permet également bien l'emploi de la houe à cheval, pourvu cependant que les pierres ne soient pas trop grosses.

Charrues sans avant-train.

Le Cousin. Je crois cependant que vos terres étaient en général beaucoup plus meubles que les nôtres ; car je vous ai entendu dire que vous labouriez toujours avec deux bœufs. Cela serait impossible chez nous, car j'ai souvent bien de la peine de faire mes labours avec six bons chevaux.

Benoit. Pourquoi voulez-vous croire que cette impossibilité vient de la nature de votre terre, plutôt que de la forme de votre charrue ? quelle

raison avez-vous de croire que votre charrue est la
meilleure qu'on puisse employer, ou qu'avec une
autre on ne pourrait pas faire avec deux bêtes, ce
que vous faites avec six ?

Le Cousin. Il me semble que depuis le temps
qu'on laboure dans nos terres, on a dû trouver la
forme de charrue qui y convient le mieux.

Benoit. Pour la trouver, il aurait fallu la chercher; si tout le monde a toujours fait comme vous,
c'est-à-dire, refusé d'essayer aucun changement,
vous conviendrez que ce n'était pas le moyen d'arriver à ce qu'il y a de mieux.

Votre charrue a un défaut capital, qui double
et triple souvent le nombre de bêtes qu'il est nécessaire d'y atteler. Ce défaut, c'est qu'elle a un
avant-train, c'est-à-dire, *des rouelles*.

Le Cousin. Comment serait-il possible que l'a-
vant-train pût augmenter à ce point la résistance
de la charrue ? il me semble au contraire qu'il devrait la diminuer. D'ailleurs, il doit être bien difficile, avec une charrue sans avant-train, de faire
un labour régulier et d'une profondeur bien égale.

Benoit. Je ne suis pas mécanicien ; je ne
pourrais pas vous dire d'une manière bien pré-
cise, pourquoi l'avant-train augmente le tirage
d'une charrue ; mais ce que j'ai vu dans les pays
que j'ai parcourus, ne me laisse pas le moindre
doute à ce sujet. J'ai vu beaucoup de cantons où
on n'emploie pas d'autres charrues que des charrues sans avant-train ; là on laboure toujours avec

deux bêtes, même dans les terres les plus fortes; il est vrai que dans ce dernier cas, il faut que les chevaux soient de forte taille, si on veut faire un labour un peu profond. Dans les terres légères, un seul cheval, et souvent même une vache, comme je l'ai vu faire quelquefois en Flandre, suffisent pour donner un labour de trois ou quatre pouces de profondeur.

Dans d'autres pays, comme ici, on n'a pas même l'idée qu'une charrue puisse marcher sans avant-train; on regarde les roues comme aussi nécessaires à une charrue qu'à une charrette. Dans ces pays là, les charrues sont constamment attelées de 4, 6 ou 8 chevaux, dans des terres qui ne sont pas plus fortes que celles qu'on laboure ailleurs avec 2 chevaux attelés à une charrue sans avant-train. J'ai bien vu, il est vrai, des cantons en très-petit nombre, où on laboure souvent avec une charrue à avant-train attelée de deux chevaux; mais c'est dans des terres tellement légères, qu'une vache les labourerait, avec une bonne charrue sans avant-train.

L'observation de tous ces faits m'a convaincu depuis long-temps, qu'il y a dans l'avant-train une cause qui rend le labourage plus difficile. J'ai manié d'ailleurs pendant 40 ans des charrues de toutes les espèces, et dans des terres de toutes les natures; l'expérience m'a convaincu de l'augmentation de force de tirage qui est occasionnée par l'avant-train, de manière que je regarde ce fait comme aussi bien démontré que quelque vérité que ce soit.

Le Cousin. Cela me paraît fort singulier. Cela ferait une grande économie pour nous, si nous pouvions faire, avec deux chevaux, l'ouvrage que nous faisons avec six.

Benoit. L'économie vous paraîtrait bien plus considérable encore, si vous étiez habitué à calculer exactement la dépense que vous occasionnent vos chevaux. Je vous ai dit tout à l'heure que vous n'avez pas un cheval dont l'entretien ne vous coûte par an environ 350 francs. Si, sur vos dix chevaux, vous pouviez seulement en supprimer quatre, ce serait une économie de 1400 francs; c'est plus de double de ce que vous tirez annuellement de profit net de vos terres.

Le Cousin. Cela est bien vrai ; il faudra que j'en parle à ma femme ; si elle y consent, j'aurai recours à votre complaisance, pour vous prier de me faire venir une charrue sans avant-train.

Benoit. Je le ferais bien volontiers ; mais puisque vous me parlez de le demander à votre femme, la charrue sera encore long-temps avant de venir.

Le Cousin. Il me paraît que vous la connaissez bien ; c'est une bien brave femme, mais il est sûr qu'il est difficile de faire entrer dans sa tête des idées nouvelles. Elle m'a souvent bien chicané, lorsque j'ai voulu suivre quelques-uns de vos conseils. Mais, patience, je crois que nous serons bientôt les plus forts : mon aîné devient grand, il va avoir

118 ans ; il a beaucoup de confiance en vous, et il
prend toujours mon parti, lorsque je veux engager
sa mère à faire quelqu'essai d'après vos conseils.

BENOIT. Puisque c'est sur *Jean-Jean* qu'il faut
que nous comptions pour cela, je vais faire venir
une charrue sans avant-train et une houe à cheval ; c'est un cadeau que je veux lui faire pour ses
étrennes.

LE COUSIN. Oh ! pour le coup, je crois que sa
mère ne serait pas bien venue à vouloir l'empêcher
de manier ces instrumens. Je vous réponds qu'il
va être aussi fier en les conduisant, qu'un colonel
à la tête de son régiment.

Dépense des Attelages.

Je voudrais bien que cela pût nous permettre
de diminuer le nombre de nos chevaux ; car quoique je n'aie pas calculé exactement leur dépense,
je sens bien comme vous, que ce sont eux qui nous
ruinent. Si je vendais tous les ans le foin de mes 25
fauchées de pré, j'en tirerais presque toujours plus
d'argent que je n'en tire de mes terres ; et cependant,
presque tout ce foin m'est nécessaire pour nourrir
les chevaux qui cultivent ces terres ; de sorte que
les terres ne rapportent vraiment rien ; elles ne
sont que le canal par où passe le produit des prés
avant que d'entrer dans la poche, et encore bien
souvent leur produit est diminué en passant par
ce canal. C'est une réflexion que j'ai bien souvent
faite en moi-même ; mais je n'ose pas m'y arrêter,

car il en résulterait qu'il y aurait vraiment plus
de profit à abandonner la culture des terres.

Au reste, je ne suis pas le seul qui sois dans ce
cas ; on pourrait en dire presqu'autant de toutes
les fermes de ce pays. Vous connaissez la belle
ferme de M. P.... à B....: son fermier exploite 1000
jours de terre, et 400 fauchées de prés ; il rend
10,000 fr. de canon ; il n'y a pas d'année qu'il ne
récolte du foin, au prix courant, pour 10 ou
12,000 fr. ; il y a des années où on pourrait en
tirer 20, ou 25,000 fr. si on le vendait tout. Mais le
fermier est obligé d'entretenir 60 chevaux pour
la culture de ses terres ; avec une trentaine de
vaches, cela consomme presque tout son foin, et
il a souvent bien de la peine de payer son canon ,
quoi que ce soit un bon cultivateur, et qui travaille comme un esclave.

Cette ferme-là a une plus grande proportion
de prés par rapport aux terres, que beaucoup
d'autres ; mais en général, il n'y a guère de fermes
dans le département, où la valeur du foin qu'on
récolte sur les prés, ne monte à peu près aussi
haut que le loyer total des terres et des prés.
Dites-moi donc quel profit rapportent les terres ?

BENOIT. Je suis fort aise que vous ayez fait
vous-même cette réflexion ; c'est une remarque
que j'ai faite aussi lorsque je suis revenu dans ce
pays-ci, et qui m'aurait frappé d'étonnement, de
même que vous, si je n'avais pas vu la même
chose dans bien d'autres pays. En général, il en

est à peu près de même dans tous les cantons
mal cultivés. Vous sentez bien qu'un tel état de
choses accuse un vice capital dans la culture des
terres ; car si cette culture ne rapporte pas de
profit, elle est mauvaise par cela même. Au reste,
je suis bien éloigné de dire comme vous, qu'il faut
écarter cette idée ; lorsqu'on reconnaît un mal
semblable, il faut au contraire s'y arrêter, l'approfondir, en chercher les causes, et tâcher d'y
découvrir un remède. Une des principales causes
de ce mal, c'est, comme vous venez de le dire,
le grand nombre de chevaux que vous entretenez
pour la culture des terres ; c'est là le chancre
qui ronge la fortune de tous vos cultivateurs ; tout
passe à l'entretien des chevaux, et au bout de
l'année, il ne reste pas de profit. C'est cela que
je voulais vous faire sentir, lorsque je vous faisais
voir tout à l'heure, combien sont considérables
les frais d'entretien de chaque cheval. L'étendue
de prés dont vos attelages consomment la récolte,
doit vous faire juger si mon évaluation était exagérée, lorsque j'en portais l'entretien à 350 fr.
par tête.

Il faut distinguer le bétail en deux espèces :
bétail de rente et *bétail de travail* ; plus on entretient de bétail de la première espèce dans une
exploitation, plus on en tire de profit. Au contraire, tout ce qu'on entretient de bêtes de travail, de plus qu'il n'est nécessaire pour exécuter
les ouvrages convenables, est une *perte nette,*

parce que c'est autant de bétail de rente qu'on peut entretenir de moins.

Prenons pour exemple le fermier de B...., dont vous me parliez tout à l'heure, et dont j'ai observé l'exploitation dans tous ses détails : il entretient 60 chevaux et 30 vaches ; donnez à cet homme des charrues qui n'exigent que le tirage de deux chevaux au lieu de six ; le voilà qui, avec 30 chevaux, se trouvera mieux attelé qu'il ne l'est aujourd'hui avec 60. Mais l'économie de 30 chevaux n'est pas une bagatelle ; il faut y joindre celle de 4 ou 5 garçons, puisqu'un seul homme suffit toujours pour conduire une charrue attelée de 2 chevaux. Calculez cette économie, et vous conviendrez que ce peut être à la bonne ou mauvaise construction seule de sa charrue, que tient la richesse ou la pauvreté d'un cultivateur.

Il y a encore une autre cause qui augmente la dépense de vos attelages, presqu'autant que la mauvaise construction de vos charrues ; c'est l'usage où vous êtes de nourrir vos chevaux pendant tout l'été à la pâture.

Nourriture des Chevaux à la Pâture.

LE COUSIN. La pâture ! mais nous regardons bien cela comme la plus grande économie que nous puissions faire ; où en serions-nous s'il nous fallait nourrir tout l'été, nos chevaux à l'écurie ; c'est bien alors qu'ils nous ruineraient tout-à-fait.

BENOIT. Vous croyez donc que la pâture ne

coûte rien ? nous allons un peu compter ensemble,
et vous verrez si cet usage est aussi économique
qu'il est commode pour les paresseux.

Continuons de prendre pour exemple le fermier
de B.... : au printemps, il commence par abandonner à ses chevaux, 40 fauchées de prés, environ ;
cela le mène jusqu'à la fenaison ; alors il a les prés
après la première coupe, ensuite les éteules après
la moisson, et enfin, on leur abandonne 200 fauchées au moins des meilleurs prés, qu'on a tenus
en réserve, pour y laisser croître un beau regain.
Voilà ses soixante chevaux nourris jusque dans
le mois de novembre. Comptons maintenant ce
que lui a coûté cette nourriture.

Pendant le temps que les chevaux vont en pâture, ils ne peuvent faire, par jour, qu'une attelée
au lieu de deux, parce qu'il leur faut bien plus de
temps pour se nourrir aux champs, que lorsqu'ils
mangent au râtelier. D'ailleurs, la fatigue qu'ils
se donnent en allant chercher leur nourriture,
est autant de diminué sur le travail qu'ils peuvent
faire. L'attelée qu'on leur fait faire, est, il est vrai,
un peu plus longue que lorsqu'ils doivent en faire
une seconde ; mais, on ne peut estimer à moins
d'un tiers, la diminution du travail des chevaux,
lorsqu'ils vont en pâture.

Le Cousin. Je compte comme cela aussi ; quand
nos chevaux vont en pâture, on ne les attèle que 6
ou 7 heures par jour, au lieu de 10 ; ils font environ
les deux tiers d'ouvrage d'une journée complète.

BENOIT. S'il y a un tiers de diminution sur l'ouvrage, il faut donc entretenir un plus grand nombre de chevaux, pour faire le même travail; d'autant plus que cette diminution a lieu pendant toute la belle saison, qui est celle des plus forts ouvrages. Le fermier dont nous parlons cultive avec six charrues; il est donc clair qu'il ne lui en faudrait que quatre pour faire autant d'ouvrage, si ses chevaux n'allaient pas en pâture. Il en est de même de tous ses autres travaux; de sorte que s'il nourrissait à l'écurie, il économiserait l'entretien de 20 chevaux pendant toute l'année; car, les chevaux qu'il est forcé d'entretenir de trop pendant l'été, il faut bien les nourrir pendant l'hiver.

D'un autre côté, les chevaux, lorsqu'ils vont en pâture, ne font presque pas de fumier, car ils ne séjournent presque pas à l'écurie. Et, cependant, le fumier est, après le travail, le seul profit qu'on tire des chevaux.

Voici donc, en récapitulation, ce que coûte à ce fermier, la nourriture de ses chevaux en pâture: 1° les frais d'entretien de 20 chevaux de trop pendant toute l'année; 2° la moitié de tout son fumier qui est perdue; 3° tout le regain qu'il pourrait faire sur ses meilleurs prés; 4° le produit des 40 fauchées de prés qu'il fait pâturer au printemps. Calculez bien la valeur de tout cela; et, si vous savez ce que vaut le fumier, vous conviendrez que cette nourriture à la pâture, lui coûte de 10 à 12,000 francs.

Mais, s'il voulait nourir ses chevaux à l'écurie,
voyons ce qu'il lui en coûterait : 40 chevaux suffi-
raient alors pour faire tout son ouvrage, parce
que n'allant pas en pâture, ils emploieraient tout
leur temps au travail ; 40 ou 50 jours de terre
semés en luzerne, en trèfle, en vesces, etc., seraient suffisans pour les nourrir depuis le mois de
mai jusqu'à l'entrée de l'hiver, beaucoup mieux
qu'ils ne peuvent l'être à la pâture. Ces terres
avec les frais de culture qu'elles exigeraient, seraient amplement compensées par la récolte
des quarante fauchées de prés, qui ne seraient
plus nécessaires pour le pâturage du printemps;
tout le reste des frais et pertes qu'entraîne la
pâture, serait en pûr bénéfice : il faucherait son
regain, il épargnerait la nourriture d'hiver de
20 chevaux, et il ferait bien plus de fumier avec
40, qu'il n'en faisait avec 60.

En supposant même qu'il y eut chez lui des pâturages communaux, comme il y en a dans beaucoup de villages, cela changerait peu de chose à
l'état de la question. La nourriture des bêtes de
travail au pâturage présente de si graves inconvéniens, que ce serait encore le moyen le moins économique de les entretenir, quand même on pourrait
se procurer *pour rien*, de *bons* pâturages pendant
toute la saison; mais vous savez aussi bien que moi,
ce que c'est que la pâture des communaux, ainsi
que la vaine-pâture des prés et des terres; la plus

grande partie du temps, c'est un moyen d'empêcher les bêtes de mourir de faim, plutôt qu'un
moyen de les nourrir. Il faut très-souvent que
les cultivateurs un peu soigneux, donnent à leurs
bêtes un supplément de nourriture au râtelier ;
sans cela elles ne seraient pas en état de leur rendre un service passable. Alors tout est perte, car
en éprouvant les inconvéniens qu'entraîne la pâture, il faut encore entamer pendant l'été la provision de l'hiver, ou se décider à voir dépérir ses
bêtes. Nourrir les bêtes de travail pendant tout
l'été en vert au râtelier, avec des fourrages cultivés exprès pour cela ; c'est-là la méthode que
j'ai vu pratiquer dans tous les pays où la culture
est portée à quelque degré de perfection. Là on
trouve beaucoup de *bétail de rente*, et des attelages peu nombreux ; là aussi on trouve de belles
récoltes, et par conséquent l'aisance parmi les habitans de la campagne, parce qu'on y fait beaucoup
de fumier. Dans tous les pays de vaine-pâture, j'ai
vu au contraire un nombre excessif de bêtes d'attelage, qui ruinent ceux qui les entretiennent ; du
bétail chétif, des récoltes plus chétives encore, et
la misère chez les cultivateurs, quoiqu'ils exploi-
tent souvent des terres de bien meilleure qualité
que les premiers.

Je vous ai fait voir tout à l'heure, que le fermier
de B.... pourrait diminuer d'un tiers le nombre de
ses chevaux, en les nourrissant à l'écurie, au lieu
de les envoyer en pâture ; remarquez que c'est en

supposant qu'il continuerait à se servir de sa charrue, qui exige six chevaux. Mais si, en renonçant
à la vaine-pâture, il voulait encore renoncer à sa
charrue, pour en prendre une qui pût travailler
avec 2 chevaux, il est certain qu'avec 20 ou 25
bêtes au plus, son attelage serait bien plus fort
qu'il ne l'est maintenant avec 6o. Jugez quelle
différence apporterait dans le produit de sa ferme,
l'économie de l'entretien de 35 chevaux, et de 6
garçons au moins !

Lorsque je vous parlais de l'augmentation de
produits qu'on peut obtenir de la terre en adoptant
un assolement plus convenable et en supprimant
les versaines, je vous disais que cela ne pouvait se
faire qu'en augmentant le capital destiné à l'exploitation ; mais ici, l'économie qu'on peut faire
par la diminution du nombre des bêtes de travail,
n'exige aucune avance ; elle est toute, au contraire,
en diminution de dépense. Vous avez 10 chevaux ;
il ne s'agirait que d'en changer cinq ou six contre
des vaches, qui ne sont pas aussi chères que les chevaux ; de semer quelques jours de luzerne, de trèfle
ou de vesces pour faucher en vert ; d'avoir, au lieu
d'une grosse charrue à avant-train, une charrue
simple légère, qui ne vous coûterait pas davantage,
et qui serait sujette à bien moins de réparations. Il
n'y a rien dans tout cela que vous ne puissiez faire
dès l'année prochaine, si vous le vouliez, et cela
seul triplerait le revenu net de votre exploitation. Si vous ajoutez à cela l'augmentation de pro-

duits qu'on peut obtenir des terres par un meilleur assolement et en supprimant les versaines, vous ne vous étonnerez plus qu'il y ait des pays où on tire un produit dix fois plus considérable que vous ne le faites, de terres qui ne valent pas les vôtres. C'est en pratiquant ces principes, que j'ai fait ma petite fortune; il sont applicables à la culture de ce pays-ci, tout aussi bien qu'à celle du pays que j'habitais.

Le Cousin. Je sens bien qu'il y a matière à beaucoup de réflexions dans tout cela. Mais aussi, il est bien commode de lâcher ses bêtes aux champs, et de ne plus s'embarrasser de leur nourriture. Au lieu de cela, il faudrait faucher du fourrage tous les jours, l'amener, le distribuer aux bêtes, nettoyer l'écurie trois fois plus souvent, sans compter les soins qu'il faudrait se donner d'avance, pour faire venir ces fourrages.

Benoit. Ah! vous y êtes; voilà les véritables causes qui entretiennent ce détestable usage. Mais aussi, je ne parle que pour l'homme laborieux, actif, et qui ne craint pas de se donner des soins. Quant au paresseux, il peut faire comme il voudra; la vaine-pâture et la misère, voilà son lot; qu'il le garde. Au reste, remarquez que s'il y a ici augmentation de soins, il n'y a pas d'augmentation de dépenses. Le garçon qui garde vos chevaux aux champs pendant 12 ou 15 heures tous les jours, suffira pour faire tous ces ouvrages, seulement il s'habituera au travail, au lieu de fréquenter l'école de la fainéantise. Quant au travail d'une heure d'un cheval, qui sera nécessaire pour amener la nourriture de 12 ou 15 bêtes, c'est un objet de trop peu de valeur pour entrer en considération. Très-souvent ce sera une promenade pour un cheval convalescent, ou une jument qui a fait poulain, qui sans cela ne seraient pas sortis de l'écurie.

Le Cousin. Si vous condamnez la pâture pour les bêtes de travail, il n'en est pas sans doute de même des vaches ; pour celles-là, on n'a pas à craindre de perdre leur temps ou leur travail.

Nourriture des Vaches à la pâture.

Benoit. La vaine-pâture pour les vaches est tout aussi ruineuse que pour les chevaux. Que demandez-vous à vos vaches ? du lait et du fumier. Eh bien ! il y a plus encore à perdre sur leur lait en les envoyant en pâture, que sur le travail de vos chevaux. Si vous aviez entretenu des vaches en les nourrissant tout l'été au râtelier avec de la luzerne, un mélange d'avoine et de trèfle, ou d'avoine et de vesces, etc., vous sauriez qu'une vache ainsi nourrie, donne plus de lait que deux qui sont entretenues à la vaine-pâture, ou dans des pâtis communaux. La perte sur le fumier est au moins aussi considérable ; et aux yeux d'un véritable cultivateur, c'est là, peut-être, la perte la plus funeste, parce qu'elle *grêle* d'avance toutes vos récoltes des années suivantes.

D'ailleurs, lorsque vous voulez vous défaire d'une bête trop vieille ou mauvaise laitière, vous en trouvez toujours un bon prix, si elle est en bon état ; mais lorsqu'elle est maigre, il faut presque la donner. Lorsque je parle de vaches en bon état, je n'entends pas parler de bêtes qui ne sont pas tout à fait étiques, comme on le comprend ordinairement dans les pays où elles sont nourries l'été à la vaine-pâture, et l'hiver à la paille. Je veux parler de bêtes demi-grasses, et propres à entrer à la boucherie, sans faire honte au bou--cher qui les tue. C'est dans cet état qu'on doit entretenir constamment les vaches, si on veut en tirer tout ce qu'elles peuvent rendre, tant en lait qu'en fumier. Non-seulement vous aurez alors le double au moins de lait et de fumier, mais ce fumier sera d'une bien autre qualité ; vous devez savoir la différence qu'il y a entre le fumier produit par des bêtes grasses, ou par des bêtes maigres : une voiture du premier, vaut mieux qu'une voiture et demie du second. Au moyen de la nourriture en vert au râtelier, il n'y a rien de plus facile que d'entretenir constamment vos vaches dans cet état.

Mais, pour vous procurer ces avantages, que vous faut-il ? de même que pour vos chevaux, un peu plus de peines et de soins, et par chaque tête de bétail, environ un jour de terre semé en prairies artificielles. Calculez bien, et vous verrez que de toutes les terres de votre exploitation, il

n'en est point qui vous produise autant de profit
que celles que vous consacrerez à cela.

Tout le monde est disposé à convenir que la
vaine-pâture est le fléau de la culture des terres,
parce qu'elle est la source d'une foule de dégâts,
qui empêchent chaque propriétaire de cultiver
sur ses champs, les récoltes qui lui présenteraient
le plus d'avantages; mais il faut qu'on sache aussi
qu'elle n'est d'aucune utilité pour les bestiaux, et
qu'on peut les entretenir d'une manière bien plus
profitable et plus économique.

Le Cousin. Ce que vous me dites-là me rap-
pelle un fait auquel j'avais fait peu d'attention
dans le temps. Un oncle de ma femme, qui habite
la commune de S......., à douze lieues d'ici,
et qui a passé quelques jours chez nous, l'hiver
dernier, me racontait que, dans son village, il
n'était plus question de vaine — pâture, depuis
dix ans. D'après le conseil du maire de la
commune, dans lequel les habitans ont beaucoup
de confiance, ils se sont décidés à renvoyer leur
pâtre; et chacun nourrit ses bestiaux à l'écurie,
avec du trèfle vert, du sainfoin, de la luzerne, etc. ;
il disait qu'ils s'en trouvent fort bien. Ce qui m'a
le plus étonné, c'est qu'il assure que les habitans
les plus pauvres sont eux-mêmes fort satisfaits aujourd'hui de cet arrangement, quoique, dans le
commencement, ils en eussent témoigné beaucoup
de mécontentement. Celui qui n'a que deux ou trois
jours de terre, les cultive, en pleine campagne,

comme s'ils étaient dans un enclos, parce qu'il ne craint pas les dégâts de bestiaux ; il les ensemence tous les ans ; il y cultive non-seulement des fourrages pour sa vache, mais des légumes de toute espèce, de sorte qu'ils en vendent beaucoup aux villages voisins. Celui qui n'a pas de terre du tout, en loue quelques jours près des cultivateurs pour lesquels il travaille ; on les lui loue à bon compte et avec plaisir, parce qu'il les amende fortement et les cultive avec soin, de sorte qu'au bout de quelques années, ces terres se trouvent fortement améliorées. Il me disait que les pauvres trouvent que la vache qu'ils nourrissent ainsi, leur fait bien plus de profit que lorsqu'ils l'envoyaient à la pâture. Selon lui, le nombre des bestiaux est considérablement augmenté dans la commune, depuis qu'on suit cette méthode ; et la race paraît totalement changée ; les vaches, qui auparavant étaient fort chétives, comme dans tous les environs, sont aujourd'hui, dit-il, presqu'aussi fortes que des vaches de Suisse, et les chevaux de même. Il prétendait que tout cela avait considérablement enrichi la commune.

BENOIT. Cela ne m'étonne pas du tout ; il en est absolument de même dans tous les cantons où on a adopté cette méthode.

LE COUSIN. Comment est-il posible que des vaches se portent bien, étant renfermées toute l'année dans l'étable ?

BENOIT. Ce que j'ai vu dans une grande partie

de la *Belgique* et dans bien d'autres pays, prouve
que, sans sortir de l'étable, les vaches peuvent
très-bien se porter. Souvent, dans ces pays-
là, elles ne sortent pas même pour boire; car
on leur apporte leur boisson dans l'étable; elles
ne passent guère la porte, qu'une fois par an, pour
aller au taureau; malgré cela, elles se portent
très-bien. Il est vrai que les étables sont vastes
et bien aérées; sans cela, les bêtes seraient bientôt malades.

Cependant, je suis convaincu qu'un peu d'exercice leur est utile; aussi, au lieu de faire boire mes
vaches à la fontaine du village, qui était à ma
porte, je les envoyais deux fois par jour à un
ruisseau qui était à la distance d'environ un demi-
quart de lieue, de sorte qu'elles restaient chaque
fois, à peu près une demi-heure dehors.

Attelage des Vaches.

D'ailleurs, elles amenaient toujours le fourrage
vert qu'elles consommaient, et même c'était elles
qui amenaient la provision de mes bœufs de travail;
j'avais un petit chariot auquel on attelait deux
vaches, et qu'on chargeait d'un mille environ de
fourrage, qu'on amenait quelquefois d'un quart de
lieue; le lendemain on en attelait deux autres.
Cela ne les fatiguait pas du tout, et cela faisait
une promenade qui leur était fort agréable et fort
utile.

Il est certain que des vaches copieusement

nourries à l'étable, peuvent, sans se fatiguer, et sans diminution sensible de la quantité de leur lait, exécuter un travail modéré, qui ne peut que contribuer à entretenir leur santé. J'ai vu, il y a peu d'années, dans une grande exploitation du *Palatinat*, suivre une méthode qui me paraît présenter d'immenses avantages : on n'y entretenait qu'un très-petit nombre de chevaux ; mais il y avait toujours 80 vaches parfaitement bien nourries au râtelier. Dans le temps des labours, on faisait trois charrues attelées de deux vaches, outre deux charrues conduites par des chevaux. La journée de travail des charrues conduites par des vaches, était de douze heures ; mais on les changeait quatre fois, de sorte que chaque bête ne travaillait que trois heures par jour. Comme elles travaillaient toujours toutes dans la même pièce de terre, un jeune homme amenait le relais à l'heure fixe ; c'était l'affaire d'un instant pour dételer et réatteler, et il remmenait celles qui sortaient de l'ouvrage ; on n'attelait jamais les mêmes vaches deux jours de suite. Il y avait du plaisir à voir deux vaches brillantes d'embonpoint et de vigueur, et plus fringantes que des chevaux, conduire la charrue avec une aisance qui prouvait assez qu'elles n'étaient nullement fatiguées ; il fallait marcher un bon pas pour les suivre. Elles portaient de beaux colliers bien élégans, et le garçon qui les conduisait était aussi fier, que s'il eut eu sous son fouet la plus belle paire de chevaux.

Pour la rentrée des récoltes, on attelait quatre vaches à un petit chariot, auquel on donnait la charge ordinaire de deux chevaux, et on les chan— geait à chaque voyage, lorsque la distance était un peu grande; ces chariots étaient ainsi en mar— ché, sans aucune interruption, depuis le matin jus— qu'au soir, et faisaient plus d'ouvrage qu'un atte— lage de chevaux; car ceux-ci ont besoin de deux ou trois heures pour se rafraîchir, ce qui ne laisse pas de faire perdre beaucoup de temps aux ouvriers.

Je n'ai vu nulle part des vaches plus belles, plus vigoureuses, et donnant plus de lait que dans cette ferme. On conçoit en effet que les travaux ainsi partagés entr'elles, ne formaient pour cha— cune, que des promenades; et on se procurait ainsi, sans frais, une surabondance de bêtes de trait, qui permettait de conduire les travaux avec une grande activité.

Si je me livrais encore à la culture, je ferais certainement quelque chose comme cela. Je vous disais, par exemple, tout à l'heure, que vous pour— riez exécuter tous les travaux de votre exploitation avec 5 chevaux; eh bien! si j'avais à la cultiver, je n'en aurais que deux ou trois au plus; mais j'au— rais 20 vaches de forte taille et fortement nourries, qui m'aideraient, sans les fatiguer, à exécuter tous les travaux, avec bien plus de promptitude que vous ne pouvez le faire aujourd'hui. Quelle différence de frais et de produit net!

Le Cousin. L'idée est fort extraordinaire, mais elle n'est peut-être pas à mépriser. On voit bien chez nous, quelques pauvres diables, atteler une paire de vaches étiques derrière deux chevaux qui peuvent à peine se soutenir sur leurs jambes ; aussi l'idée de la misère s'attache toujours à un attelage de vaches. On se moquerait bien de moi, si je voulais suivre cette méthode.

Benoit. Quant à moi, je sais bien depuis long-temps ce que c'est que de laisser dire les sots ; mais de la manière que j'entretiendrais mes vaches, je vous assure que ceux qui les verraient, n'auraient nulle envie de s'en moquer.

Le Cousin. Je conçois bien que si on renonçait à la vaine-pâture, il en résulterait de grands avantages pour la culture des terres, et que cela faciliterait beaucoup l'adoption de meilleurs assolemens ; mais il restera toujours ici une grande difficulté ; c'est l'entretien des bêtes à laine. Pour celles-là, vous ne prétendez pas, sans doute, les nourrir toute l'année à la bergerie.

Vaine-Pâture pour les Moutons.

Benoit. Il est certain que pour cette classe d'animaux, le mouvement et l'exercice sont plus nécessaires que pour le bétail à cornes ; et il est très-vrai que les troupeaux d'animaux de cette espèce, ne peuvent subsister sans des pâturages. Si, d'après cela, il était nécessaire pour nourrir des moutons, de conserver la vaine-pâture, ce serait

un grand malheur ; car ce serait faire un mal énorme pour un bien mince avantage.

Le Cousin. Les personnes qui ont de grands
troupeaux de bêtes blanches, disent cependant que
cela procure d'assez bons bénéfices.

Benoit. D'assez bons bénéfices ! je le crois bien.
Écoutez-moi : le maître chez lequel j'ai servi pendant
plusieurs années en Flandre, avait demeuré pendant quelque temps en Angleterre ; je lui ai entendu raconter que, dans une paroisse voisine
de celle qu'il habitait, se trouvait une prairie
enclose, fort étendue et d'excellente qualité, mais
qui était grévée d'une singulière servitude : un
des plus riches particuliers du lieu, descendant
d'un ancien propriétaire de cette prairie, avait le
droit d'y mettre un cheval en pâture pendant
toute l'année ; et il était interdit au propriétaire
de la prairie d'y faire pâturer aucune autre tête
de bétail ; cette clause avait été stipulée à perpé-
tuité, et par acte inattaquable. Il en résultait que
le produit de la prairie était diminué tous les ans,
de la valeur de 3 à 4000 francs, plutôt par le
dégât que le cheval faisait avec ses pieds, que
par la quantité d'herbe qu'il consommait réellement. Si l'on eut dit au propriétaire du cheval
que c'était faire un grand dommage pour un bien
mince profit, il eût répondu probablement,
comme vos propriétaires de troupeaux de bêtes
blanches, que cela lui procurait *un assez bon
bénéfice*. Nous sommes tous disposés à regarder

comme fort importans les bénéfices qui nous profitent, et comme fort peu de chose, les pertes qui
retombent sur les autres.

Le Cousin. La servitude dont vous me parlez
est d'une barbarie révoltante; les lois devraient
en faire justice. Mais la vaine-pâture des moutons
est bien différente; ils ne gâtent rien, puisqu'ils
n'entrent dans les terres qu'après la levée des
récoltes.

Benoit. S'il y a ici de la différence, c'est que
la vaine-pâture des moutons, est beaucoup plus
nuisible aux terres en culture, que le cheval dont
je viens de parler, ne l'est à la prairie dans laquelle
il pâture. Vous en conviendrez tout à l'heure
avec moi. Pour cela, faisons d'abord une supposition : le territoire de la commune dans laquelle
j'ai servi pendant plusieurs années en Flandre,
comprend environ 5000 jours de terre, mesure
de ce pays-ci, et très-peu de prés, comme c'est
l'ordinaire dans ce canton. Ces terres sont cultivées avec le plus grand soin, et sont couvertes
tous les ans de récoltes très-lucratives; outre les
grains et le trèfle, le lin et le colza s'y cultivent
en grande quantité; on n'y connaît pas même le
mot de versaine. Chaque jour de terre y rapporte
au moins, chaque année, 40 francs de profit net;
ainsi cela forme dans la commune, un revenu de
200,000 francs au moins.

Qu'on mette dans cette commune un troupeau
de 500 bêtes blanches, pour y être nourries à la

vaine-pâture ; pour qu'il puisse s'y entretenir, il faudrait commencer par changer entièrement le système de culture ; car il n'y a rien à faire pour la pâture, dans un canton où chaque champ est couvert tous les ans de récoltes variées au gré de chaque propriétaire, où la charrue marche toujours derrière la faucille, où on tient constamment les terres bien nettes de mauvaises herbes, et où on fait souvent deux récoltes sur le même champ dans une année. Il faudrait adopter le même système de culture qu'on suit ici, ainsi que dans tous les pays de vaine-pâture ; c'est-à-dire, en venir aux versaines et renoncer aux prairies artificielles ; car vous savez bien comme moi, que partout où les propriétés sont très-divisées comme elles le sont là, la vaine-pâture et les prairies artificielles ne peuvent s'accorder ensemble. Voilà donc, par l'effet de la vaine-pâture des moutons, les habitans de cette commune réduits à tirer comme ici, quatre à cinq francs de produit net de chaque jour de terre. En supposant même qu'à l'aide d'une meilleure charrue qu'ils possèdent, ils puissent porter le revenu de chaque jour de terre à 10 francs, le revenu de la commune se trouverait réduit à 50,000 francs au lieu de 200,000. D'un autre côté, le troupeau de 500 moutons, en calculant qu'il rapportera 3 francs par tête de profit, ce qui est beaucoup, pour des bêtes à laine nourries à la vaine-pâture, présentera un revenu de 1500 francs, c'est-à-dire, la *centième partie* de la diminution qu'aura éprouvée le produit de la culture des terres.

Cependant le propriétaire de ce troupeau, surtout si c'est un homme qui se contente d'un modique revenu, pourvu qu'il soit obtenu sans peines et sans soins, trouvera que ce serait un grand sacrifice pour lui que de renoncer à ce profit. Il ne manquera pas de mettre en avant, en faveur de ses moutons, l'intérêt général, les besoins de l'industrie et des manufactures, qui ne peuvent se passer de laine. Comme, souvent, les propriétaires de troupeaux de bêtes à laine habitent les villes, et parlent bien plus haut que les laboureurs, peut-être celui-ci parviendra-t-il à persuader qu'il est de l'intérêt de tout le monde, que chacun fasse le sacrifice de trois quarts de son revenu, pour lui procurer, à lui, propriétaire du troupeau, un produit bien chétif, en comparaison de la perte qu'il occasionne, mais qui est commode à percevoir.

Le Cousin. Tout cela peut être vrai, pour les pays où la culture est portée au même degré de perfection que dans celui que vous prenez pour exemple; mais partout ailleurs, où le produit des terres n'est réellement que très-faible, et où la vaine-pâture des moutons est en usage, il ne me paraît pas probable qu'elle diminue beaucoup les profits de la culture.

Benoit. Le raisonnement que j'ai fait, s'applique tout aussi bien aux cantons où les terres ne rapportent, comme ici, que 4 à 5 francs le jour, qu'à la commune dont je viens de vous parler; car, si les terres y sont d'un si chétif produit, la vaine-pâture en est la principale cause. Il y aurait autant à gagner à la supprimer dans ce cas-ci, qu'il y aurait à perdre à l'introduire dans un canton où elle n'existe pas. Ici, par exemple, les terres sont de meilleure qualité que dans la commune de Flandre dont je vous parlais; pourquoi les profits sont-ils si différens? Parce qu'il est en quelque sorte impossible d'améliorer le système de culture, tant qu'on ne renoncera pas à la vaine-pâture.

Je ne prétends pas qu'en la supprimant, les terres seraient immédiatement portées à tout leur produit possible; il faudrait du temps. Mais ce n'est pas une raison pour négliger d'écarter l'obstacle qui s'oppose à toute amélioration. Il se rencontrera quelques hommes un peu plus industrieux que les autres, qui profiteront de la facilité qui leur sera accordée, et peu à peu leur exemple sera imité. Au reste, je suis bien sûr que si la vaine-pâture était supprimée dans ce pays-ci, il n'y a pas une commune où, avant deux ans, on ne semât, en prairies artificielles, au moins une cinquantaine de jours de plus qu'on ne l'a fait jusqu'ici. Eh bien! ces cinquante jours seuls, produiraient plus de profit, que le troupeau de moutons qui dévaste toute la commune.

Si on calcule bien, on verra que la moindre amélioration dans la culture des terres, est d'une bien plus grande importance, que le produit des troupeaux que ces terres peuvent nourrir par la vaine-pâture.

Le Cousin. Avec ce système, nous n'aurions bientôt plus de laine pour nous habiller; ou bien les manufactures seraient forcées de faire tout leur approvisionnement chez l'étranger.

Benoit. Quand cela serait vrai, ce ne serait pas un motif pour nous obstiner à produire des laines qui nous occasionneraient une perte cent fois plus considérable que leur propre valeur. Mais cela est bien loin d'être vrai ; je suis convaincu au contraire, que par la suppression de la vaine-pâture, on augmenterait beaucoup la production de la laine : il y a un grand nombre de communes qui possèdent des pâturages plus ou moins vastes ; d'ailleurs, il y a peu de grande ferme dans laquelle il ne se trouve des pièces de terre plus ou moins étendues, propres à fournir à des moutons, un pâturage artificiel bien autrement riche, que la pâture des communaux ou la vaine-pâture. Dans l'un et dans l'autre cas, on peut élever très-avantageusement des bêtes à laine, quand même ces pâturages ne seraient pas suffisans pour les nourrir complètement ; car, au moyen de la suppression de la vaine-pâture, on pourra récolter, sur tout le reste du territoire de la commune, de quoi leur fournir, en fourrages artificiels, en racines, etc., une nourriture aussi saine qu'abondante.

La vaine-pâture, qui fournit aux moutons une

ehétive nourriture pendant l'été, les condamne
à une nourriture aussi misérable pendant l'hiver,
parce qu'elle empêche la culture des récoltes
qui leur procureraient une provision abondante
pour cette saison; de sorte que, partout où les
bêtes à laine sont ainsi entretenues, elles ne peuvent exister qu'en petit nombre et mal nourries.
Sans la vaine-pâture, au contraire, on n'éprouve
aucune difficulté, pour leur procurer une nourriture
d'hiver aussi abondante qu'on le veut, en fourrages
secs, en racines, etc. Et même, pour l'été, on
peut facilement cultiver des récoltes qui forment
un supplément à la pâture, dans le cas où les terrains qu'on peut y consacrer, ne seraient pas suffisans pour nourrir les bêtes.

En effet, s'il est vrai qu'on ne pourrait élever
des bêtes à laine sans les faire sortir de la bergerie,
il est certain que, lorsqu'elles ont pris une partie
de leur nourriture dans un pâturage, où elles ont
pu prendre l'exercice qui est nécessaire à leur
santé, rien n'empêche qu'on leur donne le sur-
plus, soit à la bergerie, soit dans des parcs
mobiles, établis à portée des terres sur lesquelles
on récolte cette nourriture. Il y a certaines
plantes, comme le trèfle et la luzerne, qu'on ne
pourrait donner en vert de cette manière qu'avec
beaucoup de précaution, à cause des dangers de
l'enflure; avec des soins, on peut cependant les
leur faire manger aussi bien qu'aux vaches, pour
lesquelles elles ont le même danger. Je l'ai vu

pratiquer, sans qu'il en résultât aucun inconvénient. D'ailleurs, il y a tant de plantes avec lesquelles on ne courrait pas ce risque, et qu'on pourrait cultiver pour cet usage !

Le plus grand inconvénient de cette manière de nourrir les moutons, ce sont les frais qu'entraînent le fauchage et le transport des récoltes vertes, lorsqu'on ne peut pas les faire consommer dans le champ même, ce qui, au reste, est presque toujours facile. Mais si on compare cette dépense aux avantages qui résulteraient de cette méthode, non-seulement pour l'amélioration de la culture des terres, mais aussi pour le profit qu'on peut retirer des bêtes à laine, on verra qu'il n'y a pas à hésiter un instant. Tel propriétaire, qui possède quelques grandes pièces de terre propres à être converties en prairies artificielles destinées à être pâturées, et qui entretient misérablement aujourd'hui, par la vaine-pâture, 3 ou 400 bêtes à laine, peut, par cette méthode, en nourrir quatre fois plus ; et chaque bête lui donnera un produit bien plus considérable, parce qu'il en est des moutons comme de toute autre espèce de bétail : leur produit est en proportion de la nourriture qu'ils reçoivent.

D'ailleurs, il pourra, par ce moyen, entretenir des bêtes à laine fine, qui donnent bien plus de profit que les races communes, et qui peuvent bien difficilement se nourrir à la vaine-pâture. Enfin l'augmentation de produits qu'il pourra tirer de toutes ses terres , par l'effet d'une meilleure culture, qu'il peut introduire, à la suite de la suppression de la vaine-pâture, sera vingt fois plus considérable, que la dépense qu'entraînera cette méthode, pour la nourriture de ses troupeaux.

Il est bien certain que , par ce moyen , on pourrait produire en France, une quantité de laine infiniment plus considérable que celle qu'on produit aujourd'hui. Quant aux communes qui ne possèdent pas de pâturages, où toutes les terres sont divisées en très-petites portions, où les fermes ne présentent pas de pièces assez étendues pour pouvoir les consacrer à la pâture des bêtes à laine, ce n'est pas là qu'il faut en élever ; car là, on ne pourrait le faire que par le moyen de la vaine-pâture, et partout où un troupeau de moutons est entretenu par ce moyen, il y est plus funeste que la grêle, ou un régiment de cosaques ; chaque livre de laine qu'on tond sur le dos de ces moutons, coûte 100 francs à la commune qui les entretient ; l'anéantissement des produits de 100 jours de terre, la misère de vingt familles, voilà le prix de chaque pièce de drap qu'on fabrique avec cette laine.

La conservation en était là, lorsque le cousin s'aperçut que la nuit s'approchait ; il partit , en disant qu'il allait être bien grondé de sa femme, pour rentrer si tard.

Quant à moi , je me retirai chez moi pour transcrire cette conversation, pendant que j'en avais encore la mémoire fraîche. Si j'y ai changé quelques mots, je suis bien sûr au moins d'en avoir scrupuleusement conservé le sens. Avant de la publier , je l'ai fait voir à *Benoit* , qui m'a indiqué quelques changemens à y faire. Il était d'abord fort mécontent de l'idée que j'avais eue de la faire imprimer ; je lui ai fait comprendre cependant que cela pourrait être utile, en répandant la connaissance des procédés de culture qui lui avaient si bien réussi. Il a exigé toutefois, que je ne fisse pas connaître le nom de la commune qu'il habite, craignant que cela ne lui attirât des visites qui l'auraient gêné, dans la retraite qui est conforme à ses goûts. C'est par ce motif, que je ne mets pas le lecteur à portée de faire une connaissance plus particulière avec ce brave homme.

FIN.

TABLE
DES MATIÈRES.

	Pages.
AVERTISSEMENT,	1

PREMIÈRE PARTIE.

LE CALENDRIER DU CULTIVATEUR,	5
JANVIER. *Vaches*,	*id.*
Jeune Bétail,	6
Attelages,	7
Batteurs,	8
Entretien des Clôtures,	9
Sillons d'écoulement,	*id.*
Semer les Pavots,	10
Engraissement du Bétail à cornes,	*id.*
— *des Cochons*,	16
FÉVRIER. *Semer les Féverolles*,	22
— *l'Avoine*,	23
— *les Pavots*,	*id.*
Entretien des Sillons d'écoulement,	24
Agnelage,	*id.*
Engraissement des Moutons,	25
MARS. *Semer l'Avoine*,	26
— *le Trèfle commun*,	29
— *le Trèfle blanc*,	31
— *la Lupuline*,	*id.*

402   TABLE

— la Luzerne,   32

— le Sainfoin,   33

Plâtrer les Trèfles, Sainfoins et Luzernes,   34

Semer les Pois,   36

— les Vesces,   id.

— les Carottes,   37

— les Panais,   39

Semis de Choux et de Rutabagas en pépinières, 40

Semer les Betteraves,   42

— les Lentilles,   43

— des Laitues pour les cochons,   id.

— la Chicorée,   44

Herser le Blé,   45

Moutons,   46

Tirer des Sillons d'écoulement,   id.

Fumer les Blés par-dessus,   id.

Étendre les Taupinières,   47

Pâturer les jeunes Prés,   48

Semer la Spergule,   id.

Biner le Colza,   49

Semer le Trèfle incarnat ou Farouch,   id.

Sarcler la Gaude d'hiver,   51

Biner les Cardères,   id.

Vaches,   52.

Attelages,   id.

Semer la Gaude,   53

— le Blé de printemps,   54

— le Lin,   55

Planter les Topinambours,   58

Semer la Moutarde noire,   59

Semer les Graines de prés, 61
— la Pimprenelle, id.
— le Pastel, id.
Cultures de printemps en temps sec, 62
Semeurs, 64
AVRIL. Semer l'Orge, 65
Planter les Pommes de terre, 68
Semer des Vesces, 74
— des Prairies artificielles, id.
Nourriture des bêtes à laine, 75
Vaches, id.
Chevaux, id.
Sarcler les Carottes, 76
— les Pavots, id.
Tirer les Sillons d'écoulement, 77
Étendre les Taupinières, id.
Herser l'Avoine et l'Orge, id.
Planter le Maïs, 78
Labourer les Jachères, 80
Biner le Blé, 82
Semer la Moutarde blanche, 83
— la Cameline, 84
— des Laitues pour les cochons, 85
Biner les Féverolles, id.
Sarcler les pépinières de Betteraves, Rutabagas
    et Choux, 86
— la Gaude de printemps, id.
— le Lin, 87
Biner les Topinambours, id.
Sarcler le Pastel, 88

404   TABLE

MAI. Échardonner les Blés,   88
Herser les Pommes de terre ,   89
Nourriture des bestiaux au vert ,   90
Les Moutons au pâturage ,   94
Semer des Rutabagas et Choux-Navets ,   96
Transplanter les Rutabagas , Betteraves et
          Choux ,   98
Biner les Céréales de printemps ,   99
Parcage des Moutons,   id.
Cochons au Trèfle ,   100
Laiterie ,   101
Semer des Vesces ,   102
Faucher les Vesces d'hiver ,   id.
Planter les Haricots ,   103
Semer la Navette de printemps ,   104
— le Colza de printemps ,   id.
Plâtrer les Vesces ,   105
Semer le Chanvre ,   106
— le Millet ,   id.
JUIN. Biner les Pommes de terre et les autres
          récoltes sarclées ,   107
Semer les Navets ,   110
Fenaison ,   111
Fenaison du Trèfle, de la Luzerne, des Vesces, 118
Tonte des Moutons ,   123
Semer le Sarrasin ,   125
Prairies artificielles dans le Sarrasin ,   127
Semer les Cardères ,   id.
Ébourgeonner les Cardères ,   128
Couper les sommités des Féverolles ,   129

JUILLET. Récolte du Colza et de la Navette, 130

Semer le Colza, 133

Récolter le Seigle, 136

Herser les Navets, id.

— les Carottes, 137

Semer les Navets en seconde récolte, 138

Récolter la Gaude d'automne, 139

— le Pastel, 141

Biner les Récoltes sarclées, 143

Semer du Sarrasin après les Vesces, id.

AOUT. La Moisson des Blés, des Orges et des

Avoines, 144

Semer la Navette, 151

— l'Escourgeon, ou Orge d'hiver, 152

— le Trèfle incarnat, 153

Récolter le Lin, 154

— le Chanvre, 155

Semer la Spergule, 156

Récolter les Cardères, id.

— la Moutarde noire, 157

— les Pavots, 159

Semer la Gaude, id.

SEPTEMBRE. Semer le Froment, 161

— le Seigle, 167

Récolter les Féverolles, 169

Planter les Cardères, 170

Semer les Vesces d'hiver, id.

Faire les Regains, 171

Récolter la graine de Trèfle, 172

Planter le Colza, 174

Semer l'Epeautre,	175
Récolte et Conservation des Pommes de terre,	id.
Arrachage et conservation des Betteraves et des Carottes,	179
Récolter le Maïs,	180
— la Gaude de printemps,	id.
— la Navette d'été, la Cameline et la Moutarde blanche,	181
— le Sarrasin,	id.
Distillation des Pommes de terre,	id.
OCTOBRE. Nourriture d'hiver des Bestiaux,	183
Paille et Foin hachés,	185
Racines coupées,	187
Donner au bétail à cornes les Pommes de terre cuites ou crues,	id.
Botteler le Foin,	188
Labours préparatoires,	189
NOVEMBRE. Battage des Grains,	190
Conservation des Navets et Rutabagas,	id.
Saigner les Sols humides,	192
Entretenir les Sillons d'écoulement,	193
Semailles tardives de Blé,	194
DÉCEMBRE. Entretien des Sillons d'écoulement,	195
Comptabilité, Inventaire,	id.

SECONDE PARTIE.

PIÈCES DÉTACHÉES,	204
DES INSTRUMENS PERFECTIONNÉS D'AGRICULTURE,	id.
De l'Extirpateur,	206

Du Rayonneur, 210

De la petite Herse triangulaire, 211

Du Rouleau, 212

Du Semoir, 215

De la Houe à cheval, 219

De la Charrue à deux versoirs, 221

De la Machine à battre les grains, 222

Conservation des Instrumens d'agriculture, 224

Instruction sur la conduite de l'Araire ou Charrue simple, 225

De l'introduction des nouveaux Instrumens d'agriculture, dans une Exploitation rurale, 238

DES IRRIGATIONS, 244

Formation des Irrigations, 246

Conduite de l'Eau dans les Irrigations, 254

DE LA MARNE, des moyens de la reconnaître, et de l'employer à l'amendement des terres, 256

DU FUMIER, des moyens d'en augmenter la quantité, de le recueillir et de l'employer de la manière la plus utile, 275

DE LA MEILLEURE MANIÈRE de mettre les Prés en culture, et de convertir les Terres arables en prés, 289

DES ASSOLEMENS, 305

LA RICHESSE DU CULTIVATEUR, ou les secrets de J.-N. Benoit, 327

FIN DE LA TABLE.